全国勘察设计注册公用设备工程师给水排水专业执业资格考试应试指南

建筑给水排水工程

杨海燕　主编
吴俊奇　主审

中国建筑工业出版社

图书在版编目(CIP)数据

建筑给水排水工程/杨海燕主编. —北京:中国建筑
工业出版社,2013.6
(全国勘察设计注册公用设备工程师给水排水专业执
业资格考试应试指南)
ISBN 978-7-112-15466-1

Ⅰ.①建… Ⅱ.①杨… Ⅲ.①建筑-给水工程-资格
考试-自学参考资料②建筑-排水工程-资格考试-自学参
考资料 Ⅳ.①TU82

中国版本图书馆 CIP 数据核字(2013)第 110415 号

《建筑给水排水工程》课程是给水排水工程专业的一门主要专业课程,也是我国勘察设计注册公用设备工程师给水排水专业执业资格考试内容的主要组成部分。

本书紧扣考试大纲、规范和考试用书,引导考生正确根据大纲要求复习,与规范结合,难易适中。本书根据全国勘察设计公用设备注册工程师给水排水专业执业资格考试大纲和教材编写,详尽、系统地帮助广大考生理解教材、熟悉考试题型、掌握考试技巧。

全书具有以下几大特点:

1. 提供大量历年考试习题,以便考生从广度上掌握考试知识覆盖范围。

2. 全面解析考试考点,解析过程体现出知识的系统贯穿性,以便考生从深度上掌握考试方法,融会贯通。

3. 不回避考试题目或者其他参考书目中不准确的知识,以帮助考生确立信心,从容应对考试。

本书是参加全国勘察设计注册公用设备工程师给水排水专业执业资格考试考生的必备用书,也可以作为大专院校师生、设计单位工程师的参考用书。

* * *

责任编辑:于 莉 田启铭

责任设计:陈 旭

责任校对:张 颖 陈晶晶

全国勘察设计注册公用设备工程师给水排水专业执业资格考试应试指南

建筑给水排水工程

杨海燕 主编

吴俊奇 主审

*

中国建筑工业出版社出版、发行(北京西郊百万庄)
各地新华书店、建筑书店经销
北京科地亚盟排版公司制版
北京云浩印刷有限责任公司印刷

*

开本:787×1092 毫米 1/16 印张:12¼ 字数:300 千字
2013 年 7 月第一版 2013 年 7 月第一次印刷
定价:**39.00**元
ISBN 978-7-112-15466-1
(23433)

前　　言

　　《建筑给水排水工程》课程是给水排水工程专业的一门主要专业课程之一，也是我国勘察设计注册公用设备工程师给水排水专业执业资格考试中专业课考试内容的主要组成部分。专业课考试分为两天，第一天为专业知识考题，采用客观题（单项选择题和多项选择题）；第二天为案例题，采用主观答题、客观选择的方式。建筑给水排水工程在我国勘察设计注册公用设备工程师给水排水专业执业资格考试科目中题量分配大约为40％。

　　为帮助广大考生省时高效地复习应考，我们在总结过去几年考试试题的基础上，精心编撰了这本参考书。编写本书的原则就是强调实战、有的放矢、在短时间内快速提高考生的应考能力。参考本书在实测练习中检验复习的效果，是提高考试成绩的理想途径。

　　本书紧扣考试大纲的要求，以规范为导则，以考试用书为依据，逐条逐项编制而成。试题完全按照考试形式和考试要求编写，题目涵盖了考试大纲中的考点，知识覆盖面广，出题角度新颖，仿真性强。

　　本书在编写过程中，参阅了大量的相关书籍，在此一并感谢。同时感谢王鑫淼同志为本书付出的劳动。尽管我们付出了艰辛的劳动，逐条精心编写，但由于编者水平有限，本书难免存在疏漏，敬请同行和读者批评指正。

编　者

2013 年 3 月

目 录

第一部分 选 择 题

第二部分 案例分析题

第三部分 模 拟 试 题

第一部分 选 择 题

1 建 筑 给 水

1.1 给水系统分类及水质、水量

1.1.1 分类及水质要求

一、单项选择题

1. 下述建筑供水系统的供水用途中，哪项是不正确的？（　　）

    A. 生活饮用水系统供烹饪、洗涤、冲厕和沐浴用水

    B. 管道直饮水系统供人们直接饮用和烹饪用水

    C. 生活给水系统供人们饮用、清洗地面和经营性商业用水

    D. 杂用水系统供人们冲洗便器和浇灌花草

    【答案与解析】A。参见《全国勘察设计注册公用设备工程师给水排水专业执业资格考试教材》第3册1.1节的内容。

2. 以下有关建筑给水系统分类的叙述中，哪一项是正确的？（　　）

    A. 基本系统为：生活给水系统、生产给水系统、消火栓给水系统

    B. 基本系统为：生活给水系统、杂用水给水系统、消防给水系统

    C. 基本系统为：生活给水系统、生产给水系统、消防给水系统

    D. 基本系统为：生活给水系统、杂用水给水系统、生产给水系统、消防给水系统

    【答案与解析】C。参见《全国勘察设计注册公用设备工程师给水排水专业执业资格考试教材》第3册1.1节的内容。建筑给水系统可以分为三类基本系统：生活、生产、消防给水系统。

二、多项选择题

1. 以下关于建筑给水的几种基本给水系统的论述哪几项是正确的？（　　）

    A. 生活给水系统、生产给水系统、消防给水系统

    B. 生活给水系统、生产给水系统、消防给水系统、组合给水系统

C. 生活给水系统、生产给水系统、组合给水系统

D. 生活给水系统、生产给水系统、消防给水系统，而生活、生产、消防又可组合给水系统

【答案与解析】AD。参见《全国勘察设计注册公用设备工程师给水排水专业执业资格考试教材》第 3 册 1.1 节的内容。

考生注意：给水系统分类及水质经常会以单项选择或者多项选择的知识类题目来出现。此内容并不深奥，非常基础。这一部分的基本概念的相关知识在注册教材上的介绍较为详细。

1.1.2　用水量

一、单项选择题

1. 以下居住小区给水系统的水量要求和建筑给水方式的叙述中，哪项是错误的？（　　）

   A. 居住小区的室外给水系统，其水量只需满足居住小区内全部生活用水的要求

   B. 居住小区的室外给水系统，其水量应满足居住小区内全部用水的要求

   C. 当市政给水管网的水压不足，但水量满足要求时，可采用吸水井和加压设备的给水方式

   D. 室外给水管网压力周期性变化，高时满足要求，低时不能满足要求时，其室内给水可采用单设高位水箱的给水方式

   【答案与解析】A。单选，此题的答案一定在 A 和 B 之间。参见《建筑给水排水设计规范》GB 50015—2003（2009 年版）3.3.1 条 B 正确，A 必然是错的。C 和 D 项均正确，参见《全国勘察设计注册公用设备工程师给水排水专业执业资格考试教材》第 3 册 1.3 节的内容。

2. 某居住小区各部分最高日用水量如下：居民生活用水量 $150m^3/d$，绿化用水量 $5m^3/d$，公用设施用水量 $10m^3/d$，消防用水量 $144m^3/$次（同一时间内的火灾次数以 1 次计）；未预见用水量及管网漏失水量 $15m^3/d$，该居住小区的给水设计正常水量应为下列哪一项？（　　）

   A. $150+5+10+15=180m^3/d$

   B. $150+5+10+144=309m^3/d$

   C. $150+5+10=165m^3/d$

   D. $150+5+10+15+144=324m^3/d$

   【答案与解析】A。《建筑给水排水设计规范》GB 50015—2003（2009 年版）中 3.1 小区给水设计用水量包含的内容，其中"注：消防用水量仅用于校核管网计算，不计入正常用水量"，故而消防水量不计入。参见《全国勘察设计注册公用设备工程师给水排水专业执业资格考试教材》第 3 册 5.1.2 节关于小区最高日用水量的内容。

3. 某住宅建筑供水系统贮水罐的容积以居民的平均日用水量定额计算，应采用下列哪种方法确定定额？（　　）

   A. 规范中日用水定额的下限值

   B. 规范中日用水定额的上、下限中值

   C. 规范中日用水定额除以时变化系数

D. 规范中日用水定额除以日变化系数

【答案与解析】D。《建筑给水排水设计规范》GB 50015—2003（2009 年版）3.1.9 条的数据均是最高日生活用水定额和小时变化系数。请读者注意《建筑给水排水设计规范》GB 50015—2003（2009 年版）2.1.3 条、2.1.4 条和 2.1.4A 条对于小时变化系数、最大时用水量、平均时用水量的术语定义。同时参见《全国勘察设计注册公用设备工程师给水排水专业执业资格考试教材》第 3 册 1.1.2 节中关于最大小时用水量的计算公式 $Q_h = K_h \cdot Q_p = K_h \dfrac{Q_d}{T}$ 中各个参数的含义内容。

二、多项选择题

1. 某住宅居住人数 300 人，每户设有大便器、洗脸盆、洗衣机、淋浴用电热水器。则下列哪几项的 q 值在该住宅最高日生活用水量的合理取值范围内？（　　）

    A. $q = 300$ 人 $\times 100$ L/（人·d）$= 30$ m³/d　　B. $q = 300$ 人 $\times 130$ L/（人·d）$= 39$ m³/d

    C. $q = 300$ 人 $\times 330$ L/（人·d）$= 99$ m³/d　　D. $q = 300$ 人 $\times 200$ L/（人·d）$= 60$ m³/d

【答案与解析】BD。此题的考点是用水定额。查《建筑给水排水设计规范》GB 50015—2003（2009 年版）表 3.1.9 可知，本题的住宅类别属于普通住宅Ⅱ型，用水定额为 130～300L/（人·d）。

2. 以下哪几项不能作为计算居住小区给水设计用水量的依据？（　　）

    A. 居住小区给水设计最高日用水量应包括消防用水量

    B. 居住小区给水设计最高日用水量包括居住小区内的公共建筑用水量

    C. 居住小区给水的未预见水量按最高日用水量的 10%～15% 计

    D. 居住小区内重大公用设施的用水量应由其管理部门提出

【答案与解析】AC。参见《建筑给水排水设计规范》GB 50015—2003（2009 年版）3.1.1 条、3.1.2 条、3.1.7 条和 3.1.8 条。

    考生注意： 用水量这一部分，请读者注意《建筑给水排水设计规范》GB 50015—2003（2009 年版）3.1.7 条：小区管网漏失水量和未预见水量之和可按最高日用水量的 10%～15% 计。同时参见 3.6.1B 条文说明的第 1 款内容。可以看到此条内容只适用于小区的引入管，不适用于小区管网和单项建筑给水系统计算；不适用于小区热水管网和单项建筑热水系统计算。细心的读者应该发现多选题第 2 题的 C 选项是考察了建筑给水和市政给水区别的题目。

1.1.3　节水

一、单项选择题

1. 下列节水措施中，哪项是正确合理的？（　　）

    A. 住宅每户给水入户管上均装水表

    B. 综合楼分住宅与旅馆两部分，两者共用一总水表计量收费

    C. 雨水充沛地区宜采用雨水回收利用，少雨地区不宜采用雨水利用

    D. 旅馆、办公楼、综合医院等公共建筑的盥洗废水均可作中水水源，经处理消毒后可用于冲厕及绿化用水

【答案与解析】A。A 选项参见《民用建筑节水设计标准》GB 50555—2010 中 6.1.9 条第 1 款，B 选项不符合《民用建筑节水设计标准》GB 50555—2010 中 6.1.9 条第 2 款，C 选项在《建筑与小区雨水利用工程技术规范》GB 50400—2006 总则中没有描述，D 选项不符合《建筑中水设计规范》GB 50336—2002 中 3.1.6 条及其条文说明的内容。应试时这是一道单选题，通过基本知识可知 A 就是正确的，因此，就不需要逐个规范和条文去查阅。读者应该看到现在的题目所涉及的规范内容越来越多，越来越细致。

2. 以下哪一项措施不符合节约用水、科学用水的要求？（　　　）

    A. 在公用建筑中需计量水量处均设置水表

    B. 控制配水件出流量，使通过水表的流量常小于水表的最小流量

    C. 采用节水型卫生器具

    D. 防止给水系统出现水质污染现象

    【答案与解析】B。这是一道出在节水知识点，实际涉及水表、配水设施、用水器具和防止水质污染论述和在一起的题目。但是 B 的描述显然是不正确的。这需要考生了解水表的"最小流量"的概念，参见《全国勘察设计注册公用设备工程师给水排水专业执业资格考试教材》第 3 册 1.5.2 节中水表技术参数的内容。

二、多项选择题

1. 建筑内出现以下哪几种情况时会造成水量浪费？（　　　）

    A. 用水设备数量多　　　　　　　　B. 配水设备使用人数多

    C. 给水管道在超压状态下工作　　　D. 混合水配水装置的冷热水供水压力不平衡

    【答案与解析】CD。《建筑给水排水设计规范》GB 50015—2003（2009 年版）3.1.14A 条～3.1.14C 条。

1.2　建筑内部生活给水系统组成及设置要求

1.2.1　系统组成

一、单项选择题

1. 建筑物内（　　　）的给水系统，应在引入管后分成各自独立的给水管网。

    A. 不同使用性质或不同计费　　　　B. 不同使用性质

    C. 不同使用性质且不同计费　　　　D. 不同计费

    【答案与解析】A。参见《建筑给水排水设计规范》GB 50015—2003（2009 年版）3.3.3 条。

二、多项选择题

1. 下列关于叠压供水设计方案的叙述中不正确的是（　　　）。

    A. 供水管网经常性停水的区域不得采用管网叠压供水技术

    B. 供水管网可资利用水头过低的区域可以采用管网叠压供水技术

    C. 叠压供水当配置低位水箱时，其贮水有效容积应按给水管网不允许低水压抽水时段

的用水量确定，贮存 12h 的用水量

    D. 叠压公式的调速泵机组的扬程应按吸水端城镇给水管网允许最低水压确定

【答案与解析】BC。根据《建筑给水排水设计规范》GB 50015—2003（2009 年版）3.3.2A 条及其条文说明的内容。

1.2.2　管道材料、布置敷设与防护

一、单项选择题

1. 下述某工程卫生间选用的给水管及其敷设方式中，哪一项是正确合理的？（　　）

    A. 选用 PP-R 聚丙烯管，热熔连接，敷设在结构板内

    B. 选用 PP-R 聚丙烯管，热熔连接，敷设在地面找平层内

    C. 选用 PP-R 聚丙烯管，热熔连接，靠墙、顶板明设

    D. 选用薄壁不锈钢管，卡环式连接，敷设在找平层内

【答案与解析】B。根据《建筑给水排水设计规范》GB 50015—2003（2009 年版）3.5.18 条。

2. 下面关于给水管道布置的叙述中，何项是错误的？（　　）

    A. 居住小区的室外给水管网宜布置成环状，室内生活给水管网宜布置成枝状

    B. 居住小区的室内外给水管网均宜布置成环状

    C. 给水管、热水管、排水管同沟敷设时，给水管应在热水管之下，排水管之上

    D. 同沟敷设的给水管、热水管、排水管之间净距宜≥0.3m

【答案与解析】B。根据《建筑给水排水设计规范》GB 50015—2003（2009 年版）3.5.1 条、3.5.5 条和 3.5.6 条。

3. 在多、高层住宅的给水系统中，下列哪项不允许设在户内？（　　）

    A. 住户水表　　　　　　　　　　B. 立管上的阀门

    C. 支管上的减压阀　　　　　　　D. 卡压式接头

【答案与解析】B。选项 A 满足《建筑给水排水设计规范》GB 50015—2003（2009 年版）3.4.17 条；选项 C 支管上的减压阀可能在户内；选项 D 卡压式接头是不锈钢水管道、铜管的连接方式，会不可避免地发生在户内；只有选项 B 在设计中涉及的范围最大，考虑公共维护、检修的需要是不允许设在户内的。

4. 下列关于小区埋地给水管道的设置要求中，哪项不正确？（　　）

    A. 小区给水管道与污水管道交叉时应敷设在污水管道上方，否则应设钢套管且套管两端用防水材料封闭

    B. 小区生活给水管道的覆土深度不得小于冰冻线以下 0.15m，否则应作保温处理

    C. 给水管道敷设在绿地下且无防冻要求时，覆土深度可小于 0.5m

    D. 小区给水管道距污水管的水平净距不得小于 0.8m

【答案与解析】C。

    A 选项参见《建筑给水排水设计规范》GB 50015—2003（2009 年版）3.5.2A 条：室外给水管道与污水管道交叉时，给水管道应敷设在上面，且接口不应重叠；当给水管道敷设在下面时，应设置钢套管，钢套管的两端应采用防水材料封闭。

    B 选项参见《建筑给水排水设计规范》GB 50015—2003（2009 年版）3.5.3 条：室外

给水管道的覆土深度，应根据土壤冰冻深度、车辆荷载、管道材质及管道交叉等因素确定。管顶最小覆土深度不得小于土壤冰冻线以下0.15m，行车道下的管线覆土深度不宜小于0.7m。

C选项参见《全国民用建筑工程设计技术措施（给水排水）》（2009年版）40页2.6.11条第2款的内容，埋深是和管材有关系，而题目中没有给出管材，不能一概而论。

D项满足《建筑给水排水设计规范》GB 50015—2003（2009年版）3.5.2条和附录B。

二、多项选择题

1. 下列关于室内给水管道设置要求的叙述中，哪几项不正确？（ ）
　　A. 塑料给水管道均应采取伸缩补偿措施
　　B. 给水管道不得直接敷设在楼板结构层内
　　C. 办公室墙角明设的给水立管穿楼板时应采取防水措施
　　D. 室内、外埋地给水管与污水管交叉时的敷设要求相同

【答案与解析】AD。

A项不正确，参见《建筑给水排水设计规范》GB 50015—2003（2009年版）3.5.16条及条文说明。

B参见《建筑给水排水设计规范》GB 50015—2003（2009年版）3.5.18条，此项应理解为是正确的。

C项正确，参见《建筑给水排水设计规范》GB 50015—2003（2009年版）规范3.5.23条：明设的给水立管穿越楼板时，应采取防水措施。

D项不正确，参见《建筑给水排水设计规范》GB 50015—2003（2009年版）3.5.15条、3.5.2条与附录B。室内最小净距不宜小于0.5m；交叉埋设时不应小于0.15m，且给水管应在排水管的上面。室外最小净距平行0.8～1.5m，垂直0.1～0.5m。

2. 以下关于室内给水管道的布置叙述中，哪几项是错误或不合理的？（ ）
　　A. 室内给水管道宜成环状布置，以保证安全供水
　　B. 室内冷、热水管布置时，冷水管应位于热水管的下方或左侧
　　C. 给水管不得敷设在电梯井内、排水沟内，且不宜穿越风道、橱窗和橱柜
　　D. 给水管不宜穿越伸缩缝、沉降缝或变形缝

【答案与解析】ABC。参见《建筑给水排水设计规范》GB 50015—2003（2009年版）3.5.6条、3.5.5条、3.5.10条和3.5.11条。

考生注意：关于管道布置和敷设的基本内容，主要是仔细看清楚《建筑给水排水设计规范》GB 50015—2003（2009年版）相关内容的条文及其说明。有时还会和其他章节的知识混合在一起，如《建筑给水排水设计规范》GB 50015—2003（2009年版）3.5.18条第3款：敷设在垫层或者墙体管槽内的给水支管的外径不宜大于25mm；3.6.8条：住宅的入户管，公称直径不宜小于20mm。

1.2.3 给水控制附件

一、单项选择题

1. 下述建筑给水管道上止回阀的选择和安装要求中，哪项是不正确的？（ ）

A. 在引入管设置倒流防止器前的管段上应设置止回阀

B. 进、出水管合用一条管道的高位水箱，其出水管段上应设置止回阀

C. 为削弱停泵水锤，在大口径水泵出水管上选用安装阻尼缓闭止回阀

D. 水流方向自上而下的立管，不应安装止回阀

【答案与解析】A。根据《建筑给水排水设计规范》GB 50015—2003（2009 年版）3.4.7 条和 3.4.8 条及其相应的条文说明，同时参见 3.2.5D 条的内容。

2. 供水系统供水保证率要求高，停水会引起重大经济损失的给水管道上设置减压阀时，宜采用（   ）。

A. 两个减压阀，串联设置，但不得设置旁通管

B. 两个减压阀，并联设置，一用一备工作，但不得设置旁通管

C. 两个减压阀，并联设置，一用一备工作，应设置旁通管

D. 一个减压阀，不得设置旁通管

【答案与解析】B。根据《建筑给水排水设计规范》GB 50015—2003（2009 年版）3.4.9 条第 5 款的内容。

3. 给水管道上使用的阀门，要求水流阻力小的部位（如水泵吸水管上），宜采用（   ）。

A. 球阀   B. 蝶阀   C. 截止阀   D. 闸板阀

【答案与解析】D。参见《建筑给水排水设计规范》GB 50015—2003（2009 年版）3.4.6 条及其条文说明的内容。

4. 减压阀的安装应符合下列要求，其中错误的是（   ）。

A. 减压阀的公称直径可与管道管径不一致

B. 减压阀节点处的前后应装设压力表

C. 减压阀前应设阀门和过滤器，需拆卸阀体才能检修的减压阀，应设管道补偿器，检修时阀后水会倒流，故阀后应设阀门

D. 比例式减压阀宜垂直安装，可调式减压阀宜水平安装，设置减压阀的部位，地面宜有排水设施

【答案与解析】A。根据《建筑给水排水设计规范》GB 50015—2003（2009 年版）3.4.10 条的内容。

5. 安全阀安装要求为（   ）。

A. 安全阀阀前管道不得设置阀闸，泄水口应连接管道将泄压水（汽）引至安全地点排放

B. 为便于检修安全阀，安全阀前应安装检修阀门

C. 安全阀后连接的管道上应安装阀门

D. 安全阀后可以不安装泄压水（汽）管

【答案与解析】A。根据《建筑给水排水设计规范》GB 50015—2003（2009 年版）3.4.12 条的内容。

二、多项选择题

1. 某五星级宾馆采用可调式减压阀分区给水系统如图 1-1 所示（图中不考虑减压阀安装方式），P_1、P_2 分别为中区、低区给水 L_1、L_2 立管上减压阀的阀前和阀后压力，则有关

减压阀的设置叙述中哪几项是正确的?(　　　)

A. 该给水系统设可调式减压阀分区不妥,应设比例式减压阀

B. L_1 管段上减压阀的压差 $P_1-P_2=0.15MPa$,偏小,不满足产品要求

C. L_2 立管上减压阀的压差 $P_1-P_2=0.4MPa$,偏大

D. L_2 立管上最低横支管处静压力为 $0.5-0.04=0.46MPa$,压力偏大

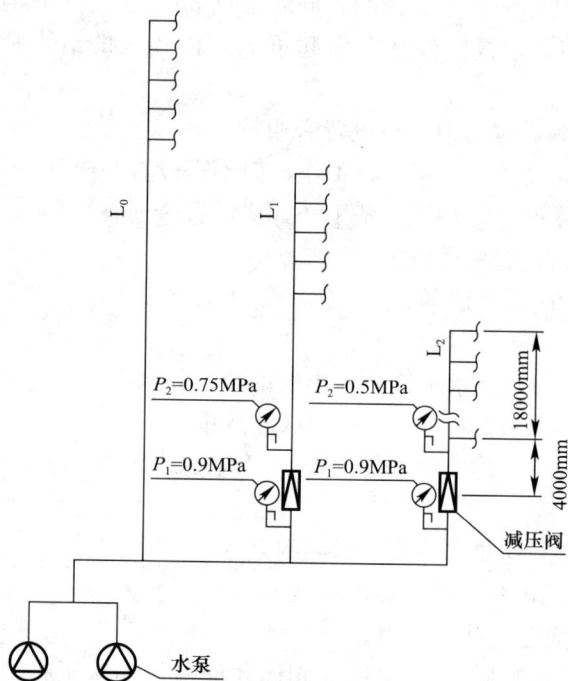

图 1-1

【答案与解析】 BCD。参见《建筑给水排水设计规范》GB 50015—2003 (2009 年版) 3.4.9 条和《全国民用建筑工程设计技术措施(给水排水)》(2009 年版)2.5.11 条。

2. 减压阀可以用于给水分区,也可以用于同一分区中压力过大的部分,在选用减压阀时应考虑以下几方面的基本知识,其中正确的是(　　　)。

A. 减压阀分为可调式和比例式两种减压阀

B. 可调试减压阀的阀后压力可在一定范围内现场调节设定,而比例式减压阀是一种不可调节的减压阀,减压比例是固定的

C. 比例式减压阀的阀后压力是变化的,与流量有关,而可调式减压阀,可以调节阀后压力稳定

D. 比例式减压阀用在压力不允许波动的管道

【答案与解析】 ABC。根据《建筑给水排水设计规范》GB 50015—2003 (2009 年版) 3.4.9 条的内容,同时参见《全国民用建筑工程设计技术措施(给水排水)》(2009 年版) 2.5.11 条、2.5.12 条和 2.5.13 条的内容。

3. 给水管网的压力高于配水点允许的最高使用压力时,应设置减压阀,减压阀的配置与安装应符合下述哪几项规定?(　　　)

A. 可调式减压阀的阀前与阀后的最大压力差不应大于 0.40MPa，要求环境安静的场所不应大于 0.30MPa

B. 可调式减压阀的阀前与阀后的最大压力差不应大于 0.60MPa，要求环境安静的场所不应大于 0.40MPa

C. 可调式减压阀宜垂直安装

D. 可调式减压阀宜水平安装

【答案与解析】AD。根据《建筑给水排水设计规范》GB 50015—2003（2009 年版）3.4.9 条和 3.4.10 条的内容。

考生注意：给水控制附件内容要仔细看清楚《建筑给水排水设计规范》GB 50015—2003（2009 年版）相关内容的条文及其条文说明。有时在热水系统中使用的附件也非常容易被考到。

1.2.4　配水设施

一、单项选择题

1. 采用给水管内水直接冲洗大便器，给水管上应采用的阀门为（　　）。

　　A. 闸阀　　　　　　B. 球阀　　　　　　C. 止回阀　　　　　　D. 延时自闭式冲洗阀

【答案与解析】D。常识性知识。这是一道看起来像是考查给水设施的题目，其实考查的知识点是防止水质污染，参见《建筑给水排水设计规范》GB 50015—2003（2009 年版）3.2.6 条及其条文说明。

2. 建筑物内的生活给水系统，当卫生器具给水配件处静水压力超过规定值时，宜采用（　　）措施。

　　A. 排水阀　　　　　　　　　　　B. 水泵多功能控制阀

　　C. 水锤吸纳器　　　　　　　　　D. 减压限流

【答案与解析】D。根据《建筑给水排水设计规范》GB 50015—2003（2009 年版）3.3.5 条的内容。

1.2.5　水表

一、单项选择题

1. 下列关于水表的叙述中正确的是（　　）。

　　A. 水表节点是指安装在引入管上的水表及其前后设置的阀门和泄水装置的总称

　　B. 水平螺翼式水表可以垂直安装，垂直安装时水流方向必须自上而下

　　C. 与湿式水表相比，干式水表具有较高的灵敏性能

　　D. 水表不能被有累计水量功能的流量计代替。

【答案与解析】A。A 选项为水表节点的定义，参见《全国勘察设计注册公用设备工程师给水排水专业执业资格考试教材》第 3 册 1.2.1 节中的内容。B 选项不符合《全国民用建筑工程设计技术措施（给水排水）》（2009 年版）2.5.26 条第 1 款：旋翼式水表和垂直螺翼式水表应水平安装；水平螺翼式和容积式水表可以根据实际情况确定水平、倾斜或垂直安装；当垂直安装时水流方向必须自下而上。C 选项是错误的，参见《建筑给水排水工程》（第六版）第 9 页水表性能比较的内容，湿式水表的计数器浸没在水中，显然应该更

灵敏些。D不符合《建筑给水排水设计规范》GB 50015—2003（2009年版）3.4.19条：各种有累计水量功能的流量计均可代替水表。

2. 下列哪一类建筑生活给水系统水表的口径应以通过安装水表管段的设计秒流量不大于水表的过载流量来选定？（　　）

    A. 旅馆　　　　　　B. 公共浴室　　　　　C. 洗衣房　　　　　D. 体育场

【答案与解析】A。根据《建筑给水排水设计规范》GB 50015—2003（2009年版）3.4.18条，水表口径的确定应符合：用水量均匀的生活给水系统的水表应以给水设计流量选定水表的常用流量；用水量不均匀的生活给水系统的水表应以给水设计流量选定水表的过载流量。用水量均匀的生活给水系统通常指用水密集型的建筑，用水量不均匀的生活给水系统通常指用水分散型的建筑。本题中的旅馆是用水分散性的建筑。其他三项是用水密集型的建筑。

3. 某旅馆生活给水系统设计流量为 $19m^3/h$，冷却塔补水系统设计流量为 $13m^3/h$，DN40、DN50 水表的流量参数见表 1-1。则各系统选择的水表直径及相应流量值应为下列哪一项？（　　）

表 1-1

	过载流量（m³/h）	常用流量（m³/h）	最小流量（m³/h）	分界流量（m³/h）
DN40	20	10	0.30	1.00
DN50	30	15	0.45	1.50

    A. 生活给水：DN50，$Q=30\sim0.45m^3/h$；冷却塔补水 DN40，$Q=20\sim0.30m^3/h$

    B. 生活给水：DN40，$Q=20\sim0.30m^3/h$；冷却塔补水 DN50，$Q=30\sim0.45m^3/h$

    C. 生活给水：DN40，$Q=20\sim1.00m^3/h$；冷却塔补水 DN40，$Q=30\sim1.00m^3/h$

    D. 生活给水：DN50，$Q=30\sim1.50m^3/h$；冷却塔补水 DN50，$Q=30\sim1.50m^3/h$

【答案与解析】B。根据《建筑给水排水设计规范》GB 50015—2003（2009年版）3.4.18条，水表口径的确定应符合：用水量均匀的生活给水系统的水表应以给水设计流量选定水表的常用流量；用水量不均匀的生活给水系统的水表应以给水设计流量选定水表的过载流量。本题中旅馆生活给水量属于用水不均匀的，冷却塔补水量属于用水均匀的。再有考虑水表的流量范围是指过载流量和最小流量之间的范围。所以本题B正确。

二、多项选择题

1. 下列有关水表的叙述中，哪几项是错误的？（　　）

    A. 建筑给水设计中多采用速度式水表，此表分为旋翼式和螺翼式两类

    B. 冷水水表的被测水温≤40℃，热水水表的被测水温≤80℃

    C. 水表的水头损失，应按选定产品所给定的压力损失计算

    D. 始动流量是指水表开始连续指示时的流量，所有水表均具有始动流量

【答案与解析】BD。参见《建筑给水排水工程》（第六版）1.1.2节中水表的内容，则可知A的描述是正确的；B和D的描述是错误的。参见《建筑给水排水设计规范》GB 50015—2003（2009年版）3.6.12条可知C是正确的。

    考生注意：水表的内容主要是关于水表的相关技术安装要求和性能参数、在管网水力

计算时需要计算 H_3 这一项,因此水表的选择也常常作为考点。

1.2.6 增压和贮水设备

一、单项选择题

1. 生活给水系统贮水设施的有效容积按百分比取值,下列哪项是错误的?(   )

    A. 居住小区加压泵站贮水池调节容积,可按最高日用水量的 15%~20% 确定

    B. 建筑物内由水泵联动提升供水系统的生活低位贮水池容积宜按最高日用水量的 50% 确定

    C. 吸水井的有效容积不应小于水泵 3min 设计秒流量

    D. 由外网夜间直接进水的高位水箱的生活用水调节容积可按最高日用水量确定

    【答案与解析】B。根据《建筑给水排水设计规范》GB 50015—2003(2009 年版)3.7 节的内容。答案 B 混淆了贮水池和高位水箱的容积确定方式。

2. 生活给水系统采用气压给水设备供水时,气压罐内的最高工作压力不得使管网最大水压处配水点的水压大于下列何项值?(   )

    A. 0.35MPa   B. 0.45MPa   C. 0.55MPa   D. 0.60MPa

    【答案与解析】C。根据《建筑给水排水设计规范》GB 50015—2003(2009 年版)3.8.5 条第 2 款。

3. 下列建筑给水水泵自灌吸水的相关要求中,哪项是错误的?(   )

    A. 吸水总管中的流速不宜大,过大会引起水泵间的吸水干扰

    B. 吸水总管内的流速应小于 1.2m/s,也不宜低于 1.0m/s

    C. 当水池水位低于水泵自灌启动水位时,应有防止水泵空载启动的保护装置

    D. 吸水总管伸入水池的引水管为两条时,每条引水管应能通过 70% 的设计流量

    【答案与解析】D。《建筑给水排水设计规范》GB 50015—2003(2009 年版)3.8.7 条及其条文说明,D 项条件下,每条引水管是 100% 的流量。

4. 采用水泵—高位水箱—用户的供水方式,应选下列哪种方法控制高位水箱进水?(   )

    A. 水箱进水管口浮球阀   B. 水箱中的高、低水位信号

    C. 水泵出口的压力信号   D. 水箱出水管的水流信号

    【答案与解析】B。《建筑给水排水设计规范》GB 50015—2003(2009 年版)3.7.7 条及相应条文说明。

二、多项选择题

1. 下述关于建筑给水系统水箱设置的论述不符合要求的是哪几项?(   )

    A. 生活饮用水水箱在南方地区宜设置在屋顶,北方地区宜设置在专用房间内,以利冬季防冻

    B. 设有人孔的高位水箱,其顶板面与上面建筑本体板底间的净距不应小于 0.60m

    C. 生活饮用水箱与其他水箱并列设置时,应有各自独立的分隔墙。

    D. 单体建筑内生活饮用水箱中贮有消防水量时,饮用水出水管应深入消防水位以下,并应在消防水位处设虹吸破坏管

【答案与解析】ABD。A 选项参见《建筑给水排水设计规范》GB 50015—2003（2009 年版）3.7.6 条和 3.2.11 条；B 选项参见 3.7.3 条；C 选项 3.2.10 条及其条文说明；D 选项见第 3.2.8 条供单体建筑的生活饮用水池（箱）应与其他用水的水池（箱）分开设置。

2. 图 1-2 为设在建筑物内的居住小区加压泵站生活饮用水池平面布置与接管示意图（图中：1-通气管，2-溢、泄水管，3-水位计，4-高区加压泵，5-低区加压泵），正确指出图中错误的是哪几项？（　　）

   A. 两格水池大小相差太大

   B. 左池溢、泄水管可取消，共用右池溢、泄水管

   C. 进出水管同侧

   D. 水池后侧距墙 500mm，距离太小

【答案与解析】ACD。参见《建筑给水排水设计规范》GB 50015—2003（2009 年版）3.7.2 条第 2 款、3.7.3 条第 2 款、3.7.7 条。

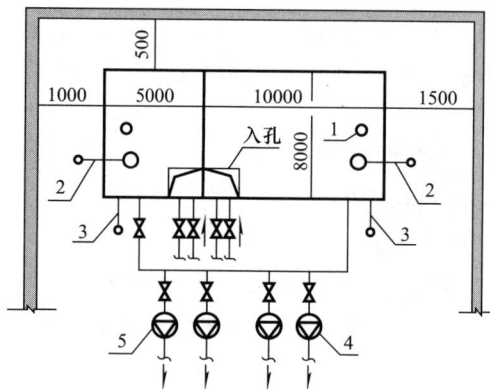

图 1-2

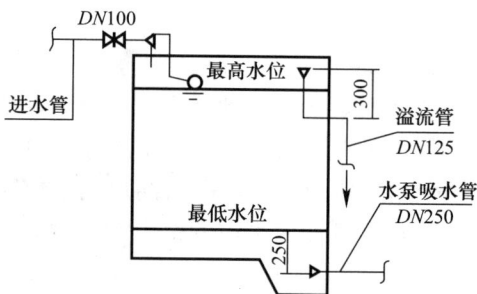

图 1-3

3. 如图 1-3 所示，下列哪几项叙述是正确的？（　　）

   A. 水泵吸水喇叭口应朝下设置

   B. 吸水喇叭口距最低水位 250mm，太小

   C. 溢流喇叭口下的垂直管段 300mm，太短

   D. 溢水管管径 DN125，太小

【答案与解析】ABC。参见《建筑给水排水设计规范》GB 50015—2003（2009 年版）3.7.7 条第 5 款和 3.8.6 条。

4. 下述水泵机组的隔震措施哪几项符合要求？（　　）

   A. 隔震元件支撑点应为偶数，且不少于 4 个

   B. 隔震元件应设置在水泵机组惰性块上面

   C. 与水泵隔震配套安装在水泵进出水管上的可曲挠橡胶接头，应满足隔震和位移补偿两方面的要求

   D. 选择水泵运行的扰动频率与隔震元件固有频率比值＜2 的隔震元件，可提高隔震
   ·效率

【答案与解析】AC。参见《建筑给水排水工程》（第六版）2.5节的内容。

5. 下列生活给水水箱的配管及附件设置示意图（图1-4）中，哪几个图不符合要求？
（　　）

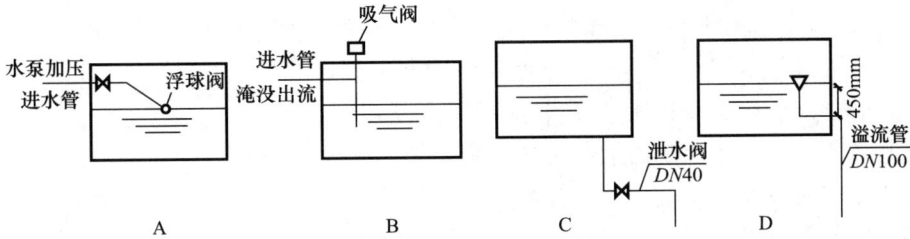

图1-4

【答案与解析】ABC。参见《建筑给水排水设计规范》GB 50015—2003（2009年版）3.7.7条第4款、3.2.4条及其条文说明、3.7.7条的条文说明和3.7.7条第5款的内容。

　　考生注意：增压和贮水设备是考试的经常性考点，对于规范中的条文及其条文说明的内容一定要仔细阅读。在单选和多选题目中较为经常的考查增压和贮水设备的布置和配置的要求，有关具体技术参数确定题目较多出在案例中。但还有以下几点注意内容：①小区生活用水贮水池的有效容积应根据生活用水调节量和安全贮水量等确定；②小区贮水池的生活用水调节量可按小区最高日生活用水量的15％～20％确定；③安全贮水量的确定在条文说明中考虑的给水因素：一是最低水位不能见底；二是市政管网供水可靠性；三是小区建筑用水的重要程度。

1.3　系统供水压力与给水方式

1.3.1　给水系统所需水压

一、单项选择题

1. 某10层的普通住宅，市政管网的供水压力为210kPa，以下供水方案中何种最为合理？
（　　）
   A. 1～3层由市政管网直接供水，3层以上由高位水箱与加压泵供水
   B. 1～4层由市政管网直接供水，4层以上由高位水箱与加压泵供水
   C. 1～5层由市政管网直接供水，5层以上由高位水箱与加压泵供水
   D. 1～6层由市政管网直接供水，6层以上由高位水箱与加压泵供水

　　【答案与解析】B。参见《全国勘察设计注册公用设备工程师给水排水专业执业资格考试教材》第3册1.3节给水系统所需水压的经验公式：1层100kPa；2层120kPa；3层以上每增加1层，增加40kPa。

2. 生活给水系统采用气压给水设备供水时，气压罐内的最高工作压力不得使管网最大水压处配水点的水压大于下列何项值？（　　）
   A. 0.35MPa　　　　B. 0.45MPa　　　　C. 0.55MPa　　　　D. 0.60MPa

【答案与解析】C。参见《建筑给水排水设计规范》GB 50015—2003（2009 年版）3.8.5 条第 2 款。

二、多项选择题

1. 下述高层建筑生活给水系统水压的要求中，哪几项符合规定？（　　）

A. 系统各分区最低卫生器具配水点处静水压力不宜大于 0.45MPa

B. 静水压力大于 0.35MPa 的入户管应设减压设施

C. 卫生器具给水配件承受的最大工作压力不得大于 0.6MPa

D. 竖向分区的最大水压应是卫生器具正常使用的最佳水压

【答案与解析】ABC。参见《建筑给水排水设计规范》GB 50015—2003（2009 年版）3.3.4 条、3.3.5 条和 3.3.5A 条。

　　考生注意：给水系统所需水压有两种确定方法。其中计算方法中系统所需水压问题是贯穿于建筑给水排水中的所有有压系统的所需压力的计算，包括给水系统、消防系统和热水系统。系统所需水压公式虽然很简单 $H＝H_1＋H_2＋H_3＋H_4$，但一定要全面的理解，H 为给水系统所需水压强（kPa）；H_1 为室内管网中最不利配水点与引入管之间的静压差（kPa），这一项最简单，一般是从图上可以通过已知高程简单计算出来的；H_2 为计算管路的沿程和局部水头损失之和（kPa），这一项有以下几种情况，一是可以让考生进行试算，选择出水头损失较大值的哪一条管路带入最终公式，二是计算管路中的沿程水头损失或者是局部水头损失，三是题目目的最终要求解 H_2；H_3 为计算管路中水表的水头损失（kPa），这一项应该广义理解为能够引起较大局部水头损失的附件，如水表、湿式报警阀、雨淋阀等；H_4 为最不利配水点所需最低工作压力（kPa），可能是配水设施，如淋浴器、洗脸盆水嘴，也可能是消火栓，自动喷水系统的喷头。每年的试题中均有此类题目，提醒考生注意。

1.3.2　高层建筑生活给水系统的给水方式

一、单项选择题

1. 某高层住宅采用房顶水箱供水，其屋顶水箱最高水位至低层最低卫生器具配水点的静水压力为 0.98MPa，若支管不再设减压阀，且按安静环境要求对待，则竖向至少应分成几个区供水？（　　）

A. 2个　　　　　　　B. 3个　　　　　　　C. 4个　　　　　　　D. 5个

【答案与解析】C。根据对《建筑给水排水设计规范》GB 50015—2003（2009 年版）3.3.5 条的理解，由于支管不减压，所以该高层住宅的给水系统应进行竖向分区。3.3.5 条第 2 款：静水压力大于 0.35MPa 的入户管（或配水横管）宜设减压阀或减压设施。3.4.9 条第 1 款：采用可调式减压阀的要求环境安静的场所，阀前与阀后的最大压差不应大于 0.3MPa。

　　第一区：水箱最高水位以下 35m。此时分区后距离最低卫生器配水点 98－35＝63m。

　　第二区及以后区：《全国民用建筑工程设计技术措施（给水排水）》（2009 年版）2.3.5 条：入户管或楼内公共建筑的配水横管的水表进口端水压，一般不宜小于 0.1MPa。本题中由上向下第二区内最高一层的进水支管压力以 0.1MPa 计，最下一层的进水支管压力以 0.35MPa 计，则压力增加了 0.25MPa，对应高度为向下走了 25m。而 63/25＝2.52，取 3 区。即与第二区相同的分区是 3 个，假设均分，则每个区的对应高度为 63/3＝21m。所以，一共分为四个区。

2. 下述高层建筑生活给水系统竖向分区的要求中，哪项是错误的？（　　）

   A. 高层住宅建筑生活给水系统竖向分区的配水横管进口水压不宜小于 0.1MPa

   B. 生活给水系统的竖向分区后，各区最低卫生器具配水点处的静水压在特殊情况下不宜大于 0.55MPa

   C. 生活给水系统不宜提倡以减压阀减压分区作为主要的供水方式

   D. 竖向分区采用水泵直接串联供水方式时，各级提升泵连锁，使用时先启动下一级再启动上一级泵

   【答案与解析】C。根据《全国民用建筑工程设计技术措施（给水排水）》（2009 年版）2.3 节的内容，A 选项和 D 选项是正确的。B 选项根据《建筑给水排水设计规范》GB 50015—2003（2009 年版）3.8.5 条，气压给水的最大水压不得大于 0.55MPa 可知是正确的。选项 C 不符合《建筑给水排水设计规范》GB 50015—2003（2009 年版）3.3.6 条。

3. 某 14 层住宅楼采用加压供水方式，水池和水加压装置设在地下室水泵房内。下列哪种供水方式能使水泵的运行工况点控制在水泵高效区的一个点上？（　　）

   A. 恒速泵→用户　　　　　　　　　B. 恒速泵→高位水箱→用户

   C. 隔膜气压罐加压供水装置→用户　　D. 恒压变频调速泵→用户

   【答案与解析】B。参见《全国勘察设计注册公用设备工程师给水排水专业执业资格考试教材》第 3 册 1.3.2 节给水方式图式及使用条件的内容。水泵工况点控制在高效区的一个点上实际是要求水泵工作点的流量和扬程不变，依据此条件，在 4 个选项中只有 B 项更合理。

二、多项选择题

1. 以下有关高层建筑生活给水系统的叙述中，哪几项不准确？（　　）

   A. 高层建筑生活给水系统应采用水泵加压供水

   B. 高层建筑生活给水系统可不设高位水箱

   C. 高层建筑的划分标准并不依给水系统的特性确定

   D. 高层建筑生活给水系统的配水管网应设成环状

   【答案与解析】AD。A 选项不准确，例如单设水箱供水方式，或者市政压力直接供水。B 选项正确，如采用变频机组直接供水的方式。C 选项正确，因为高层建筑的划分界限是依据《高层民用建筑设计防火规范》GB 50045—95（2005 年版）1.0.3 条及其条文说明。D 选项参见《建筑给水排水设计规范》GB 50015—2003（2009 年版）3.5.6 条：室内生活给水管道宜布置成枝状管网，单向供水。注意区别于高层建筑室内消防给水管道应布置成环状。

   考生注意：生活给水系统的给水方式是经常性考查题目，题目不难，一定要准确理解各种方式及其优缺点；还要注意规范中对系统选择的建议。

1.4 防止水质污染

一、单项选择题

1. 下列关于防水质污染的叙述中不正确的是（　　）。

　　A. 城镇给水管道严禁与自备水源的供水管道直接连接

　　B. 中水、回用雨水等非生活饮用水管道严禁与生活饮用水管道连接，可以安装倒流防止器

　　C. 住宅内没有设置热水循环的贮水容积为160L的热水机组，可不设止回阀

　　D. 直接从城镇给水管网接入小区的引入管上应设置止回阀

【答案与解析】B。前半句根据《建筑给水排水设计规范》GB 50015—2003（2009年版）3.2.3A条正确，后半句在其条文说明给出即使装倒流防止器也不允许。其他选项参见《建筑给水排水设计规范》GB 50015—2003（2009年版）均是正确。

2. 管道倒流防止器安装不适用于下列哪种情况？（　　）

　　A. 从生活饮用水管道上接出消防给水管道的起端地方

　　B. 从生活贮水池抽水的消防水泵出水管上

　　C. 从市政自来水管上直接吸入的水泵吸入口管道上

　　D. 绿地自动灌溉系统中连接地下式自动升降喷水器的管道

【答案与解析】D。参见《建筑给水排水设计规范》GB 50015—2003（2009年版）3.2.5C条第2款，此处应该安装真空破坏器。

二、多项选择题

1. 以下关于给水水质的叙述中，哪几项不正确？（　　）

　　A. 建筑生活给水系统不采取防污染措施，就无法保证用水点的水质合格

　　B. 给水系统提供给居民的生活饮用水必须把水的卫生安全性放在首位而不是水的营养性

　　C. 建筑生活给水的主要任务是满足用户的水量与水压要求，水质由城市水厂和市政管网处理解决

　　D. 当水厂出水满足生活饮用水卫生标准时，建筑生活给水系统无需设置水处理设施

【答案与解析】CD。这类不能从规范中查阅到具体条文内容的题目，要看题目的叙述是否科学合理，是否过于绝对。AB选项正确；C选项显然不正确，也可参见《全国勘察设计注册公用设备工程师给水排水专业执业资格考试教材》第3册1.1节的内容"建筑给水系统是将城镇给水管网或自备水源给水管网的水引入室内，经配水管送至生活、生产和消防用水设备，并满足用水点对水量、水压和水质要求的冷水供应系统"。D选项显然不正确，例如《建筑给水排水设计规范》GB 50015—2003（2009年版）3.2.13条：当生活饮用水水池（箱）内的贮水48h内不能得到更新时，应设置水消毒处理装置。

2. 某小区的城市自来水引入管上设置了倒流防止器，建筑内的下列给水设施中，哪几种情况下还应采取防回流污染的措施？（　　）

　　A. 高位生活水箱的淹没进水管

B. 生活热水热交换器的进水管

C. 从建筑引入管上直接抽水的消防泵吸水管上

D. 从建筑引入管上直接抽水的生活泵吸水管上

【答案与解析】AC。参见《建筑给水排水设计规范》GB 50015—2003（2009 年版）3.2.5D 条：空气间隙、倒流防止器和真空破坏器的选择，应根据回流性质、回流污染的危害程度按本规范附录 A 确定。注：在给水管道防回流设施的设置点，不应重复设置。

A 选项，参见《建筑给水排水设计规范》GB 50015—2003（2009 年版）3.2.4B 条：生活饮用水水池（箱），当进水管从最高水位以上进入水池（箱），管口为淹没出流时应采取真空破坏器等防虹吸回流措施。

B 选项，参见《建筑给水排水设计规范》GB 50015—2003（2009 年版）3.2.5 条：从生活饮用水管道上直接供下列用水管道时，应在这些用水管道的下列部位设置倒流防止器：3 利用城镇给水管网水压且小区引入管无防回流设施时，向商用的锅炉、热水机组、水加热器、气压水罐等有压容器或密闭容器注水的进水管上。根据题意不需要再重复设置。

参见《建筑给水排水设计规范》GB 50015—2003（2009 年版）3.2.5A 条：从小区或建筑物内生活饮用水管道系统上接至下列用水管道或设备时，应设置倒流防止器：①单独接出消防用水管道时，在消防用水管道的起端；②从生活饮用水贮水池抽水的消防水泵出水管上。对以上内容进行实质理解，C 选项应当设置倒流防止器。D 选项，不需要重复设置。

考生注意：防止水质污染也属于经常性考查题目，请仔细阅读《建筑给水排水设计规范》GB 50015—2003（2009 年版）3.2 节内容和相应的条文说明。

1.5 给水系统计算

1.5.1 设计流量

一、单项选择题

1. 某居住小区内的住宅建筑均为普通住宅 Ⅱ 型，用水定额为 260L/（人·d），小时变化系数为 $K_h = 2.5$，户内的平均当量为 3.5，设计规模为 5000 人。下列关于其室外给水管网的叙述中，不符合《建筑给水排水设计规范》GB 50015—2003（2009 年版）的是（　　）。

A. 室外给水管段，其住宅应按规范 3.6.3 条、3.6.4 条计算管段流量

B. 居住小区内配套的文体、餐饮娱乐、商铺及市场等设施应按规范 3.6.5 条和 3.6.6 条的规定计算节点流量

C. 此居住小区内配套的小学、社区医院建筑，以及绿化和景观用水、道路及广场洒水、公共设施用水等，均以最大时用水量计算节点流量

D. 当建筑设有水箱（池）时，应以建筑引入管设计流量作为室外计算给水管段节点流量

【答案与解析】C。根据《建筑给水排水设计规范》GB 50015—2003（2009 年版）3.6.1 条和 3.6.1A 条。

2. 图 1-5 为某建筑办公楼与 II 类集体宿舍共用给水引入管的简图。其给水支管的设计秒流量为 q_1，q_2；根据建筑功用途而定的系数为 α_1，α_2；管段当量总数分别为 N_{g1}，N_{g2}，则给水引入管的设计秒流量 q_0 应为下面哪一项？

（　　）

A. $q_0 = 0.2 \cdot \alpha_1 \cdot \sqrt{N_{g_1}} + 0.2 \cdot \alpha_2 \cdot \sqrt{N_{g_2}}$

B. $q_0 = 0.2 \cdot \dfrac{\alpha_1 N_{g_1} + \alpha_2 N_{g_2}}{N_{g_1} + N_{g_2}} \cdot \sqrt{N_{g_1} + N_{g_2}}$

C. $q_0 = 0.2 \cdot \dfrac{\alpha_1 + \alpha_2}{2} \cdot \sqrt{N_{g_1} + N_{g_2}}$

D. $q_0 = 0.2 \cdot (\alpha_1 + \alpha_2) \cdot \sqrt{N_{g_1} + N_{g_2}}$

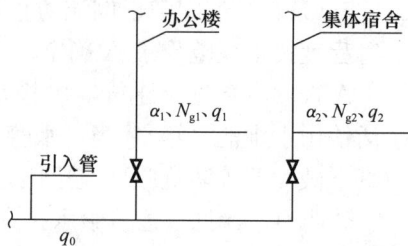

图 1-5

【答案与解析】 B。根据《建筑给水排水设计规范》GB 50015—2003（2009 年版）3.6.5 条。

二、多项选择题

1. 以下建筑给水和排水设计秒流量计算式 $q_{给水} = \sum q_1 \times n_1 \times b_1$ 和 $q_{排水} = \sum q_2 \times n_2 \times b_2$ 参数的说明中，哪几项是错误的？（　　）

A. 相同卫生器具 b_1 和 b_2 的取值均相同

B. 相同卫生器具 b_1 和 b_2 的取值不完全相同

C. 相同卫生器具 q_1 和 q_2 的取值均相同

D. 相同卫生器具 q_1 和 q_2 的取值不完全相同

【答案与解析】 AC。参见《建筑给水排水设计规范》GB 50015—2003（2009 年版）3.6.6 条和 4.4.6 条的相关内容。

考生注意：这个题目十分简单，只要想考注册的考生肯定知道哪个描述是符合规范的要求。值得考生思考的是题目要求选择错误的选项，所以做错这个题目不是技术原因，是考试的细心技巧。

2. 下列计算居住小区室外给水管道设计流量时，正确的论述有哪几项？（　　）

A. 小区的给水引入管的设计流量计算不考虑未预见水量和漏失水量

B. 居住小区内配套的文体、商铺等设施均以其生活用水量按照相应方法计算节点流量

C. 居住小区内配套的文教、医疗保健等设施均以其平均用水小时平均秒流量计算节点流量

D. 当公共建筑区的建筑设有水箱（池）时，应以建筑引入管设计流量作为该小区室外计算给水管道节点流量

【答案与解析】 BCD。参见《建筑给水排水设计规范》GB 50015—2003（2009 年版）3.6.1 条、3.6.1A 条和 3.6.1B 条。

考生注意：这个题目想让考生注意规范中 3.6.1 条、3.6.1A 条和 3.6.1B 条的内容。注意 3.6.1 条针对的对象是居住小区；3.6.1A 条和 3.6.1B 条针对的对象是小区，此时小区的含义是包含居住小区和公共建筑区。

1.5.2 管网水力计算

一、单项选择题

1. 某住宅生活给水管网中立管 1，2，3；最大用水时卫生器具给水当量平均出流概率分别为 U_1. U_2. U_3（如图 1-6 所示），则管段 $a-b$ 最大用水时卫生器具给水当量平均出流概率应为（　　）。
   A. U_1，U_2，U_3 中的最大值
   B. U_1，U_2，U_3 的平均值
   C. U_1，U_2，U_3 的加权平均值
   D. U_1，U_2，U_3 之和

   【答案与解析】C。根据《建筑给水排水设计规范》GB 50015—2003（2009 年版）3.6.4 条第 4 款的内容。

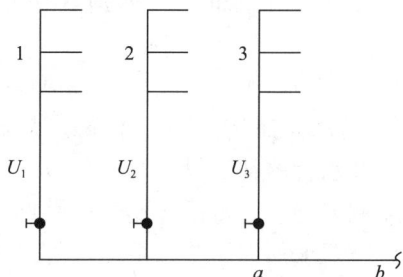

图 1-6

二、多项选择题

1. 下列有关生活给水管网水力计算的叙述中，哪几项是错误的？（　　）
   A. 住宅入户管管径应按计算确定，但公称直径不得小于 25mm
   B. 生活给水管道当其设计流量相同时，可采用同一 i 值（单位长度水头损失）计算管道沿程水头损失
   C. 计算给水管道上比例式减压阀的水头损失时，阀后动水压宜按阀后静水压的 $80\% \sim 90\%$ 采用
   D. 生活给水管道配水管的局部水头损失，宜按管道的连接方式，采用管（配）件当量长度法计算

   【答案与解析】AB。参见《建筑给水排水设计规范》GB 50015—2003（2009 年版）3.6.8 条、3.6.10 条、3.6.11 条和 3.6.13 条。根据 3.6.10 条的公式可知 i 和管道材质、管道计算内径、流量有关。

2. 图 1-7 所示某旅馆局部给水管路，对图中节点 A 的有关叙述中，哪几项正确？（　　）
   A. 管段 1-A 的设计秒流量为管段 A-2、A-3 的设计秒流量之和
   B. 流入 A 点流量等于流离 A 点流量
   C. A 点上游各管段的管内压力必不小于下游管段的管内压力
   D. A 点上游干管段的直径必不小于下游管段的管径

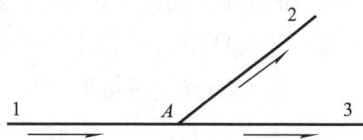

图 1-7

   【答案与解析】BD。A 选项错误，不符合旅馆给水设计秒流量的计算。C 选项错误，因题目没有交代清楚 A 点上游"各管段"在哪个位置：如果是题目中所给的图，这一局部给水管道在同一高程下，水又可以流动，则题目的叙述可以理解为正确；如果 A 点上游"各管段"可以指考生在题目中所给的图看不见的话，凭借考生个人的想象力，这个 A 点上游"各管段"可以是 A 点上游干管上的支管，那就不一定大于下游管段的管内压力。

1.5.3 增压和贮水设备选择

一、单项选择题

1. 某工程高区给水系统采用调速泵加压供水，最高日用水量为 $140m^3/d$，水泵设计流量为 $20m^3/h$，泵前设吸水池，其市政供水补水管的补水量为 $25m^3/h$，则吸水池最小有效容积 V 为下列哪一项？（　　）

   A. $V=1m^3$　　　　B. $V=10m^3$　　　　C. $V=28m^3$　　　　D. $V=35m^3$

   【答案与解析】A。水泵设计流量为 $20m^3/h$ 即为该工程高区的设计秒流量，而市政供水补水管的补水量为 $25m^3/h$，大于水泵设计流量为 $20m^3/h$，则该建筑的泵前设吸水池无需调节能力。根据《建筑给水排水设计规范》GB 50015—2003（2009 年版）3.7.4 条：无调节要求的加压给水系统，可设置吸水井，吸水井的有效容积不应小于水泵 3min 的设计流量。即本题所说的吸水池就是吸水井 $20m^3/h \times 3min=1m^3$。

2. 某办公楼的 4~10 层采用二次加压供水系统，加压泵前设贮水设施，由环状市政供水管接管补水，市政给水补水满足加压供水管网设计秒流量的供水要求，则贮水设施的有效容积按下列哪项确定是正确合理的？（　　）

   A. 按最高日用水量的 20％计算　　　　B. 按最高日用水量的 25％计算
   C. 按最高日用水量的 50％计算　　　　D. 按 5min 水泵设计秒流量计算

   【答案与解析】D。题目中给出市政给水补水满足加压供水管网设计秒流量的供水要求，说明此泵前设贮水设施为中途转输水箱或者是吸水井。根据《建筑给水排水设计规范》GB 50015—2003（2009 年版）3.7.8 条：生活用水中途转输水箱的转输调节容积宜取转输水泵 5~10min 的流量，选择 D。根据《建筑给水排水设计规范》GB 50015—2003（2009 年版）3.7.4 条：无调节要求的加压给水系统，可设置吸水井，吸水井的有效容积不应小于水泵 3min 的设计流量，题目中没有答案，如果题目中给出"按 3min 水泵设计秒流量计算"，这也是正确的。

3. 某建筑内采用水泵加压供水，如图 1-8 所示，低位水箱 A 的进水管可通过不小于高位水箱 B 进水管的流量，则低位水箱 A 的最小有效容积应为下列哪项？（　　）

   A. 水泵 3min 的设计流量
   B. 最高日用水量的 15％~20％
   C. 最高日用水量的 20％~25％
   D. 最大小时用水量的 50％

   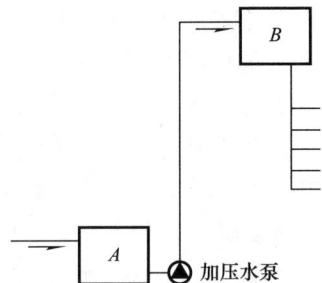

   图 1-8

   【答案与解析】A。本题"低位水箱 A 的进水管可通过不小于高位水箱 B 进水管的流量"已经说明了"无调节要求"。《建筑给水排水设计规范》GB 50015—2003（2009 年版）3.7.4 条：无调节要求的加压给水系统，可设置吸水井，吸水井的有效容积不应小于水泵 3min 的设计流量。吸水井的其他要求应符合本规范 3.7.3 条的规定。

4. 某高层酒店生活加压供水系统最高日用水量为 $500m^3$，平均日用水量为 $350m^3$，加压水泵从地下贮水池吸水，按平均日运行考虑水池不补水且未设置二次消毒设施，则水池有效容积最大不应超过下列哪一项？（　　）

A. 1150m³   B. 1000m³   C. 500m³   D. 700m³

【答案与解析】 D。《建筑给水排水设计规范》GB 50015—2003（2009 年版）3.2.13 条：当生活饮用水水池（箱）内的贮水 48h 内不能得到更新时，应设置水消毒处理装置。也就是说，如果未设置二次消毒设施，水池有效容积当不应超过 48h 的水量。那么按题意为 350m³×2＝700m³。这个题目很有思想，一道看起来是贮水设备的题目，真正的考点是在防止水质污染上面。

二、多项选择题

1. 生活用水高位（屋顶）水箱调节容积的方法哪几项是正确的？（   ）

     A. 由城市给水管网夜间直接进水的高位水箱，宜按用水人数和最高日用水定额确定

     B. 由城市给水管网夜间直接进水的高位水箱，宜按最大小时用水量的 1.5 倍确定

     C. 由水泵联动提升进水的高位水箱，不宜小于最大用水时水量的 50％

     D. 由水泵联动提升进水的高位水箱，不宜小于平均小时用水量的 50％

【答案与解析】 AC。参见《建筑给水排水设计规范》GB 50015—2003（2009 年版）3.7.5 条。

考生注意： 分区串联供水方式如图 1-9 所示，由下到上该建筑供水一共分了 3 个区，分别是 I 区、II 区、III 区。下面我们把图 1-9 中所示的增压和贮水构筑物的技术参数进行确定，以便考生从整体上掌握水泵流量和扬程，以及贮水设施的有效容积确定。

（1）贮水池 1 是作为整个建筑物的贮水池，V_1 的有效容积为该建筑物最高日用水量的 20％～25％，则 $V_1＝(20\%～25\%)Q_d$；

（2）贮水池 7 是作为 III 区的高位水箱，有水泵 6 联动提升进水的水箱，V_7 的调节容积不宜小于 III 区最大用水时水量的 50％，即 $V_7＝50\%Q_{IIIh}$；

（3）水泵 6 是从贮水 5 吸水把提升到贮水池 7 中去，属于高位水箱调节的生活给水系统的水泵，则 Q_6 的最大出水量不应小于 III 区最大小时用水量，即 $Q_6＝Q_{IIIh}$；水泵 6 的扬程是把水从贮水 5 的最低水位提升到贮水池 7 最高水位所需要的扬程；

（4）水泵 4 是从贮水 3 吸水把提升到贮水 5 中去，属于高位水箱调节的生活给水系统的水泵，则 Q_4 的最大出水量不应小于 II 区和 III 区最大小时用水量，即 $Q_4＝Q_{(II+III)h}$；水泵 4 的扬程是把水从贮水 3 的最低水位提升到贮水池 5 最高水位所需要的扬程；

（5）水泵 2 是从贮水 1 吸水把提升到贮水池 3 中去，属于高位水箱调节的生活给水系统的水泵，则 Q_2 的最大出水量不应小于整幢建筑（I 区、II 区和 III 区）的最大小时用水量，即 $Q_2＝Q_{(I+II+III)h}$；水泵 2 的扬程是把水从贮水 1 的最低水位提升到贮水池 3 最高水位所需要的扬程；

（6）参见《全国民用建筑工程设计技术措施（给水排水）》（2009 年版）2.8.5 条第 2 款的内容，当采用串接供水方案时，如水箱除供本区用水外，还供上区提升泵抽水用时，

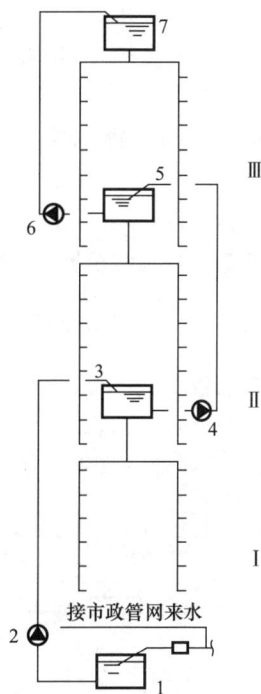

图 1-9

水箱的有效容积除满足上述要求外，还应贮存3～5min的提升泵的设计流量。因此，贮水池（水箱）5属于这种情况，既要供本区（Ⅱ区）的用水，还供上区（Ⅲ区）的提升泵（水泵6）抽水，则贮水池（水箱）5的有效容积除满足本区（Ⅱ区）的用水外，还应贮存3～5min提升泵（水泵6）的设计流量，即$V_5 = 50\%Q_{\text{Ⅱh}} + (3\sim5\text{min})Q_6$；

（7）贮水池（水箱）3与贮水池（水箱）5相同原理，$V_3 = 50\%Q_{\text{Ⅰh}} + (3\sim5\text{min})Q_4$。

1.6　游泳池、水上游乐池及水景给水排水

一、单项选择题

1. 室内游泳比赛池池水设计温度是下列何项值？（　　）

　　A. 18～22℃　　　　　　B. 26～28℃　　　　　　C. 25～27℃　　　　　　D. 27～30℃

　　【答案与解析】C。参见《建筑给水排水设计规范》GB 50015—2003（2009年版）表3.9.15；或者参见《游泳池给水排水工程技术规程》CJJ 122—2008 表3.3.1。

2. 比赛用游泳池水水质，对游泳池的循环水应采用下列何种处理流程？（　　）

　　A. 过滤、消毒处理　　　　　　　　　　　B. 过滤、加药和消毒处理

　　C. 混凝沉淀、过滤和加热处理　　　　　　D. 沉淀、过滤和消毒处理

　　【答案与解析】B。根据《建筑给水排水设计规范》GB 50015—2003（2009年版）3.9.7条。

3. 某训练游泳池长50m，宽25m，平均水深1.8m，池水采用净化循环系统，其最小循环水量应为下列哪项？（　　）

　　A. 295.31m³/h　　　B. 393.75m³/h　　　C. 412.50m³/h　　　D. 590.63m³/h

　　【答案与解析】B。参见《全国勘察设计注册公用设备工程师给水排水专业执业资格考试教材》中第3册7.1节的内容。循环流量 $q_c = \dfrac{X_{ad} \cdot V_p}{T_p}$ 求最小的循环流量，则水容积附加系数 X_{ad} 取最小值1.05，循环周期取最大时间6h，池水容积 V_p 根据题意给定的游泳池的长、宽、水深来求解。上述三个值代入公式，则为B。

4. 下面四个游泳池循环净化处理系统图1-10所示中，哪一项是正确的？（　　）

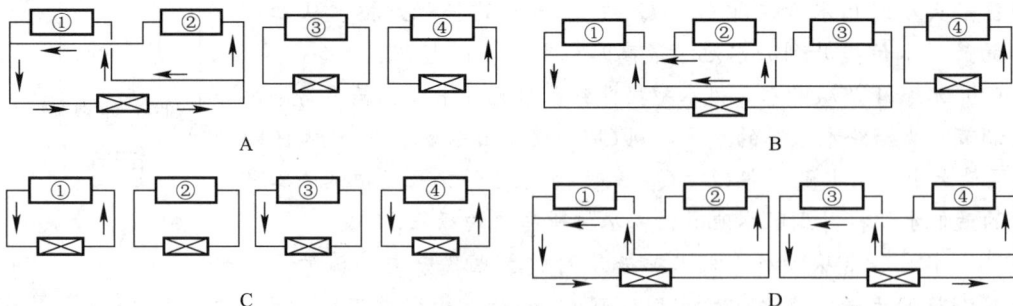

图中：①—公共池；②—训练池；③—竞赛池；④—跳水池

▨—循环水净化处理装置

图 1-10

　　【答案与解析】C。根据《建筑给水排水设计规范》GB 50015—2003（2009年版）

3.9.6 条。

5. 下列关于游泳池过滤器的设计要求中，何项是错误的？（　　　）

A. 竞赛池、训练池、公共池的过滤器应分开设置，不能共用

B. 过滤器的数量不宜少于 2 台，且应考虑备用

C. 压力过滤器应设置布水、集水均匀的布、集水装置

D. 为提高压力过滤器的反洗效果，节省反洗水量，可设气、水组合反冲洗装置

【答案与解析】B。参见《全国勘察设计注册公用设备工程师给水排水专业执业资格考试教材》第 3 册 7.1.4 节中的内容。

6. 以下有关游泳池臭氧全流量、分流量消毒系统的叙述中，哪一项是正确的？（　　　）

A. 全流量消毒系统是对全部循环水量进行消毒

B. 分流量消毒系统仅对 25% 的循环水量进行消毒

C. 因臭氧是有毒气体，故分流量、全流量臭氧消毒系统均应设置剩余臭氧吸附装置

D. 分流量消毒系统应辅以氯消毒，全流量消毒系统可不设长效辅助消毒设备

【答案与解析】A。参见《建筑给水排水工程》（第六版）12.1.4 节的内容。

7. 游泳池运行过程中需要加热时，其设计耗热量应以下列哪项为计算依据？（　　　）

A. 池水表面蒸发损失热量的 1.2 倍与补充新鲜水加热所需热量之和

B. 池水初次加热时所需的热量

C. 游泳池溢流水和过滤设备反冲洗时排水损失的热量

D. 池水表面蒸发损失热量、补充新鲜水加热需热量、管道和池壁损失热量之和

【答案与解析】A。参见《游泳池给水排水工程技术规程》CJJ 122—2008 中 7.2.1 条、7.2.2 条、7.2.3 条和 7.2.4 条的内容。池水加热所需热量应为下列各项耗热量的总和：①池水表面蒸发损失的热量；②池壁和池底传导损失的热量；③管道和净化水设备损失的热量；④补充新鲜水加热需要的热量。观察题目的选项很可能会选择 D，但是仔细阅读发现 D 选项没有提到池底传导损失的热量和净化水设备损失的热量，所以 D 选项是不正确的。而 A 选项"池水表面蒸发损失热量的 1.2 倍"刚好把①、②、③项的内容都包括。这种题目考生很容易出错，感觉很轻松的知识点，但是题目往往会设计小陷阱在这里。

二、多项选择题

1. 某水上游乐中心建有：a-比赛池；b-形状不规则，分浅深水区的公共游泳池；c-造浪池。以下各类池水所选循环方式哪几项是正确合理的？（　　　）

A. a-逆流式，b-混流式，c-混流式　　　　B. a-混流式，b-混流式，c-混流式

C. a-顺流式，b-逆流式，c-混流式　　　　D. a-逆流式，b-逆流式，c-顺流式

【答案与解析】AB。本题通过排除法来选择，参见《游泳池给水排水工程技术规程》CJJ 122—2008 中 4.3.2 条及其条文说明，可知比赛池池水循环方式可以为逆流式或者混流式，显然 C 选项是错误的；造浪池在 4.3.5 条第 1 款中给出是逆流式的循环方式，而 4.3.2 条的条文说明给出混流式循环方式比逆流式的优点还多，显然造浪池不能采用顺流式循环方式，所以 D 选项也是错误的。

2. 以下关于游泳池补水的叙述中，哪几项正确？（　　　）

A. 大型公共游泳池采用生活饮用水向布水口直接补水时，其补水管上应设置倒流防止器

B. 游泳池的充水管和补水管的管道上应分别设置独立的水量计量仪表

C. 休闲游泳池的初次充水时间可以超过 48h

D. 游泳池运行中的补充水量根据蒸发量和过滤设备反冲洗消耗的水量确定

【答案与解析】ABC。参见《游泳池给水排水工程技术规程》CJJ 122—2008。A 选项参见 3.4.4 条：当通过池壁管口直接向游泳池充水时，充水管道上应采取防回流污染措施。B 选项参见 3.4.5 条：游泳池的充水管和补水管的管道上应分别设置独立的水量计量仪表。C 选项参见 3.4.1 条：游泳池初次充满水所需要的时间应符合下列规定：竞赛和专用类游泳池不宜超过 48h；休闲用游泳池不宜超过 72h。D 选项参见 3.4.2 条：游泳池运行过程中每日需要补充的水量，应根据池水的表面蒸发、池子排污、游泳者带出池外和过滤设备反冲洗（如用池水冲洗时）等所损耗的水量确定；当资料不完备时，可按表 3.4.2 确定。

3. 下列有关游泳池氯消毒的叙述哪几项是错误的？（   ）

A. 氯消毒剂宜优选次氯酸钠，特别是成品次氯酸钠消毒剂

B. 次氯酸钠杀菌效果好，但不能降低池水中有机物的含量

C. 使用氯气消毒会使池水中的 pH 值升高，使用次氯酸钠消毒会使池水中的 pH 降低

D. 小型游泳池宜采用氯片消毒，使用简便，可直接投入池水中

【答案与解析】CD。参见《建筑给水排水工程》（第六版）12.1.4 节关于加药和消毒的内容。

4. 下述有关游泳池水及泄水管安装的要求中，哪几项是正确的？（   ）

A. 竞赛游泳池初次充水时间不超过 48h

B. 游泳池初次加热池水时间不超过 48h

C. 游泳池泄水口重力泄水时，泄水管不得与排水管道直接连接

D. 游泳池水最小补充水量应以保证 15d 池水全部更新一次计算

【答案与解析】ABC。ABC 参见《游泳池给水排水工程技术规程》CJJ 122—2008 中 3.4.1 条、7.1.5 条和 11.3.2 条。D 参见《建筑给水排水设计规范》GB 50015—2003（2009 年版）表 3.9.18 "注游泳池和水上游乐池的最小补充水量应以保证一个月内池水全部更新一次"。

2 建 筑 消 防

2.1 消防概论

一、单项选择题

1. 闪点为55℃的B类火灾可选用下列何种自动灭火设施进行灭火？（   ）

    A. 水喷雾灭火系统   B. 雨淋灭火系统

    C. 泡沫灭火系统   D. 自动喷水灭火系统

【答案与解析】 C。参见《全国勘察设计注册公用设备工程师给水排水专业执业资格考试教材》第3册2.1节的内容。闪点为55℃的B类火灾为可燃液体或可熔化固体物质火灾。A选项、B选项、D选项都属于水基灭火剂。雨淋灭火系统雨淋也是自动喷水灭火系统，可扑灭A类火灾；水喷雾灭火系统可以扑灭A、B和E类火灾，参见《水喷雾灭火系统设计规范》GB 50219—95中1.0.3条，水喷雾灭火系统可以扑救闪点高于60℃的液体火灾，显然和题目不符合。选项属于泡沫灭火剂，可以扑灭A、B类火灾。故排除法选择C。

2. 消火栓、消防水炮、自动喷水系统灭火机理主要是下列哪项？（   ）

    A. 窒息   B. 冷却   C. 乳化   D. 稀释

【答案与解析】 B。参见《全国勘察设计注册公用设备工程师给水排水专业执业资格考试教材》第3册2.1节的内容。水基灭火剂的主要灭火机理是冷却和窒息等，其中冷却功能是灭火的主要作用。参见《水喷雾灭火系统设计规范》GB 50219—95中1.0.3条的条文说明，虽然是介绍水喷雾灭火和防护冷却的适用范围，但是对于考生理解灭火机理是较清楚的文字描述。如：①表面冷却，水汽化会吸收大量的热。对于气体和闪点低于灭火所使用的水的温度的液体火灾，表面冷却是无效的，低于60℃的液体火灾通过表面冷却来实现灭火的效果是不理想的。②窒息，水变成水蒸气，汽化形成的体积是原体积的1680倍，可以降低空气中的氧气含量，燃烧将会因缺氧而受抑或中断。③乳化，乳化只适用于不溶于水的可燃液体，水雾滴喷射到燃烧液体表面，在液体表层形成乳化，乳化层的不燃性使燃烧中断。④稀释，对于水溶性液体火灾，稀释液体，降低液体的燃烧速度而较易扑灭。

3. 关于灭火设施设置场所火灾危险等级分类、分级的叙述中，何项是不对的？（   ）

    A. 工业厂房应根据生产中使用或产生的物质性质及其数量等因素，分为甲、乙、丙、丁、戊类

    B. 多层民用建筑应根据使用性质、火灾危险性、疏散及扑救难度分为一类和二类

    C. 自动喷水灭火系统设置场所分为轻危险级、中危险级、严重危险级和仓库危险级

    D. 民用建筑灭火器配置场所分为轻危险级、中危险级和严重危险级

【答案与解析】 B。参见《高层民用建筑设计防火规范》GB 50045—95（2005年版）3.0.1条。A选项，参见《建筑设计防火规范》GB 50016—2006中3.1.1条；C选项，参

见《自动喷水灭火系统设计规范》GB 50084—2001（2005 年版）3 设置场所火灾危险性等级，并且参见《自动喷水灭火系统设计规范》GB 50084—2001（2005 年版）附录 A 设置场所火灾危险性等级举例；D 选项，参见《建筑灭火器配置设计规范》GB 50140—2005 中 3 灭火器设置场所的火灾种类和危险等级，并且参见《建筑灭火器配置设计规范》GB 50140—2005 附录 C 工业建筑灭火器配置场所的危险性等级举例和附录 D 民用建筑灭火器配置场所的危险性等级举例。关于建筑物分类及耐火等级、建筑物火灾危险性分类这些相关知识在《全国勘察设计注册公用设备工程师给水排水专业执业资格考试教材》第 3 册的 2.1.2 节和 2.1.3 节的内容上已经整理后综合给出，便于考生查阅。

4. 下列高层建筑的分类哪项是错误的？（　　　）

   A. ≥19 层的普通住宅为一类建筑

   B. 10 层至 18 层的普通住宅为二类建筑

   C. 每层建筑面积为 800～1000m²，建筑高度为 50m 的商业楼为一类建筑

   D. 医院、高级旅馆为一类建筑

   【答案与解析】 C。《高层民用建筑设计防火规范》GB 50045—95（2005 年版）表 3.0.1，C 选项应为公共建筑二类。

   考生注意： 虽然注册考试为开卷考试，但是像这种内容，需要经常性应用，虽然不要求考生把这些内容完整背下来，但是需要考生熟悉这些知识，准确知道知识点所在规范中（或者教材）的位置，能在短时间内找到，并解决问题。

5. 根据现行《高层民用建筑设计防火规范》GB 50045—95（2005 年版），下列建筑中属于一类高层建筑的是（　　　）。

   A. 18 层普通住宅　　　　　　　　B. 建筑高的为 40m 的教学楼

   C. 具有空气调节系统的五星级宾馆　　D. 县级广播电视楼

   【答案与解析】 C。根据《高层民用建筑设计防火规范》GB 50045—95（2005 年版）表 3.0.1、2.0.10 条。

二、多项选择题

1. 下述哪几种灭火系统的灭火机理属于物理灭火过程？（　　　）

   A. 二氧化碳灭火系统　　　　　　B. 消火栓灭火系统

   C. 七氟丙烷灭火系统　　　　　　D. 固定消防水炮灭火系统

   【答案与解析】 ABD。参见《全国勘察设计注册公用设备工程师给水排水专业执业资格考试教材》第 3 册 2.1.1 节灭火机理的内容。灭火的基本原理：冷却、窒息、隔离和化学抑制，前 3 种主要是物理过程，后一种为化学过程。参见《全国勘察设计注册公用设备工程师给水排水专业执业资格考试教材》第 3 册 2.5.3 节气体灭火系统的内容。注意气体灭火机理是综合性的，要具体分析。二氧化碳就是主要为窒息、次要为冷却，属于物理过程。七氟丙烷灭火原理是灭火剂喷洒在火场周围时，因化学作用情化火焰中的活性自由基，使氧化燃烧的链式反应中断从而迭到灭火目的，属于化学过程。消火栓灭火系统和固定消防水炮灭火系统都是水基灭火剂，灭火机理是冷却和窒息等，也属于物理过程。

2. 水基灭火系统的灭火机理主要是冷却，同时还伴有下列哪些作用？（　　　）

   A. 窒息　　　　　B. 预湿润　　　　　C. 隔离　　　　　D. 稀释

【答案与解析】ABD。参见《全国勘察设计注册公用设备工程师给水排水专业执业资格考试教材》第 3 册 2.1.1 节灭火机理的内容。水基灭火剂的主要灭火机理是冷却和窒息等，其中冷却功能是灭火的主要作用。《水喷雾灭火系统设计规范》GB 50219—95 中 1.0.3 条的条文说明：根据国内外多年来对水喷雾灭火机理的研究，一致的结论是当水以细小的水雾滴喷射到正在燃烧的物质表面时会产生以下作用：表面冷却、窒息、乳化、稀释。关于隔离的定义，《全国勘察设计注册公用设备工程师给水排水专业执业资格考试教材》第 3 册 2.1.1 节中给出。隔离灭火：把可燃物与火焰、氧隔离开，是燃烧反应自动中止。如切断流向灭火区的可燃气体或液体的通道；或喷洒灭火剂把可燃物与氧和热隔离开，这是常用的灭火方法。泡沫没伙计的灭火机理主要是隔离作用。气体系统灭火机理因灭火剂而异，一般有冷却、窒息、隔离和化学抑制等作用。

　　考生注意：消防概论这部分内容是经常性考试的考点，内容只是相对于大学教材广大考生会略有些陌生，但是这部分知识较为浅显。考试只要认真阅读《全国勘察设计注册公用设备工程师给水排水专业执业资格考试教材》第 3 册和相关规范的内容，就可以正确解答试题。

2.2　消火栓给水系统

2.2.1　一般规定

一、单项选择题

1. 下列高层建筑消防系统设置的叙述中，正确的是（　　　）。

　　A. 高层建筑必须设置室内消火栓给水系统，宜设置室外消火栓给水系统

　　B. 高层建筑宜设置室内、室外消火栓给水系统

　　C. 高层建筑必须设置室内消火栓给水系统、室外消火栓给水系统

　　D. 高层建筑必须设置室内消火栓给水系统、室外消火栓给水系统和自动喷水灭火系统

【答案与解析】C。参见《高层民用建筑设计防火规范》GB 50045—95（2005 年版）7.1.1 条。

二、多项选择题

1. 下列消防用水水源的叙述中，不正确的是哪几项？（　　　）

　　A. 消防用水只能由城市给水管网、消防水池供给

　　B. 消防用水可由保证率≥97％，且设有可靠取水设施的天然水源供给

　　C. 消防用水采用季节性天然水源供给时，其保证率不得小于 90％，且天然水源处设可靠取水设施

　　D. 消防用水不能由天然水源供给

【答案与解析】ACD。参见《建筑设计防火规范》GB 50016—2006 中 8.1.2 条，A 选项不正确，要考虑天然水源。B 选项正确。C 选项参见《建筑设计防火规范》GB 50016—2006 中 8.1.2 条的条文说明，季节性天然水源要保证常年足够消防水量。D 选项与 A 选项的错误相同。

2.2.2 室外消防用水量、消防给水管道和消火栓

一、单项选择题

1. 室外消火栓的布置应符合下列要求，其中哪项是不正确的？（　　　）

   A. 室外消火栓应沿道路设置，道路宽度超过60m时，宜在道路两边设置消火栓，并宜靠近十字路口

   B. 消火栓的间距不应超过120m；消火栓距路边不应超过2m，距房屋外墙不宜小于5m

   C. 室外消火栓的保护半径不应超过150m；消火栓距路边不应超过3m，距房屋外墙不宜小于5m

   D. 室外消火栓的保护半径不应超过150m；在市政消火栓保护半径150m以内，如消防用水量不超过15L/s时，可不设室外消火栓

   【答案与解析】C。参见《建筑设计防火规范》GB 50016—2006中8.2.8条。

2. 一幢厂房内设有泡沫设备、消火栓、自动喷水灭火系统，其室外消防用水量的计算为（　　　）。

   A. 室内（泡沫＋消火栓＋自动喷水）＋室外消火栓的用水量

   B. 室内（泡沫＋1/2消火栓＋自动喷水）＋室外消火栓的用水量，但计算出的消防用水总量不能小于室内消火栓用水量

   C. 室内（泡沫＋消火栓＋自动喷水）＋1/2室外消火栓的用水量

   D. 室内（泡沫＋消火栓＋自动喷水）＋1/2室外消火栓的用水量，但计算出的消防用水总量不能小于室外消火栓用水量

   【答案与解析】D。参见《建筑设计防火规范》GB 50016—2006中8.2.2条第3款内容：一个单位内有泡沫灭火设备、带架水枪、自动喷水灭火系统以及其他室外消防设备时，其室外消防用水量应按上述同时使用的设备所需的全部消防用水量加上表8.2.2-2规定的室外消火栓用水量的50％计算确定，且不应小于表8.2.2-2的规定。8.2.2条条文说明的第4款的内容。

二、多项选择题

1. 下列室外消防给水系统的水压叙述正确的是哪几项？（　　　）

   A. 室外消火栓给水系统按照管网内的水压可以分为高压、临时高压和低压消防给水系统

   B. 临时高压和低压消防给水系统，最不利点室外消火栓口处的压力不应小于0.1MPa

   C. 临时高压给水系统是指管网内平时水压较低，灭火时所需水压和流量要由消防车或其他移动式消防泵加压提供的给水系统

   D. 高压消防给水系统应保证在生产、生活和消防用水量达到最大时，仍保证建筑内最不利点消防设备的水压要求

   【答案与解析】AD。参见《建筑设计防火规范》GB 50016—2006中8.1.3条及其条文说明。

   考生注意：请仔细阅读室外消火栓给水系统按照管网内的水压可以分为高压、临时高压和低压消防给水系统，并理解这3种给水系统对于水压的需要和工作方法。

2. 下列关于室外消防水量的叙述中，不符合《建筑设计防火规范》GB 50016—2006 的是（　　）。

   A. 国家级文物保护单位的重点砖木、木结构的建筑物室外消防用水量，按二级民用建筑物消防用水量
   B. 仓库民用建筑同一时间内的火灾次数不论基地面积大小均按 2 次火灾计算灭火用水量
   C. 民用建筑物室外消火栓用水量应按消防用水量最大的一座建筑物计算
   D. 成组布置的建筑物应按消防需水量较大的一座计算

【答案与解析】 ABD。根据《建筑设计防火规范》GB 50016—2006：A 选项不符合表 8.2.2-2 中"注 2"的规定；B 选项不符合第 8.2.2 条第 1 款的规定；C 选项不符合表 8.2.2-2 中"注 1"的规定；D 选项符合表 8.2.2-2 中"注 1"的规定。

2.2.3 室内消火栓设置要求

一、单项选择题

1. 某单元式住宅，底层有 2.2m 高的单元式储藏间，2 至 8 层为单元式住宅。以下哪一项消火栓的设置方案，更符合现行国家规范的精神？（　　）

   A. 设置 $SN25$ 的消火栓   B. 设置 $SN50$ 的消火栓
   C. 设置干式消火栓立管   D. 可以不设室内消火栓

【答案与解析】 C。参见《建筑设计防火规范》GB 50016—2006 中 1.0.2 条注 2 的内容：建筑底部设置的高度不超过 2.2m 的自行车库、储藏室、敞开空间，以及建筑屋顶上突出的局部设备用房，出屋面的楼梯间等，可不计入建筑层数内。本题目的这个单元式住宅底层不计入，一共有 7 层。再参见《建筑设计防火规范》GB 50016—2006 中 8.3.1 条第 5 款及其条文说明。

二、多项选择题

1. 在下列工程设计中，消火栓为 $DN65$ 型，水龙带长 25m，水枪口径为 19mm，充实水柱均按 13m 考虑，消火栓的布置满足规范两股水柱同时到达任意一点的要求，下列消火栓位置布置设计图 2-1 中，哪些不符合设计规范或不适合消防队员扑灭火灾？（　　）

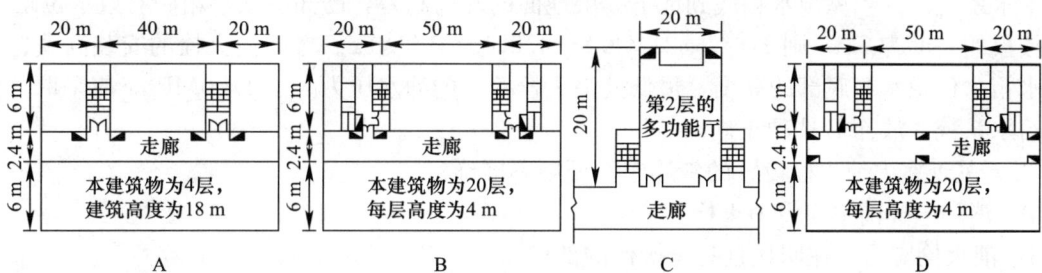

图 2-1

【答案与解析】 BCD。参见《建筑设计防火规范》GB 50016—2006 中 8.4.3 条和《高层民用建筑设计防火规范》GB 50045—95（2005 年版）7.4.6 条。A 选项是一个多层建筑，

消火栓间距不应大于50m，符合要求；B选项是高层建筑，高层建筑消火栓间距不应大于30m；C选项没有把消火栓设置在明显易于取用的地点。D选项消火栓布置得过多。

2.2.4 室内消火栓给水系统分类、组成及给水方式

一、单项选择题

1. 高层民用建筑临时高压消防给水系统有几种供水工况？（　　）

    A. 4种　　　　　　B. 2种　　　　　　C. 1种　　　　　　D. 3种

【答案与解析】 B。参见《高层民用建筑设计防火规范》GB 50045—95（2005年版）7.1.3条及其条文说明。一种工况为管网内最不利点周围平时水压和流量不满足灭火的需要，在水泵房（站）内设有消防水泵，在火灾时启动消防水泵使管网内的压力和流量达到灭火时的要求；还有一种情况，管网内经常保持足够的压力，压力由稳压泵或气压给水设备等增压设施来保证。水泵房内设有消防水泵，在火灾时启动消防水泵，使管网的压力满足消防水压的要求。

2. 下列高层建筑消火栓系统竖管设置的技术要求中，哪一项是正确的？（　　）

    A. 消防竖管最小管径不应小于100mm是基于利用水泵接合器补充室内消防用水的需要

    B. 消防竖管布置应保证同层两个消火栓水枪的充实水柱同时到达被保护范围内的任何部位

    C. 消防竖管检修时应保证关闭停用的竖管不超过一根，当竖管超过4根时可关闭2根

    D. 当设2根消防竖管困难时，可设1根竖管，但必须采用双阀双出口型消火栓

【答案与解析】 A。参见《建筑设计防火规范》GB 50016—2006中8.4.2条和8.4.3条的相关内容。

3. 一幢高层办公楼，地下3层每层层高为4.5m，地上22层每层层高为3.8m。屋顶水箱底有效水位距21层楼板的高度为7m，按规范要求，消火栓给水系统分区的个数应为以下哪一项？（　　）

    A. 1个区　　　　　B. 2个区　　　　　C. 3个区　　　　　D. 4个区

【答案与解析】 B。参见《高层民用建筑设计防火规范》GB 50045—95（2005年版）7.4.6.5条：消火栓栓口的静水压力不应大于1.00MPa，当大于1.00MPa时，应采取分区给水系统。计算屋顶水箱底到地下3层地面的几何高差，已知屋顶水箱底有效水位距21层楼板的高度为7m，则 $H = 7 + 21 \times 3.8 + 4.5 \times 3 = 100.3$m。考虑消火栓的安装高度、消防水箱水位距水箱底部的高度，最低处消火栓栓口的静水压力大于1.00MPa，应采取分区的给水系统。故而B选项正确。

4. 以下关于室内消火栓设置的叙述中，哪项不准确？（　　）

    A. 消防电梯前室应设消火栓

    B. 消火栓应设置在明显且易于操作的部位

    C. 消火栓栓口处的出水压力大于0.50MPa时，应设置减压设施

    D. 采用临时高压给水方式的室内每个消火栓处均应设置消防启动按钮

【答案与解析】 D。D选项不满足《建筑设计防火规范》8.4.3条第8款：高层厂房（仓库）和高位消防水箱静压不能满足最不利点消火栓水压要求的其他建筑，应在每个室内消

火栓处设置直接启动消防水泵的按钮，并应有保护设施。其条文说明中的含义，一是高层厂房（仓库）必然设置直接启动消防水泵的按钮，二是高位消防水箱静压不能满足最不利点消火栓水压要求的其他建筑才需要设置直接启动消防水泵的按钮。当采用稳压泵稳压时，当室内消防管网压力降低时能及时启动消防水泵的，也可以不设远距离启动消防的按钮。而采用稳压泵稳压的消防供水工况也是一种临时高压给水方式。

5. 某二层乙类厂房（层高 6.6m）设有室内消火栓给水系统，则其消火栓水枪的充实水柱长度不应小于下列哪项？（　　）

　　A. 7m　　　　　　　B. 13m　　　　　　　C. 10m　　　　　　　D. 8m

【答案与解析】C。参见《建筑设计防火规范》GB 50016—2006 中 2.0.10 条和 2.0.11 条：高层厂房（仓库）：2 层及 2 层以上，且建筑高度超过 24m 的厂房（仓库）。题目中的建筑是多层厂房。参见《建筑设计防火规范》GB 50016—2006 中 8.4.3 条第 7 款及其 8.4.3 条的条文说明"水枪的充实水柱应经计算确定，甲、乙类厂房、层数超过 6 层的公共建筑和层数超过 4 层的厂房（仓库），不应小于 10m"。对充实水柱进行核算 $S_k = \dfrac{H_1 - H_2}{\sin\alpha} = \dfrac{6.6 - 1}{\sin 45°} \approx 8.0\mathrm{m}$，此值小于 10m，因此，选 C。

　　考生注意：室内消火栓的充实水柱长度选择有以下 3 种情况：①规范中规定的充实水柱的最小值，如《建筑设计防火规范》GB 50016—2006 中 8.4.3 条；《高层民用建筑设计防火规范》GB 50045—95（2005 年版）7.4.6.2 条。②充实水柱进行核算公式 $S_k = \dfrac{H_1 - H_2}{\sin\alpha}$。③如《高层民用建筑设计防火规范》GB 50045—95（2005 年版）表 7.2.2 中每支水枪最小流量为 5L/s，当在选定水枪口径的情况下，这个充实水柱长度是可以推算出来。

6. 《建筑设计防火规范》规定室内消防竖管直径不应小于 $DN100$，下述哪一项作为特殊情况，其消防竖管直径可以小于 $DN100$？（　　）

　　A. 设置 $DN65$ 消火栓的多层住宅的湿式消防竖管
　　B. 设置 $DN65$ 消火栓的多层住宅的干式消防竖管
　　C. 室内消火栓用水量 5L/s 的多层厂房的消防竖管
　　D. 室内消火栓用水量 5L/s 的多层仓库的消防竖管

【答案与解析】B。参见《建筑设计防火规范》GB 50016—2006 中 8.3.1 条第 5 款及其条文说明。

7. 某超高层建筑，消火栓采用衬胶水龙带（水带长度 $L = 25\mathrm{m}$），最不利点消火栓栓口处所需最小水压为（　　）kPa。

　　A. 240　　　　　　　B. 200　　　　　　　C. 130　　　　　　　D. 250

【答案与解析】A。参见《全国勘察设计注册公用设备工程师给水排水专业执业资格考试教材》第 3 册 2.2.10 的内容。

应用 $H_{xh} = H_q + H_d + H_k = \dfrac{q_{xh}^2}{B} + A_z \cdot L_d \cdot q_{xh}^2 + H_k$ 计算。

　　超高层建筑，《高层民用建筑设计防火规范》GB 50045—95（2005 年版）7.4.6.2 条：建筑高度超过 100m，消火栓充实水柱长度不应小于 13m。查参见《全国勘察设计注册公用设备工程师给水排水专业执业资格考试教材》第 3 册表 2-21 消火栓充实水柱长度＝13m，H_q＝187kPa（此时 q_{xh}＝5.4L/s，满足水枪最小流量大于 5.0L/s 的要求）；查《建筑给水排水工程》（第六版）表 3.2.6 可知消火栓充实水柱长度＝14m，H_q＝206kPa（此时 q_{xh}＝5.7L/s，满足水枪最小流量大于 5.0L/s 的要求）。本题选用消火栓充实水柱长度 14m 进行计算。

$$H_d = A_z \cdot L_d \cdot q_{xh}^2 = 0.00172 \times 25 \times 5.7^2 = 1.40\text{m} = 14\text{kPa}$$

$$H_k = 2\text{m} = 20\text{kPa}$$

$$H_{xh} = H_q + H_d + H_k = 206 + 14 + 20 = 240\text{kPa}$$

二、多项选择题

1. 以下消火栓消防给水管道的布置图 2-2 中哪几项不符合要求？（　　　）

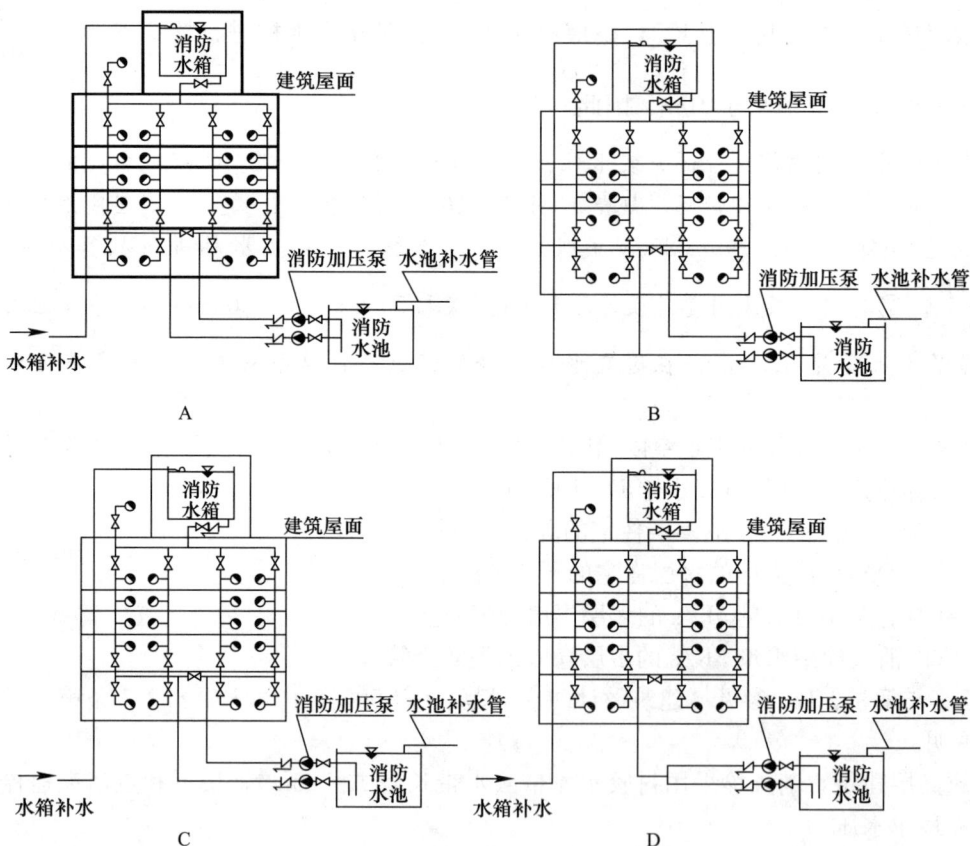

图 2-2

【答案与解析】ABD。参见《全国勘察设计注册公用设备工程师给水排水专业执业资格考试教材》第 3 册 2.2 节室内消火给水方式的相关内容。A 选项，屋顶消防水箱出水管路没有止回阀。B 选项的屋顶消防水箱补水来源方式不正确，影响消防时消防水泵向管网中充水。D 选项的消防泵出水管合并不正确。

2.2.5 室内消防用水量、消防水池、消防水箱及增压设施

一、单项选择题

1. 某建筑高度 49m 的二类建筑商业楼设有室内外消火栓及自动喷水灭火系统，其中自动喷水灭火系统的用水量为 30L/s，该建筑室内、室外消火栓用水量应为下列哪一项？（　　）

    A. 室内、室外消火栓均为 15L/s

    B. 室内、室外消火栓均为 20L/s

    C. 室内消火栓为 15L/s，室外消火栓为 20L/s

    D. 室内消火栓为 20L/s，室外消火栓为 15L/s

    【答案与解析】B。参见《高层民用建筑设计防火规范》GB 50045—95（2005 年版）表 7.2.2 及注：建筑高度不超过 50m，室内消火栓用水量超过 20L/s，且设有自动喷水灭火系统的建筑物，其室内、外消防用水可按本表减少 5L/s。本题查表后室内、室外消火栓均为 20L/s，没有超过 20L/s，不属于"注"说明的情况。

2. 以下以室内消火栓用水量设计的叙述，哪一项是错误的？（　　）

    A. 住宅中设置干式消防竖管的 DN65 消火栓的用水量，不计入室内消防用水量

    B. 消防软管卷盘的用水量，设计时不计入室内消防用水量

    C. 平屋顶上设置的试验和检查用消火栓用水量，设计时不计入室内消防用水量

    D. 冷库内设置在常温穿堂的消火栓用水量，设计时不计入室内消防用水量

    【答案与解析】D。参见《建筑设计防火规范》GB 50016—2006 表 8.4.1"注"及其条文说明和 8.4.3 条第 10 款及其相应的条文说明。C 选项中的用途已经清楚告知是试验所用。B 选项参见第 8.4.1 条的注 2，消防软管卷盘或轻便消防水龙及住宅楼梯间中的干式消防竖管上设置的消火栓，其消防用水量可不计入室内消防用水量。C 选项，试验消火栓作为供本单位和消防队定期检查室内消火栓给水系统使用，不做正常消火栓使用。D 选项参考 8.4.3 条第 4 款，冷库内的室内消火栓应采用防止冻结损坏措施，一般设在常温穿堂和楼梯间内。即冷库外侧的消火栓按照正常消火栓使用。

3. 高层民用建筑按规范要求设有室内消火栓系统和自动喷水灭火系统，以下设计技术条件中，哪一项是错误的？（　　）

    A. 室内消火栓系统和自动喷水灭火系统可合用高位消防水箱

    B. 室内消火栓系统和自动喷水灭火系统可合用消防给水泵

    C. 室内消火栓系统和自动喷水灭火系统可合用水泵接合器

    D. 室内消火栓系统和自动喷水灭火系统可合用增压设施的气压罐

    【答案与解析】C。参见《高层民用建筑设计防火规范》GB 50045—95（2005 年版）7.4.3 条及其条文说明、7.4.7 条及其条文说明、7.4.8.2 条及其条文说明的明确规定。通过查阅可知 A、B、D 选项是正确的。参见《高层民用建筑设计防火规范》GB 50045—95（2005 年版）7.4.5 条及其条文说明，可知室内消火栓给水系统和自动喷水灭火系统，均应分别设水泵接合器。

二、多项选择题

1. 下列高层建筑消火栓系统的高位消防水箱设置高度的说明中，哪几项错误？（　　　）
   A. 某高层办公楼从室外地面到檐口的高度为100m，其高位消防水箱最低水位与最不利消火栓栓口高度≥7m
   B. 某高层办公楼从室内地面到檐口的高度为100m，其高位消防水箱最低水位与最不利消火栓栓口高度≥7m
   C. 某建筑高度为120m的旅馆，其高位消防水箱最低水位与最不利消火栓栓口高度应≥15m
   D. 某建筑高度为120m的旅馆，其高位消防水箱最低水位与最不利消火栓栓口距离仅为10m，应设增压装置

   【答案与解析】BC。参见《建筑设计防火规范》GB 50016—2006中1.0.2条"注"关于建筑高度的定义；参见《高层民用建筑设计防火规范》GB 50045—95（2005年版）7.4.7.2条中关于高位消防水箱设置高度的内容。这种题目首先要先确定建筑物的建筑高度是否超过100m；再仔细看最不利点消火栓静水压力不应低于0.07MPa，还是最不利点消火栓静水压力不应低于0.15MPa。

2. 下列有关高层建筑群共用消防水池、水箱的设计要求中，哪几项是正确的？（　　　）
   A. 共用消防水池、水箱的高层建筑群，同一时间内只考虑一次火灾
   B. 共用消防水池的容积应按该建筑群中用水量最大一幢建筑的消防用水量计算确定
   C. 确定消防水池水深时，应考虑建设场地的海拔高度
   D. 共用消防水池贮存室外消防用水量时，其取水口距被保护建筑外墙的距离不宜小于6m

   【答案与解析】ABC。参见《高层民用建筑设计防火规范》GB 50045—95（2005年版）7.3.4条和7.3.5条的相关内容。

3. 以下关于屋顶消防水箱设置的叙述中，哪几项不准确？（　　　）
   A. 高层建筑必须设置屋顶消防水箱
   B. 对仅设置室内消火栓系统的高层工业厂房，当必须设置屋顶消防水箱时，消防水箱设置在该厂房的最高部位
   C. 屋顶消防水箱的设置高度应满足室内最不利点处消火栓灭火时的计算压力
   D. 屋顶消防水箱的主要作用是提供初期火灾时的消防用水水量

   【答案与解析】ABC。

   参见《高层民用建筑设计防火规范》GB 50045—95（2005年版）7.4.7条的相关内容：采用高压给水系统时，可不设高位消防水箱。当采用临时高压给水系统时，应设高位消防水箱，A选项不正确。

   B选项，参见《建筑设计防火规范》GB 50016—2006中8.4.4条第1款及其条文说明：重力自流的消防水箱应设置在建筑的最高部位。由于重力自流的水箱供水安全可靠，因此，消防水箱应尽量采用重力自流式，并设置在建筑物的顶部（最高部位），且要求能满足最不利消火栓栓口静压的要求。看起来B选项有正确的可能性。但是如果仔细看题目的背景为高层工业厂房，再看《建筑设计防火规范》GB 50016—2006中8.4.3条第8款：高层厂房（仓库）和高位消防水箱静压不能满足最不利点消火栓水压要求的其他建

筑，应在每个室内消火栓处设置直接启动消防水泵的按钮，并应有保护设施。而且《高层民用建筑设计防火规范》GB 50045—95（2005 年版）7.4.7.2 条：当高位消防水箱不能满足静压要求时，应设增压设施。因此，说明当必须设置屋顶消防水箱时，消防水箱不一定设置在该厂房的最高部位。所以，B 选项过于绝对，显然不准确。

C 选项对消火栓系统消防水箱的设置高度，例如当建筑高度不超过 100m 时，高层建筑最不利点消火栓静水压力不应低于 0.07MPa，此数值不能满足最不利点处消火栓灭火时的计算压力。C 选项不正确。

D 选项正确。参见《建筑设计防火规范》GB 50016—2006 中 8.4.4 条第 2 款及其条文说明，或者参见《高层民用建筑设计防火规范》GB 50045—95（2005 年版）7.4.7.1 条，均是正确的。

考生注意：通过这个题目可以看到，在现行消防规范下，需要考生既能掌握《建筑设计防火规范》也要掌握《高层民用建筑设计防火规范》。并且要理解其中的含义和适用背景。

4. 以下不同建筑物高位消防水箱的有效容积的确定哪几项是正确的？（　　　）

    A. 建筑高度为 78m 的高级旅馆，其高位水箱有效容积不应小于 18m³

    B. 建筑高度为 50m 的普通科研楼，其高位水箱有效容积不应小于 12m³

    C. 建筑层数为 12 层的普通住宅楼，其高位水箱有效容积不应小于 12m³

    D. 建筑高度为 49m 的高级旅馆，其高位水箱有效容积不应小于 12m³

【答案与解析】AB。参见《高层民用建筑设计防火规范》GB 50045—95（2005 年版）3.0.1 条：78m 的高级旅馆为一类公共建筑，50m 的普通科研楼是属于建筑高度不超过 50m 的科研楼为二类公共建筑，12 层的普通住宅楼为二类居住建筑，建筑 49m 的高级旅馆为一类公共建筑。《高层民用建筑设计防火规范》GB 50045—95（2005 年版）7.4.7 条：高位消防水箱的消防贮水量，一类公共建筑不应小于 18m³；二类公共建筑和一类居住建筑不应小于 12m³；二类居住建筑不应小于 6.00m³。因此，C 选项应该是不应小于 6m³，D 选项应当是不应小于 18m³。

2.2.6　消防水池与消防水泵房

一、单项选择题

1. 某高层建筑采用消防水池、消防泵、管网和高位水箱、稳压泵组成的消火栓供水系统，下列该系统消防泵启停控制的说明中，哪一项是正确的？（　　　）

    A. 由消防泵房内消防干管上设压力开关控制消防泵的启、停

    B. 由每个消火栓处设消防启动按钮直接启泵，并在消防控制中心设手动启、停消防泵装置

    C. 由稳压泵处消防管上的压力开关控制消防泵的启、停

    D. 由稳压泵处消防管上的压力开关控制消防泵的启、停，并在消防控制中心设手动启、停消防泵装置

【答案与解析】B。参见《全国民用建筑工程设计技术措施（给水排水）》（2009 年版）7.4.3 条中消防泵的控制：消防泵房应有强制启停泵按钮；消防控制中心应有手动启泵按钮；消防水池最低水位报警，但不得自动停泵；任何消防主泵不宜设置自动停泵的控制。

二、多项选择题

1. 下列哪些场所应设消防备用泵？（　　　）

A. 室外消防用水量为 30L/s 的仓库的室外消防给水系统的消防给水泵

B. 室外消防用水量为 20L/s 的高层住宅的室外消防给水系统的消防给水泵

C. 室外消防用水量为 20L/s 的丙类工厂的室内自动喷水灭火系统的消防给水泵

D. 室外消防用水量为 30L/s、室内消火栓用水量为 10L/s 的多层工业建筑的室内消防给水系统的消防给水泵

【答案与解析】ABC。参见《建筑设计防火规范》GB 50016—2006 中 8.6.8 条、《高层民用建筑设计防火规范》GB 50045—95（2005 年版）7.5.3 条和《自动喷水灭火系统设计规范》GB 50084—2001（2005 年版）10.2.1 条，只有 D 选项满足不设置备用泵的条件。

2. 下列高层建筑室内临时高压消火栓给水系统的消防主泵房启、停控制方式中，哪几项是不正确的？（　　　）

A. 每个消火栓处应能直接启动消防主泵

B. 消防控制中心应能手动启、停消防主泵

C. 消防水泵房应能强制启、停消防主泵

D. 消防水池最低水位应能自动停止消防水泵

【答案与解析】BD。A 选项见《高层建筑设计防火规范》GB 50045—95（2005 年版）7.4.6.7 条，正确。BCD 选项参见《全国民用建筑工程设计技术措施（给水排水）》（2009 年版）7.4.3 条中消防泵的控制：消防泵房应有强制启停泵按钮；消防控制中心应有手动启泵按钮；消防水池最低水位报警，但不得自动停泵；任何消防主泵不宜设置自动停泵的控制。B 选项为只能启动不能停泵，D 选项为不能自动停泵。

3. 下述消火栓给水系统消防水泵房的设计要求中，哪几项不符合《建筑设计防火规范》GB 50016—2006 的要求？（　　　）

A. 附设在民用建筑中的消防水泵房应采用防火墙与其他部位隔开

B. 附设在民用建筑中的消防水泵房不应毗邻人员密集场所

C. 消防水泵房内设置水泵的房间，应设排水设施

D. 消防水泵房应采用乙级防火门

【答案与解析】ABD。A 选项参见《建筑设计防火规范》GB 50016—2006 中 8.6.4 条、7.2.5 条及表 5.1.1，表 5.1.1 中防火墙的耐火等级为 3h，"墙"按照构件名称也有很多种，而 7.2.5 条要求为 2h；也就是说"耐火极限不低于 2.00h 的隔墙"与"防火墙"是两个概念。B 选项参见《建筑设计防火规范》GB 50016—2006 中 8.6.4 条，消防水泵房设置在首层时，其疏散门宜直通室外；设置在地下层或楼层上时，其疏散门应靠近安全出口。安全出口属于人员密集场所。规范并未提及选项所给的内容。C 选项参见《全国勘察设计注册公用设备工程师给水排水专业执业资格考试教材》第 3 册 2.2.9 节的内容，消防泵房应设计排水、采暖、起重、通风、照明、通信等设施。D 选项《建筑设计防火规范》GB 50016—2006 中 8.6.4 条，消防水泵房的门应采用甲级防火门。

　　考生注意：消火栓给水系统的单项选择题目和多项选择题目，一般是系统设置的相关规定。而这个系统的相关设计计算一般都安排在专业案例题目中。

2.3 自动喷水灭火系统

2.3.1 设置场所

一、单项选择题

1. 某净空高度为 8m 的自选商场，设有集中采暖空调系统，选择下述哪种自动喷水灭火系统类型为正确合理？（ ）

    A. 预作用系统　　　　B. 湿式系统　　　　C. 雨淋系统　　　　D. 干式系统

【答案与解析】 B。参见《建筑设计防火规范》GB 50016—2006 中 8.5 节的"自动灭火系统的设置场所"和《自动喷水灭火系统设计规范》GB 50084—2001（2005 年版）中 4.2 节的"系统选型"相关知识。

2. 下列哪种灭火系统不能自动启动？（ ）

    A. 水喷雾灭火系统　　　　　　　　B. 临时高压消火栓系统

    C. 雨淋系统　　　　　　　　　　　D. 组合式气体灭火系统

【答案与解析】 B。A、C 这 2 种系统都统称为自动喷水灭火系统。D 参见《气体灭火系统设计规范》GB 50370—2005 中 5 操作与控制及其条文说明的内容，可知气体灭火系统是可以自动控制的。

二、多项选择题

1. 下列哪些项可以作为划分自动喷水灭火系统设置场所火灾危险等级的依据？（ ）

    A. 由可燃物的性质、数量及分布状况等确定的火灾荷载

    B. 由面积、高度及建筑物构造等情况体现的室内空间条件

    C. 由气温、日照及降水等气候因素反映的环境条件

    D. 由人员疏散难易、消防队增援等决定的外部条件

【答案与解析】 ABD。《自动喷水灭火系统设计规范》GB 50084—2001（2005 年版）3.0.1 条、3.0.2 条、3.0.3 条及其条文说明。C 选项所给出的内容是某一地区的自然气候条件。

2.3.2 系统分类

一、单项选择题

1. 预作用系统准工作状态时，报警阀后配水管道不充水，喷头动作就会开启报警阀后使配水管道充水转换为湿式系统。此种方式属于下列哪一种自动控制方式？（ ）

    A. 气动连锁系统　　　B. 电气连锁系统　　　C. 无连锁系统　　　D. 双连锁系统

【答案与解析】 C。参见《全国勘察设计注册公用设备工程师给水排水专业执业资格考试教材》第 3 册 2.3 节预作用系统的内容。

2. 关于自动喷水灭火系统湿式和干式两种报警阀功能的叙述中，何项是错误的？（ ）

    A. 均具有喷头动作后报警水流驱动水力警铃和压力开关报警的功能

    B. 均具有防止系统水流倒流至水源的止回功能

    C. 均具有接通或关断报警水流的功能

D. 均具有延迟误报警的功能

【答案与解析】D。参见《全国勘察设计注册公用设备工程师给水排水专业执业资格考试教材》第 3 册 2.3 节干式系统的内容，干式报警阀中没有延迟器。

3. 以下有关自动喷水灭火系统按工程实际情况进行系统型式替代的叙述中，哪一项是不合理的？（　　　）

　　A. 为避免系统管道充水低温结冰或高温气化，可用预作用系统替代湿式系统

　　B. 在准工作状态严禁管道漏水的场所和为改善系统滞后喷水的现象，可采用干式系统替代预作用系统

　　C. 在设置防火墙有困难时，可采用闭式系统保护防火卷帘的防火分隔形式替代防火分隔水幕

　　D. 为扑救高堆垛仓库火灾，设置早期抑制快速响应喷头的自动喷水灭火系统，可采用干式系统替代湿式系统

【答案与解析】B。参见《自动喷水灭火系统设计规范》GB 50084—2001（2005 年版）4.2 节及其条文说明的内容。

4. 下列有关自动喷水灭火系统操作与控制的叙述中，哪项错误？（　　　）

　　A. 雨淋阀采用充水传动管自动控制时，闭式喷头和雨淋阀之间的高差应限制

　　B. 雨淋阀采用充气传动管自动控制时，闭式喷头和雨淋阀之间的高差不受限制

　　C. 预作用系统自动控制是采用在消防控制室设手动远控方式

　　D. 闭式系统在喷头动作后，应立即自动启动供水泵向配水管网供水

【答案与解析】C。A 选项和 B 选项参见《自动喷水灭火系统设计规范》GB 50084—2001（2005 年版）11.0.3 条及条文说明：控制充液（水）传动管上闭式喷头与雨淋阀之间的高程差，是为了控制与雨淋阀连接的充液（水）传动管内的静压，保证传动管上闭式喷头动作后能可靠地开启雨淋阀。C 选项参见《自动喷水灭火系统设计规范》GB 50084—2001（2005 年版）11.0.2 条及条文说明，预作用系统应同时具备自动控制、消防控制室（盘）手动远控、水泵房现场应急操作三种启动供水泵和开启雨淋阀的控制方式；显然 C 选项是错误。D 选项参见 4.1.4 条第 2 款：湿式系统、干式系统应在开放一只喷头后自动启动，预作用系统、雨淋系统应在火灾自动报警系统报警后自动启动；D 选项是正确的。

5. 下列关于自动喷水灭火系统设计原则的叙述中，哪项错误？（　　　）

　　A. 雨淋系统中雨淋阀自动启动后，该阀所控制的喷头全部喷水

　　B. 湿式系统中的喷头要能有效地探测初期火灾

　　C. 预作用系统应在开放一只喷头后自动启动

　　D. 在灭火进程中，作用面积内开放的喷头，应在规定的时间内按设计选定的喷水强度持续喷水

【答案与解析】C。参见《自动喷水灭火系统设计规范》GB 50084—2001（2005 年版）选项参见 4.1.4 条及其条文说明。

二、多项选择题

1. 下列开式自动喷水灭火系统中，哪几项是起直接灭火作用的？（　　　）

A. 雨淋喷水系统　　　　　　　B. 水幕喷水系统

C. 水喷雾系统　　　　　　　　D. 固定在贮油罐中、顶部周边的开式喷水系统

【答案与解析】AC。参见《全国勘察设计注册公用设备工程师给水排水专业执业资格考试教材》第 3 册 2.3.2 节对于自动喷水灭火系统的分类介绍；再参考《建筑设计防火规范》GB 50016—2006 中 8.2.4 条和 8.2.5 条关于消防冷却用水的介绍。

2. 依据图 2-3 中文字说明判别下列哪些自动喷水灭火系统是错误的？（　　　）

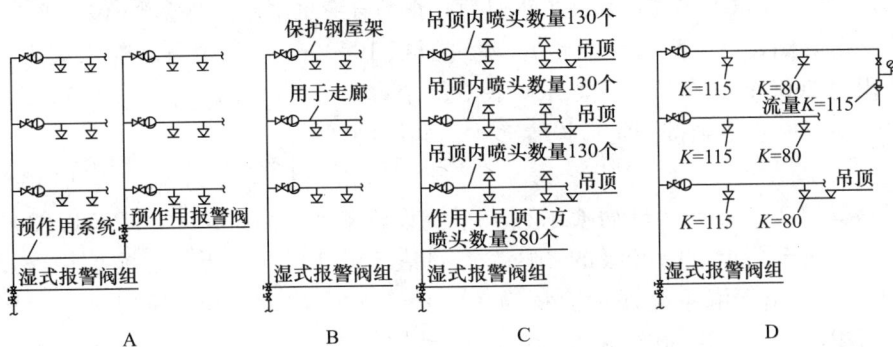

图 2-3

【答案与解析】BD。B 选项参见《自动喷水灭火系统设计规范》GB 50084—2001（2005年版）6.2.1 条：保护室内钢屋架等建筑构件的闭式系统，应设独立的报警阀组。D 选项参见《自动喷水灭火系统设计规范》GB 50084—2001（2005 年版）6.5.2 条：试水接头出水口的流量系数应等同于同楼层或防火分区内的最小流量系数喷头。A 选项参见《自动喷水灭火系统设计规范》GB 50084—2001（2005 年版）6.2.2 条。C 选项参见《自动喷水灭火系统设计规范》GB 50084—2001（2005 年版）6.2.3 条第 2 款。

2.3.3　系统主要组件

一、单项选择题

1. 下列关于自动喷水灭火系统水平配水管装设减压孔板的叙述中，哪项正确？（　　　）

　　A. 在管径 $DN40$ 的配水管上设孔口直径 $d20$ 的不锈钢孔板

　　B. 在管径 $DN150$ 的配水管上设孔口直径 $d40$ 的不锈钢孔板

　　C. 在管径 $DN100$ 的配水管上设孔口直径 $d32$ 的不锈钢孔板

　　D. 在管径 $DN100$ 的配水管上设孔口直径 $d32$ 的碳钢孔板

【答案与解析】C。参见《自动喷水灭火系统设计规范》GB 50084—2001（2005 年版）9.3.1 条及其条文说明的明确规定。

2. 下列关于自动喷水灭火系统局部应用的说明中，哪一项是错误的？（　　　）

　　A. 采用 $K=80$ 的喷头且其总数为 20 只时，可不设报警阀组

　　B. 采用 $K=115$ 的喷头且其总数为 10 只时，可不设报警阀组

　　C. 采取防止污染生活用水的措施后可由城市供水管直接供水

　　D. 当采用加压供水时，可按三级负荷供电，且可不设备用泵

【答案与解析】D。参见《自动喷水灭火系统设计规范》GB 50084—2001（2005 年版）12 局部应用系统的内容。B 选项和 C 选项是正确。D 选项的应用是有前提的。A 选项参见

12.0.5 条是："不超过 20 只"，而 12.0.5 的条文说明中是："少于 20 只"。这种题目其实选择 A 也有一定的道理。本书中将这种题目列出来后，不是为了让考生更迷惑，而是希望考生看到，其实注册考试的题目答案有时会很"纠结"，真正的答案站在不同的角度来理解有可能是不同的，但作为单项选择题目一定是有唯一的答案。这种题目肯定不常见，用自己掌握的熟练知识可以解决几乎所有的题目，用一颗包容的心来看待考试，不是我们能决定的事情我们就放手，把握住自己已经拥有的知识和能力，所以，不需要在这种题目上花费更多的时间，掌握住相应的知识去实践，解决工程问题，提高自身水平才是最重要的。

3. 一座单层摄影棚，净空高度为 7.8m，建筑面积 10400m²，其中自动喷水灭火湿式系统保护面积为 2600m²，布置闭式洒水喷头 300 个；雨淋系统保护面积为 7800m²，布置开式洒水喷头 890 个，则按规定应设置多少组雨淋阀？（　　）

A. 2 组　　　　　　　B. 3 组　　　　　　C. 30 组　　　　　　D. 40 组

【答案与解析】C。参见《自动喷水灭火系统设计规范》GB 50084—2001（2005 年版）附录 A 摄影棚属于严重危险 II 级的场所，参见表 5.0.1，可知严重危险等级作用面积为 260m²。题目中给出雨淋系统保护面积为 7800m²，7800/260＝30，所以这个摄影棚共有 30 个作用面积，所以设置 30 组雨淋阀。

二、多项选择题

1. 下列自动喷水灭火系统组件与设施的连接管中，管径不应小于 DN25 的是哪几项？（　　）

A. 与 DN15 直立型喷头连接的短立管

B. 与 DN15 下垂型喷头连接的短立管

C. 末端试水装置的连接管

D. 水力警铃与报警阀间的连接管

【答案与解析】ABC。参见《自动喷水灭火系统设计规范》GB 50084—2001（2005 年版）6.2.8 条、6.5.1 条、8.0.7 条和 8.0.8 条。D 选项的管径应为 20mm。

2. 某建筑高度为 150m 的高层办公楼自动喷水灭火系统局部标准喷头平面布置如图 2-4 所示，下列喷头间距 a、b 中，正确是哪几项？（　　）

A. $a=1.6$m，$b=3.6$m

B. $a=1.8$m，$b=3.6$m

C. $a=1.6$m，$b=3.7$m

D. $a=1.9$m，$b=3.4$m

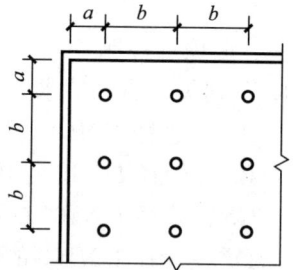

图 2-4

【答案与解析】AB。参见《自动喷水灭火系统设计规范》GB 50084—2001（2005 年版）附录 A 确定建筑高度为 150m 的高层办公楼的火灾危险等级属于中危 I 级；查表 7.1.2；a 最大 1.8m，b 最大 3.6m。

2.3.4　设计计算

一、单项选择题

1. 经计算中危险等级场所的自动喷水灭火系统作用面积内有 14 个喷头，下列图 2-5 中哪

一种自动喷水灭火系统作用面积的划分是合理的？（　　　）

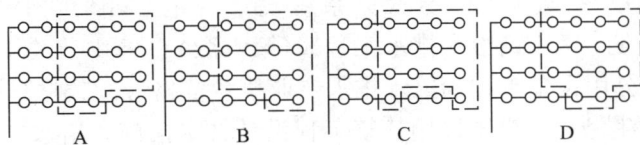

图 2-5

【答案与解析】B。参见《建筑给水排水工程》（第六版）3.4.2 节管网水力计算的内容。参见《自动喷水灭火系统设计规范》GB 50084—2001（2005 年版）9.1.2 条的条文说明中列举了英国、美国和德国的作用面积的举例，但那不同于我们国家的计算要求。

2. 一厂房在两段之间设防火卷帘，为保证卷帘的完整性和隔热性，在其上部设置水幕系统，水幕宽 20m，高 10m，计算其消防用水量为（　　　）。

 A. 10L/s   B. 20L/s   C. 22L/s   D. 40L/s

【答案与解析】B。参见《自动喷水灭火系统设计规范》GB 50084—2001（2005 年版）5.0.10 条中的水幕系统的设计参数（表 2-1）。

表 2-1

水幕类别	喷水点高度（m）	喷水强度[L/(s·m)]	喷头工作压力（MPa）
防火分隔水幕	≤12	2	0.1
防护冷却水幕	≤4	0.5	

注：防护冷却水幕的喷水点高度每增加 1m，喷水强度应增加 0.1L/(s·m)，但超过 9m 时喷水强度仍采用 1.0L/(s·m)。

 高度 10m，喷水强度取 1L/m，
 $Q=1\times20=20$L/s。

2.4 水喷雾和细水雾灭火系统

一、单项选择题

1. 某高层建筑物地下一层设有大型燃油锅炉房，面积为 40m×20m=800m，室内净空高度 6m，采用水喷雾灭火系统，系统的雨淋阀设置在距锅炉房水平距离 270m 远的地下 3 层的消防水泵房内。该距离在设计中可用于下列何种判断？（　　　）

 A. 计算系统水头损失和判断系统控制方式

 B. 计算系统水头损失

 C. 告诉系统位置关系

 D. 判断系统控制方式和系统位置关系是否合理

【答案与解析】D。参见《水喷雾灭火系统设计规范》GB 50219—95 中 6 操作与控制的内容及其条文说明的内容。

2. 下列水喷雾灭火系统喷头选择说明中，哪项不正确？（　　　）

 A. 扑灭电缆火灾的水雾喷头应采用高速喷头

 B. 扑灭电缆火灾的水雾喷头应采用工作压力≥0.3MPa 的中速喷头

 C. 扑灭电气火灾的水雾喷头应采用离心雾化型喷头

D. 用于贮油罐防护冷却用的水雾喷头宜采用中速型喷头

【答案与解析】B。参见《水喷雾灭火系统设计规范》GB 50219—95 中 3.1.3 条、4.0.2 条及其条文说明，《建筑给水排水工程》（第六版）3.5.1 节关于水雾喷头的介绍、《全国勘察设计注册公用设备工程师给水排水专业执业资格考试教材》第 3 册 2.4.1 节水喷雾灭火系统中水雾喷头、《全国民用建筑工程设计技术措施（给水排水）》（2009 年版）7.3.1 条水雾喷头的分类内容：中速喷头用于防护冷却；高速喷头用于灭火和控火。

3. 下述水喷雾灭火系统的组件和控制方式中，哪条是错误的？（　　　）

A. 水喷雾灭火系统应设有自动控制、手动控制和应急操作三种控制方式

B. 水喷雾灭火系统的雨淋阀可由电控信号、传动管液动信号或传动管气动信号进行开启

C. 水喷雾灭火系统的火灾探测器可采用缆式线型定温型、空气管式感温型或闭式喷头

D. 水喷雾灭火系统由水源、供水泵、管道、过滤器、水雾喷头组成

【答案与解析】D。参见《水喷雾灭火系统设计规范》GB 50219—95 中 2.1.1 条缺少了雨淋阀组。

4. 水雾喷头水平喷射时，其水雾轨迹如图 2-6 所示，水雾喷头的有效射程应为何项？（　　　）

（图 2-6 中：0-水雾喷头出口，a-水雾最高点，b-水雾与喷口水平轴线交点，c-水雾喷射最远点，d-水雾喷射最近点）

A. S_1 B. S_2

C. S_3 D. S_4

【答案与解析】A。根据《水喷雾灭火系统设计规范》GB 50219—95 中 2.1.5 条。水雾喷头的有效射程是指水雾喷头水平喷射时，水雾达到的最高点与喷口之间的距离。

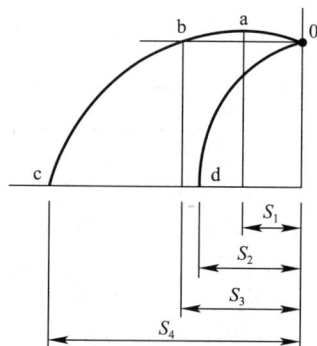

图 2-6

5. 油浸电力变压器采用水喷雾灭火时，下列哪项不起作用？（　　　）

A. 表面冷却   B. 窒息   C. 乳化   D. 稀释

【答案与解析】D。参见《水喷雾灭火系统设计规范》GB 50219—95 中 1.0.3 条及其条文说明。稀释作用主要针对水溶性液体火灾。

6. 下列有关水喷雾灭火系统水雾喷头布置要求的叙述中，哪项错误？（　　　）

A. 当水喷雾保护输送机皮带时，喷头喷雾应完全包围输送机的机头、机尾和上、下行皮带

B. 当水喷雾保护电缆时，喷头喷雾应完全包围电缆

C. 当水喷雾保护液体贮罐时，水雾喷头与保护液面之间的距离不应大于 0.7m

D. 当水喷雾保护油浸电力变压器时，水雾喷布置的垂直和水平间距应满足水雾锥相交的要求

【答案与解析】C。《水喷雾灭火系统设计规范》GB 50219—95 中 3.2.9 条：当保护对象为输送机皮带时，喷雾应完全包围输送机的机头、机尾和上、下行皮带。3.2.8 条：当保护对象为电缆时，喷雾应完全包围电缆。3.2.6 条：当保护对象为可燃气体和甲、乙、丙类液体贮罐时，水雾喷头与贮罐外壁之间的距离不应大于 0.7m。3.2.5.3 条水雾喷头

之间的水平距离与垂直距离应满足水雾锥相交的要求。

二、多项选择题

1. 下述表 2-2 中关于喷雾灭火系统设计参数选择中，哪几项是正确的？（　　）

表 2-2

	保护对象	水雾喷头工作压力（MPa）	灭火系统响应时间（s）
A	电缆	0.4	40
B	甲类液体贮罐	0.3	60
C	油浸式电力变压器	0.3	60
D	丙类液体贮罐	0.15	300

【答案与解析】AB。参见《水喷雾灭火系统设计规范》GB 50219—95 表 3.1.2、3.1.3 条和 3.1.4 条。

2. 下列关于水喷雾灭火系统水雾喷头选型设计的叙述中，哪几项不正确？（　　）

A. 扑救电气火灾应选用离心雾化型水雾喷头

B. 用于扑救闪点高于 60℃的液体火灾选用中速喷头

C. 用于防护冷却容器的选用高速喷头

D. 有粉尘场所设置的水雾喷头应设有防尘罩

【答案与解析】BC。参见《水喷雾灭火系统设计规范》GB 50219—95 中 4.0.2 条。《全国勘察设计注册公用设备工程师给水排水专业执业资格考试教材》第 3 册 2.4.1 节水喷雾灭火系统中水雾喷头、《全国民用建筑工程设计技术措施（给水排水）》（2009 年版）7.3.1 条水喷雾喷头的分类内容。中速水雾喷头主要用于对需要保护的设备提供整体冷却保护，以及对火灾区附近的建、构筑物连续喷水进行冷却。高速水雾喷头具有雾化均匀、喷出速度高和贯穿力强的特点，主要用于扑救电气设备火灾和闪点在 60℃以上的可燃液体火灾，也对可燃液体贮罐进行冷却保护。

考生注意：水雾灭火系统的设计，目前的考点覆盖的较为全面，但是在《全国勘察设计注册公用设备工程师给水排水专业执业资格考试教材》第 3 册中还有细水雾灭火系统的内容。对于这部分内容建议广大考生研读一下《全国勘察设计注册公用设备工程师给水排水专业执业资格考试教材》第 3 册应该就够用了。

2.5　灭火器及其他灭火方法

2.5.1　灭火器

一、单项选择题

1. 以下对各类灭火器的适用范围的陈述哪项是错误的？（　　）

A. 水型灭火器：适用于扑救 A 类火灾

B. 二氧化碳型灭火器：适用于扑救 B 类、C 类火灾

C. 碳酸氢钠干粉灭火器：适用于扑救 A 类、B 类、C 类火灾

D. 机械泡沫灭火器：适用于扑救 A 类火灾、B 类的非极性溶剂和油品火灾

【答案与解析】C。参见《建筑灭火器配置设计规范》GB 50140—2005 中 4.2 灭火器的类型选择内容及其条文说明中的表 3 灭火器类型适用性。《全国勘察设计注册公用设备工程师给水排水专业执业资格考试教材》第 3 册 2.1.1 节灭火机理的相关内容。

2. 中药材库房配置手提式灭火器，它的最大保护距离为以下何值？（ ）

　　A. 10m　　　　　　　B. 15m　　　　　　　C. 20m　　　　　　　D. 25m

【答案与解析】C。根据《建筑灭火器配置设计规范》GB 50140—2005 附录 C 工业建筑灭火器配置场所危险等级，可知中药材库房属于中危险级；再参见表 5.2.1，A 类火灾场所的灭火器最大保护距离，则 C 选项正确。

3. 某建筑同一场所按 C 类火灾配置的下列两种类型灭火器，哪项不正确？（ ）

　　A. 磷酸铵盐干粉与碳酸氢钠干粉型灭火器

　　B. 碳酸氢钠干粉与二氧化碳灭火器

　　C. 碳酸氢钠干粉与卤代烷灭火器

　　D. 二氧化碳与卤代烷灭火器

【答案与解析】A。参见《建筑灭火器配置设计规范》GB 50140—2005 附录 E，不相容的灭火剂举例。

4. 某汽车库拟配置手提式磷酸铵盐干粉灭火器，按灭火器最低配置基准应选用下列哪种型号灭火器（汽车库场所主要存在 B 类及 A 类火灾)？（ ）

　　A. MF/ABC2　　　　　　　　　　　　B. MF/ABC3

　　C. MF/ABC4　　　　　　　　　　　　D. 以上灭火器型号均不能选用

【答案与解析】C。参见《建筑灭火器配置设计规范》GB 50140—2005 附录 C 工业建筑灭火器配置场所危险等级，可知汽车库属于中危险级。表 6.2.1 条中说明 A 类火灾所需单具灭火器最低配置标准是 2A，表 6.2.2 中则说明 B 类火灾所需单具灭火器最低配置标准是 55B。然后附录 A 选择，应选择 MF/ABC4 可以满足题目要求。

二、多项选择题

1. 某单位一幢多层普通办公楼拟配置灭火器，下列哪几种灭火器适用于该建筑？（ ）

　　A. 二氧化碳灭火器　　　　　　　　　　B. 泡沫灭火器

　　C. 碳酸氢钠干粉灭火器　　　　　　　　D. 磷酸铵盐干粉灭火器

【答案与解析】BD。参见《建筑灭火器配置设计规范》GB 50140—2005 中 4.2.1 条。

2. 下列关于二类高层建筑写字楼按 A 类火灾所设置灭火器的选择中，哪几项是正确的？（ ）

　　A. 设灭火级别为 2A 的手提式磷酸铵盐干粉灭火器，保持距离为 20m

　　B. 设灭火级别为 1A 的手提式磷酸铵盐干粉灭火器，保持距离为 15m

　　C. 设灭火级别为 2A 的手提式磷酸铵盐干粉灭火器，保持距离为 40m

　　D. 设灭火级别为 2A 的手提式磷酸铵盐干粉灭火器，保持距离为 15m

【答案与解析】AD。参见《建筑灭火器配置设计规范》GB 50140—2005 附录 D 可知二类高层建筑写字楼为中危险级；查表 5.2.1，可知手提式灭火器的最大保护距离为 20m；再查表 6.2.1，可知此建筑要求单具灭火器最低配置基准为 2A。

3. 在 A 类火灾场所，不适合选用的灭火器类型是下述哪几项？（ ）

A. 磷酸铵盐干粉灭火器   B. 碳酸氢钠干粉灭火器

C. 泡沫灭火器   D. 二氧化碳灭火器

【答案与解析】BD。参见《建筑灭火器配置设计规范》GB 50140—2005 中 4.2.1 条：A 类火灾场所应选择水型灭火器、磷酸铵盐干粉灭火器、泡沫灭火器或卤代烷灭火器；以及条文说明中的表 3 灭火器类型适用性。

2.5.2 泡沫灭火系统

一、单项选择题

1. 下列（　　）种泡沫不能用于液下喷射灭火。

  A. 蛋白泡沫　　　　　B. 氟蛋白泡沫　　　　C. 水成膜泡沫　　　　D. 成膜氟蛋白泡沫

【答案与解析】A。《泡沫灭火系统设计规范》GB 50151—2010 中 3.2.1 条。

2. 配置泡沫混合液的水温宜为（　　）。

  A. 0～25℃　　　　　B. 4～35℃　　　　C. 10～40℃　　　　D. 15～45℃

【答案与解析】B。《泡沫灭火系统设计规范》GB 50151—2010 中 8.2.1 条。

二、多项选择题

1. 泡沫消防泵站设计中下述（　　）是正确的。

  A. 泡沫消防泵站泡沫混合液管道上宜设置消火栓

  B. 泡沫消防泵之后宜采用自灌引入启动

  C. 泡沫消防泵站宜与消防水泵房合建

  D. 四级油库的泡沫消防泵站可不设备用泵，但应有备用动力

【答案与解析】BC。参见《泡沫灭火系统设计规范》GB 50151—2010 中 8.2 节系统供水、8.1.2 条、8.1.1 条第 1 款、8.1.4 条的相关内容。

考生注意：以往的泡沫灭火系统还没有出现过单项选择题目和多项选择题目。《泡沫灭火系统设计规范》GB 50151—2010 是 2011 年开始实施的。

2.5.3 气体灭火系统

一、单项选择题

1. 工程设计需采用局部应用气体灭火系统时，应选择下列哪种系统？（　　）

  A. 七氟丙烷灭火系统   B. IG541 混合气体灭火系统

  C. 热气溶胶预制灭火系统   D. 二氧化碳灭火系统

【答案与解析】D。根据《气体灭火系统设计规范》GB 50370—2005 中 1.0.2 条的条文说明。

2. 一柴油发电机房，柴油发电机采用 2 号柴油，设计采用七氟丙烷灭火系统，请根据下表 2-3（七氟丙烷灭火浓度表）确定理论设计灭火浓度为以下何值？（　　）

表 2-3

可燃物	灭火浓度	可燃物	灭火浓度	可燃物	灭火浓度	可燃物	灭火浓度
甲烷	6.2%	庚烷	5.8%	甲乙酮	6.7%	乙基醋酸酯	5.6%
乙烷	7.5%	异丙醇	7.3%	甲基异丙酮	6.6%	丁基醋酸酯	6.6%
丙烷	6.3%	丁醇	7.1%	2 号汽油	6.7.%	航空燃料汽油	6.7%

A. 6.7%　　　　　　　B. 8.71%　　　　　　　C. 9.0%　　　　　　　D. 10.0%

【答案与解析】C。根据《气体灭火系统设计规范》GB 50370—2005 中 3.3.4 条：油浸

3. 变压器室、带油开关的配电室和自备发电机房等防护区，灭火设计浓度宜采用 9%。请仔细阅读 3.3.1 条～3.3.5 条、附录 A 等内容。

3. 某博物馆珍宝库长×宽×高＝30m×25m×6m，拟设置七氟丙烷气体灭火系统，下列系统设置中，哪项正确合理？（　　　）

　　A. 采用管网灭火系统，设一个防护区

　　B. 采用管网灭火系统，设两个防护区

　　C. 采用预制灭火系统，设两个防护区，每区设一台预制气体灭火系统装置

　　D. 采用预制灭火系统，设两个防护区，每区设两台预制气体灭火系统装置

【答案与解析】B。此防护区的面积为 750m²，容积为 4500m³。根据《气体灭火系统设计规范》GB 50370—2005 中 3.2.4 条。显然采用预制灭火系统，设两个防护区是不够的。

二、多项选择题

1. 单元独立七氟丙烷气体灭火系统是由以下哪些主要组件组成的？（　　　）

　　A. 选择阀　　　　　　B. 喷嘴　　　　　　C. 药剂瓶和瓶头阀　　　D. 集流管

【答案与解析】BCD。参见《全国勘察设计注册公用设备工程师给水排水专业执业资格考试教材》第 3 册 2.5.3 节中七氟丙烷灭火系统的组成中介绍。如果是全淹没组合分配系统的话，系统的组件中就会有选择阀；题目中给定的是单元独立七氟丙烷气体灭火系统，因此没有选择 A。

2. 某电子计算机房分成三个防护区，采用七氟丙烷气体组合分配灭火系统，下列该系灭火剂贮存量的说明中，哪几项是正确的？（　　　）

　　A. 按三个防护区所需总贮存量计算

　　B. 按三个防护区中贮存量最大的一个防护区所需量计算

　　C. 灭火剂贮存量应为最大防护区的灭火剂设计用量、贮存器及管网内灭火剂剩余量之和

　　D. 灭火剂贮存量应按系统原贮存量的 100% 设备用量

【答案与解析】BC。参见《气体灭火系统设计规范》GB 50370—2005 中 3.1.5 条、3.1.6 条、3.1.7 条和 3.3.14 条。

3. 下列关于气体灭火系统设计技术条件的叙述中，哪几项错误？（　　　）

　　A. 某库房存放 75% 数量的可燃物品的设计灭火浓度为 5.1%，其余可燃物品的设计灭火浓度 7.1%，则库房按设计灭火浓度 7.1% 确定

　　B. 一个组合分配系统保护 9 个防护区，灭火剂贮存量按最大防护区确定

　　C. 某较大防护区采用两套管网设计，其喷头流量均应按同一灭火浓度同一喷放时间设计

　　D. 系统因超过 72 h 才能恢复工作，其灭火剂贮存量应按灭火剂用量、管网内剩余量之和确定

【答案与解析】BD。《气体灭火系统设计规范》GB 50370—2005。A 选项参见 3.13 条：

几种可燃物共存或混合时，灭火设计浓度或惰化设计浓度，应按其中最大的灭火设计浓度或惰化设计浓度确定。B选项参见3.1.4条：两个或两个以上的防护区采用组合分配系统时，一个组合配系统所保护的防护区不应超过8个。因此，B选项是错误的。C选项参见3.1.10条：同一防护区，当设计两套或三套管网时，集流管可分别设，系统启动装置必须共用。各管网上喷头流量均应按同一灭火计浓度、同一喷放时间进行设计。D选项参见3.1.6条与3.1.7条：灭火系统的灭火剂贮存量，应为防护区的灭火设计用量、容器内的灭火剂剩余量和管网内的灭火剂剩余量之和。灭火系统的贮存装置72h内不能重新充装恢复工作，应按系统原贮存量的100％设置备用量。因此，D选项也是错误的。

考生注意：建筑消防系统涉及内容十分庞杂，而且涉及的规范也较多。请考生保持平和的心态，较多地翻阅注册教材和相关规范就可。在单项选择题目和多项选择题目中并没有难度很大的题目。基本都是可以查阅到的内容。顺便提及，关于固定消防炮灭火系统，请考生参见《固定消防炮灭火系统设计规范》GB 50338—2003的相关内容即可。

3 建 筑 排 水

3.1 排水系统选择

一、单项选择题

1. 根据下图 3-1 试述住宅 A 及所在小区的排水体制应为以下何项？（　　　）

编号	住宅A	小区
A	合流制	分流制
B	分流制	分流制
C	合流制	合流制
D	分流制	合流制

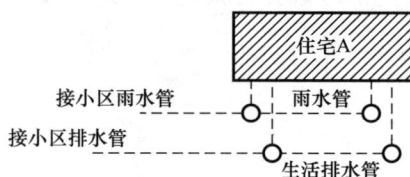

图 3-1

【答案与解析】A。参见《全国勘察设计注册公用设备工程师给水排水专业执业资格考试教材》第 3 册 3.1 节排水体制的相关内容。

二、多项选择题

1. 下列建筑排水系统的分类叙述中，哪几项是错误的？（　　　）
    A. 合流制排水系统是汇合排除建筑物内污水和屋面雨水的排放系统
    B. 分流制排水系统是不同性质或污染程度不同的污水单独排放的排水系统
    C. 生活污水系统是排除建筑物内污水和废水的系统
    D. 工业废水排水系统是排除生产污水和生产废水的合流系统

【答案与解析】AC。参见《全国勘察设计注册公用设备工程师给水排水专业执业资格考试教材》第 3 册 3.1 节排水体制的相关内容。

2. 下列建筑和居住小区排水体制的选择中，哪几项是不正确的？（　　　）
    A. 新建居住小区室外有市政排水管道时，应采用分流制排水系统
    B. 新建居住小区室外暂无市政排水管道时，应采用合流制排水系统
    C. 居住小区内建筑的排水体制应与小区排水体制相一致
    D. 生活污水需初步处理后才允许排入市政管道时，建筑排水系统宜采用分流制排水系统

【答案与解析】BC。A 选项参见《建筑给水排水设计规范》GB 50015—2003（2009 年版）4.1.1 条：新建居住小区应采用生活排水与雨水分流排水系统。B 选项参见《建筑给水排水设计规范》GB 50015—2003（2009 年版）4.1.1 条的条文说明。市政暂时无市政管道时，小区内、建筑物内还是宜设分流排水，此时对设置局部处理构筑物也较有利，日后

待市政排水管道完善后，可方便接入。C 选项不正确，参见《全国勘察设计注册公用设备工程师给水排水专业执业资格考试教材》第 3 册 3.1 节排水体制的相关内容。D 选项参见《建筑给水排水设计规范》GB 50015—2003（2009 年版）4.1.2 条。

3. 下列建筑排水应单独排水至水处理构筑物或回收构筑物的是（　　）。

    A. 公共饮食业厨房含有大量油脂的洗涤废水

    B. 含有大量致病菌，放射性元素超过排放标准的医院污水

    C. 洗车台冲洗水

    D. 建筑物雨水排水

【答案与解析】ABC。选项参见《建筑给水排水设计规范》GB 50015—2003（2009 年版）4.1.3 条。

    考生注意：排水体制和排水系统的选择，是经常性的考试题目。掌握建筑排水系统按照污废水来源的分类，排水系统体制选择中注意"合流制"和"分流制"在建筑内部和小区中含义的不同。掌握需要单独排水至水处理或回收构筑物的具体种类。

3.2　排水系统组成及其设置要求

3.2.1　卫生器具及水封

一、单项选择题

1. 建筑物内采用构造内无存水弯的卫生器具与生活污水管道或其他可能产生有害气体的排水管道连接时，必须在排水口以下设存水弯。按要求，存水弯的水封深度不得小于下列何值？（　　）

    A. 100mm   B. 60mm   C. 50mm   D. 40mm

【答案与解析】C。参见《建筑给水排水设计规范》GB 50015—2003（2009 年版）4.2.6 条。

2. 下列卫生间内大便器的选择，哪一项选用不当？（　　）

    A. 集体宿舍和公用厕所内宜选用高水箱蹲式大便器

    B. 建筑标准高，要求噪音低的卫生间内，应选用冲落式坐便器

    C. 选用一次冲洗水量不大于 6L 的住宅坐式大便器

    D. 幼儿园内不宜选用加长型坐式大便器

【答案与解析】B。卫生器具的介绍参见《建筑给水排水工程》（第六版）4.2 节卫生器具的内容。冲落式坐便器的噪声较大，C 选项参照规范第 4.2.3 条的条文说明。D 选项从使用功能上来说，幼儿园不适合采用加长型大便器。

3. 关于卫生器具的选用，下列做法中错误的是（　　）。

    A. 选用的卫生器具的技术要求，应符合现行的产品标准

    B. 大便器应选用节水型大便器

    C. 公共场所的小便器，采用手动式冲洗阀

    D. 医院治疗室内的洗手盆上采用非手动开关

【答案与解析】C。参见《建筑给水排水设计规范》GB 50015—2003（2009 年版）

4.2.2 条、4.2.3 条。参见《建筑给水排水工程》（第六版）4.2 节卫生器具的内容。

4. 以下有关建筑排水系统组成的要求中，哪项是不合理的？（　　　）

    A. 系统中均应设置清通设备

    B. 与生活污水管进相连的各类卫生器具的排水口下均须设置存水弯

    C. 建筑标准要求高的高层建筑的生活污水立管应设置专用通气立管

    D. 生活污水不符合直接排入市政管网要求时，系统中应设局部处理构筑物

【答案与解析】 B。参见《建筑给水排水设计规范》GB 50015—2003（2009 年版）4.2.6 条、4.6.2 条。《全国勘察设计注册公用设备工程师给水排水专业执业资格考试教材》第 3 册 3.2 节的内容。

5. 某建筑物一层为营业餐厅和厨房。2 层至 10 层为写字间（办公），排水系统如图 3-2 所示（卫生间排水采用污废合流）。指出该图在系统选择上存在几处错误？（　　　）

    A. 无错误   B. 1 处

    C. 2 处   D. 3 处

【答案与解析】 D。第 1 处错误：顶层排水图示中为接屋面雨水斗，不符合《建筑给水排水设计规范》GB 50015—2003（2009 年版）4.1.1 条、4.9.11 条和 4.9.12 条及其条文说明。第 2 处错误：在生活排水立管上没有设置检查口，不符合《建筑给水排水设计规范》GB 50015—2003（2009 年版）4.5.12 条第 1 款的内容。第 3 处错误：这是一幢 10 层建筑，不符合《建筑给水排水设计规范》GB 50015—2003（2009 年版）

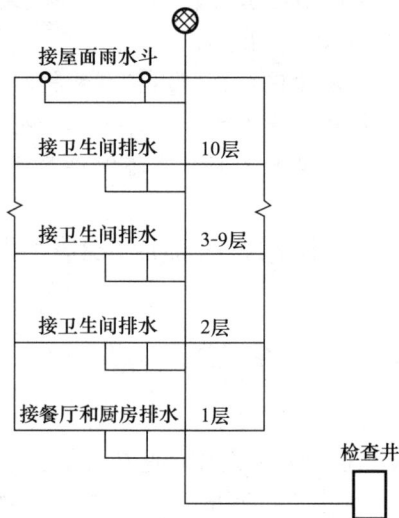

图 3-2

4.6.2 条第 2 款的内容。第 4 处错误：建筑物一层为营业餐厅和厨房，这层排水应单独排放，不符合《建筑给水排水设计规范》GB 50015—2003（2009 年版）4.1.3 条第 1 款的内容。考虑题目要求指出该图在系统选择上存在几处错误，那就不考虑检查口没有设置的问题，故而，选择 D，有 3 处错误。

6. 关于水封的原理和作用，下列叙述中正确的是（　　　）。

    A. 利用弯曲的管道存水，形成隔断，防止管内气体进入室内

    B. 利用弯曲的管道增加阻力，防止管内气体进入室内

    C. 利用一定高度的静水压力，防止管内气体进入室内

    D. 利用弯曲的管道中水的局部阻力，防止管内气体进入室内

【答案与解析】 C。参见《全国勘察设计注册公用设备工程师给水排水专业执业资格考试教材》第 3 册 3.2.1 节中存水弯与水封的内容。

二、多项选择题

1. 下列关于水封高度的叙述中错误的是（　　　）。

    A. 水封主要是利用一定高度的静水压力来抵抗排水管内气压变化，防止管内气体进入室内，因此水封的高度仅与管内气压变化有关

B. 在实际设置中水封高度越高越好

C. 水封高度不应小于 100 mm

D. 水封高度太小，管内气体容易克服水封的静水压力进入室内，污染环境

【答案与解析】ABC。参见《建筑给水排水设计规范》GB 50015—2003（2009 年版）

4.2.6 条及其条文说明的内容。

2. 关于水封水量减少的原因，下列叙述中正确的是（　　　）。

　A. 瞬间大量排水，存水弯自身充满形成虹吸而产生的自虹吸

　B. 管道系统内其他卫生器具大量排水时，存水弯内的上下波动而产生的诱导虹吸损失

　C. 水封水面因自然蒸发或由于毛细作用而造成的静态损失

　D. P 形存水弯由于其连接的横支管较短

【答案与解析】ABC。参见《全国勘察设计注册公用设备工程师给水排水专业执业资格考试教材》第 3 册 3.1.2 节中存水弯与水封的内容。

3.2.2　地漏

一、单项选择题

1. 下列关于地漏及其设置的叙述中，错误的是（　　　）。

　A. 非经常使用地漏排水的场所，应设置钟罩式地漏

　B. 当采用排水沟时，8 个淋浴器可设置一个直径 100mm 的地漏

　C. 食堂排水宜设置网框式地漏

　D. 不需经常从地面排水的盥洗室可不设置地漏

【答案与解析】A。根据《建筑给水排水设计规范》GB 50015—2003（2009 年版）A 选项不符合 4.5.10A 条。B 选项符合 4.5.11 条。C 选项符合 4.5.10 条第 3 款。D 选项符合 4.5.7 条。为防止地漏因水封干涸变成排水管道中气体进入室内的通气口，对不经常从地面排水时，就不必设置地漏。

2. 关于地漏及其设置，下列叙述中错误的是（　　　）。

　A. 地漏应设置在易溅水器具附近地面的最低处

　B. 应优先采用磁性密封地漏

　C. 带水封的地漏水封深度不得小于 50mm

　D. 淋浴室内设有 3 个淋浴器时，其排水地漏应为 $DN100$

【答案与解析】D。参见《建筑给水排水设计规范》GB 50015—2003（2009 年版）

4.5.8 条、4.5.10 条第 1 款及其条文说明、4.5.9 条、4.5.11 条。

二、多项选择题

1. 下列不同场所地漏的选用中，哪几项是正确合理的？（　　　）

　A. 手术室选用直通式地漏

　B. 公共食堂选用网框式地漏

　C. 安静要求高的场所选用多通道地漏

　D. 卫生标准要求高的场所选用密闭式地漏

【答案与解析】BD。参见《建筑给水排水设计规范》GB 50015—2003（2009 年版）

4.5.8 条、4.5.10 条及其条文说明；参见《全国勘察设计注册公用设备工程师给水排水专业执业资格考试教材》第 3 册 3.2.2 节的内容；还可参见《全国民用建筑工程设计技术措施（给水排水）》（2009 年版）4.12.7 条。

2. 下列有关地漏设置的叙述中，哪几项错误？（　　　　）

    A. 住宅建筑的厨房地面上应设地漏

    B. 多通道地漏可将同一卫生间浴盆和洗脸盆的排水一并接入

    C. 住宅卫生间地面设置地漏时应选用密闭地漏

    D. 住宅阳台上放置洗衣机时，允许只设雨水地漏与洗衣机排水合并排放雨水系统

【答案与解析】AD。参见《全国勘察设计注册公用设备工程师给水排水专业执业资格考试教材》第 3 册 3.2.2 节的内容。D 选项参见《建筑给水排水设计规范》GB 50015—2003（2009 年版）4.9.12 条：高层建筑阳台排水系统应单独设置，多层建筑阳台雨水宜单独设置。阳台雨水立管底部应间接排水。注：当生活阳台设有生活排水设备及地漏时，可不设阳台雨水排水地漏。4.5.8A 条：住宅套内应按洗衣机位置设置洗衣机排水专用地漏或洗衣机排水存水弯，排水管道不得接入室内雨水管道。4.5.8A 条文说明：洗衣机排水地漏（包括洗衣机给水栓）设置位置的依据是建筑设计平面图，其排水应排入生活排水管道系统，而不应排入雨水管道系统，否则含磷的洗涤剂废水污染水体。为避免在工作阳台设置过多的地漏和排水立管，允许工作阳台洗衣机排水地漏接纳工作阳台雨水。

3.2.3　管道材料、布置与敷设

一、单项选择题

1. 当居住小区内设有生活污水处理装置时，其生活排水管道应采用（　　　　）。

    A. 承插式混凝土管　　　　　　　　　B. 埋地排水塑料管

    C. 钢筋混凝土管　　　　　　　　　　D. 承插式排水铸铁管

【答案与解析】B。参见《建筑给水排水设计规范》GB 50015—2003（2009 年版）4.5.1 条第 1 款。

2. 下列有关排水管材选择的叙述中，何项不符合规范要求？（　　　　）

    A. 多层建筑重力流雨水排水系统宜采用建筑排水塑料管

    B. 设有中水处理站的居住小区排水管道应采用混凝土管

    C. 加热器的泄水管应采用金属管或耐热排水塑料管

    D. 建筑内排水管安装在环境温度可能低于 0℃的场所时，应选用柔性接口机制排水铸铁管

【答案与解析】B。参见《建筑给水排水设计规范》GB 50015—2003（2009 年版）4.9.26 条；4.5.1 条第 1 款及其条文说明：小于等于 $DN500$ 排水管道限制使用混凝土管；4.5.1 条第 3 款；4.5.1 条第 2 款。

3. 某饮料用水贮水箱的泄水由 $DN50$ 泄水管经过排水漏斗排入排水管，则排水漏斗与泄水管排水口间的最小空气间隙应为以下何项？（　　　　）

    A. 50mm　　　　　　B. 100mm　　　　　　C. 125mm　　　　　　D. 150mm

【答案与解析】D。参见《建筑给水排水设计规范》GB 50015—2003（2009 年版）4.3.15 条。本题是表 4.3.15 下面的"注"所提示的内容。请考生同时关注 4.3.13 条、

4.3.14 条以及 4.3.15 条，是关于间接排水的相关要求。

4. 下列关于建筑物内排水管道的布置原则哪项不符合规定？（　　　）

　　A. 排水管道不得布置在遇水会引起燃烧或爆炸的原料、产品和设备的上方

　　B. 当受条件限制不能避免时，采取防护措施的排水管道可以布置在食堂、饮食业厨房的主副食操作烹调备餐的上方

　　C. 当受条件限制不能避免时，排水管道可以穿越生活饮用水池部位的上方

　　D. 住宅卫生间的卫生器具排水管不宜穿越楼板进入他户应设置同层排水方式

【答案与解析】C。参见《建筑给水排水设计规范》GB 50015—2003（2009 年版）4.3.4 条～4.3.8 条。

5. 为了避免下排水式卫生器具一旦堵塞，清通时对下层住户的影响，可采用（　　　）。

　　A. 同层排水的方式　　　　　　　　　B. 增加排水副管

　　C. 设专用通气管　　　　　　　　　　D. 加大管径，增大流速

【答案与解析】A。参见《全国勘察设计注册公用设备工程师给水排水专业执业资格考试教材》第 3 册 3.2.3 节同层排水的内容。

6. 某 11 层住宅，楼内卫生间排水立管仅设伸顶透气管，下列关于一层卫生间排水管道的连接做法，不符合要求的是（　　　）。

　　A. 一层排水横支管在一层地面以下 0.45m 处接入立管，立管在一层地面以下 1.2m 处排出室外

　　B. 一层排水横支管在一层地面以下 0.45m 处接入立管，立管在一层地面以下 1.65m 处排出室外

　　C. 一层卫生间排水单独排出

　　D. 一层排水接入距离排水立管下游 1.5m 处的排出管上

【答案与解析】A。A 选项不符合《建筑给水排水设计规范》GB 50015—2003（2009 年版）4.3.12 条。

7. 下列叙述中有误的是（　　　）。

　　A. 排水架空管道不得敷设在对生产工艺或卫生有特殊要求的生产厂房内

　　B. 排水架空管道不得敷设在食品间和贵重商品仓库

　　C. 排水架空管道不得敷设在变配电间和电梯机房内

　　D. 排水架空管道可敷设在通风小室内

【答案与解析】D。《建筑给水排水设计规范》GB 50015—2003（2009 年版）4.3.3 条、4.3.6 条。同时注意"排水架空管道"的含义。这个含义应该是结合《建筑给水排水工程》(第六版) 6.1 节建筑雨水排水系统分类内容中的架空管来理解。

8. 一幢建筑的室内排水管道连接，下列做法中不符合规范要求的是（　　　）。

　　A. 室内一层排水沟通过管道直接接入室外检查井

　　B. 排水横管与立管连接，采用 45°斜三通

　　C. 卫生器具排水管与排水横管垂直连接，采用 90°斜三通

　　D. 塑料排水立管设置伸缩节

【答案与解析】A。《建筑给水排水设计规范》GB 50015—2003（2009 年版）4.3.19 条、4.3.9 条和 4.3.10 条。

二、多项选择题

1. 下列排水管间接排水口的最小空气间隙中，哪几项是正确的？（　　）

    A. 热水器排水管管径 25mm，最小空气间隙为 50mm

    B. 热水器排水管管径 50mm，最小空气间隙为 100mm

    C. 饮料用水贮水箱泄水管管径 50mm，最小空气间隙为 125mm

    D. 生活饮用水贮水箱泄水管管径 80mm，最小空气间隙为 150mm

    【答案与解析】ABD。参见《建筑给水排水设计规范》GB 50015—2003（2009 年版）
4.3.15 条。

2. 以下塑料排水管道布置的叙述中哪几项是不正确的？（　　）

    A. 无论是光壁管还是内螺旋的单根排水立管的排出管宜与排水立管相同管径

    B. 高层建筑中，立管明设且其管径大于或等于 110m 时，在立管穿越楼板处的楼板下面设置防火套管

    C. 塑料排水立管设置在热源附近时，当管道表面受热温度大于 60℃时，应采取隔热措施

    D. 埋设与填层中的同层排水管道不宜采用粘接方式

    【答案与解析】AD。参见《建筑给水排水设计规范》GB 50015—2003（2009 年版）
4.3.12 条"注"和 4.3.12A 条及其条文说明；4.3.11 条及其条文说明；4.3.3 条第 9 款；
4.3.8B 条第 4 款的条文说明。

3. 建筑排水系统采用硬聚氯乙烯排水管，下列关于其伸缩节设置要求中，哪几项是错误的？（　　）

    A. 排水横管上的伸缩节应设于水流汇合管件的下游端

    B. 埋地排水管道上可不设伸缩节

    C. 排水立管穿越楼层处为固定支撑时，伸缩节应同时固定

    D. 排水管道采用橡胶密封配件时，可不设伸缩节

    【答案与解析】AC。参见《建筑给水排水设计规范》GB 50015—2003（2009 年版）
4.3.10 条及条文说明；《全国民用建筑工程设计技术措施（给水排水）》（2009 年版）
4.6.8 条。

4. 高层建筑室内明设排水系统采用硬聚氯乙烯排水管需设置阻火圈，下列设置要求中哪几项是正确的？（　　）

    A. 设置阻火圈的硬聚氯乙烯排水管外径应大于等于 90mm

    B. 排水横管穿越防火墙时，应在其一侧设置阻火圈

    C. 排水立管穿越楼板时，应在其下方设置阻火圈

    D. 排水支管接入排水立管穿越管道井壁（管井隔层设防火封隔）时，应在井壁处设置阻火圈

    【答案与解析】CD。参见《建筑给水排水设计规范》GB 50015—2003（2009 年版）
4.3.11 条及其条文说明。

5. 下列哪些建筑用房的地面排水应采用间接排水？（　　）

    A. 贮存瓶装饮料的冷藏库的地面排水　　　B. 贮存罐装食品的冷藏库的地面排水

    C. 医院无菌手术室的地面排水　　　D. 生活饮用水贮水箱间的地面排水

【答案与解析】AB。参见《建筑给水排水设计规范》GB 50015—2003（2009 年版）4.3.13 条。

6. 下列哪些排水管不能与污废水管道系统直接连接？（　　　）

    A. 食品库房地面排水管　　　　　　　　B. 锅炉房地面排水管

    C. 热水器排水管　　　　　　　　　　　D. 阳台雨水排水管

【答案与解析】ACD。参见《建筑给水排水设计规范》GB 50015—2003（2009 年版）4.3.13 条、4.9.12 条。

3.2.4　清扫口与检查口

一、单项选择题

1. 下列关于检查口和清扫口的作用及设置要求中，哪一项是正确的？（　　　）

    A. 检查口和清扫口是安装在排水管上用作检查和双向清通排水管的附件

    B. 铸铁排水管道上设置的清扫口应与管道的材质相同

    C. 排水立管上应设检查口，排水横管上应设清扫口不得设检查口

    D. 排水立管有乙字管时，在该层乙字管的上部应设置检查口

【答案与解析】D。参见《建筑给水排水设计规范》GB 50015—2003（2009 年版）2.1.40 条、2.1.41 条、4.5.12 条。

2. 图 3-3 所示为某室内排水系统（采用铸铁排水管）检查口、清扫口设置示意图。该排水系统还应补设检查口、清扫口共几个？（　　　）

    A. 0 个　　　　　　　　B. 1 个

    C. 2 个　　　　　　　　D. 3 个

【答案与解析】C。参见《建筑给水排水设计规范》GB 50015—2003（2009 年版）4.5.12 条，在 4 层上部的排水立管拐弯处不符合第 1 款，当立管水平拐弯或有乙字管时，在该层立管拐弯处和乙字管的上部应设检查口。整根立管拐弯到横管处，同样不符合此款的内容。图中排水横管长度为 18m，不符合第 4 款，排出管上的清扫口至室外检查井中心的最大长度 $DN100$ 时为 15m。因此本题应补充排出管（立管底部）一个清扫口。

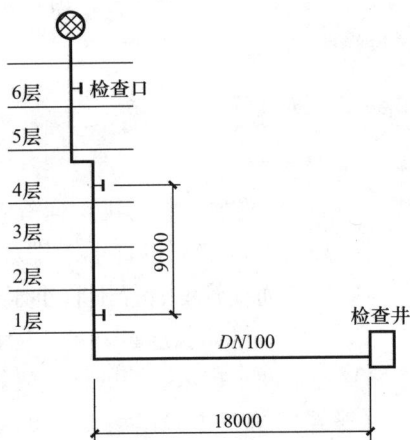

图 3-3

3. 关于检查口的设置，下列做法中不符合规范要求的是（　　　）。

    A. 一幢 6 层建筑，1～5 层均设置了检查口，6 层未设置检查口

    B. 立管设有乙字弯时，乙字弯上部应设检查口

    C. 铸铁排水立管上检查口间距小于 10m

    D. 立管检查口高出地面以上 1.0m，并高出该层卫生器上边缘 0.15m

【答案与解析】A。参见《建筑给水排水设计规范》GB 50015—2003（2009 年版）4.5.12 条第 1 款、4.5.14 条。

二、多项选择题

1. 下列关于建筑排水系统通气管、清扫口的管径选择，哪几项是正确的？（   ）

    A. 排水管道上设置的清扫口，其尺寸应与排水管道同径

    B. 排水横管连接清扫口的连接管件应与清扫口同径

    C. 通气立管的管径应与排水立管同径

    D. 非寒冷地区伸顶通气管的管径宜与排水立管同径

【答案与解析】BD。参见《建筑给水排水设计规范》GB 50015—2003（2009 年版）4.5.13 条、4.6.11 条。

2. 关于清扫口的设置，下列做法中不符合规范要求的是（   ）。

    A. 在 $DN75$ 的铸铁排水管道上设置了 $DN75$ 的铸铁清扫口

    B. 在 $DN150$ 的硬聚氯乙烯排水管道上设置了 $DN150$ 的硬聚氯乙烯清扫口

    C. 排水横管起点的清扫口与其端部相垂直的墙面距离为 0.1m

    D. 在水流转角大于 45°的排水横管上，设置了清扫口

【答案与解析】ABC。参见《建筑给水排水设计规范》GB 50015—2003（2009 年版）4.5.13 条第 3 款、第 4 款、第 1 款、4.5.12 条第 3 款。

    考生注意：排水管道布置与敷设、伸缩节、阻火装置、间接排水、清扫口和检查口等内容经常性的会放在一起考查。内容不复杂，需要细致的掌握规范条文和条文说明的内容。同时需要考生参考《全国民用建筑工程设计技术措施（给水排水）》（2009 年版）中的内容。

3.2.5 通气管

一、单项选择题

1. 下列对建筑物内生活排水通气管管径的叙述何项不符合要求？（   ）

    A. 通气管的管径不宜小于排水管管径的 1/2

    B. 结合通气管的管径不宜小于通气立管的管径

    C. 通气立管的长度在 50m 以上时，其管径应与排水立管管径相同

    D. 连接两根排水立管的通气立管，若长度≤50m 时，其管径可比排水立管管径缩小两级

【答案与解析】D。参见《建筑给水排水设计规范》GB 50015—2003（2009 年版）4.6.11 条、4.6.13 条、4.6.14 条、4.6.16 条。

2. 下列有关结合通气管的连接与替代的叙述中，哪一项是不正确的？（   ）

    A. 用结合通气管连接排水立管和专用通气立管

    B. 用结合通气管连接排水立管和主通气立管

    C. 用结合通气管连接排水立管和副通气立管

    D. 用 H 管替代结合通气管

【答案与解析】C。参见《建筑给水排水设计规范》GB 50015—2003（2009 年版）2.1.44 条、2.1.49 条、2.1.50 条、4.6.9 条第 4 款和第 5 款。

3. 以下有关确定通气管管径的叙述中，哪项正确？（   ）

    A. 排水管管径为 $DN100$，其专用通气立管的最小管径为 $DN75$

    B. 9 根 $DN100$ 通气立管的汇合通气总管管径为 $DN200$

C. 与排水立管管径为 $DN100$ 连接的自循环通气立管的最小管径为 $DN75$

D. 通气立管管径为 $DN75$，其与排水立管相连的结合通气管管径为 $DN50$

【答案与解析】 B。参见《全国勘察设计注册公用设备工程师给水排水专业执业资格考试教材》第 3 册 3.2.5 关于汇合通气管的内容。$DN \geqslant \sqrt{d_{\max}^2 + 0.25 \sum d_i^2} = \sqrt{100^2 + 0.25 \times 8 \times 100^2} = 173.2mm$。参见《建筑给水排水设计规范》GB 50015—2003（2009 年版）4.6.11 条、4.6.12 条、4.6.13 条、4.6.14 条、4.6.16 条。

4. 根据《建筑给水排水设计规范》，下列情况下应设置环形通气管的是（　　）。

A. 在连接有 3 个卫生器具且长度为 10m 的排水横支管上

B. 在设有器具通气管时

C. 在连接有 5 个大便器的横支管上

D. 在高层建筑中

【答案与解析】 B。根据《建筑给水排水设计规范》GB 50015—2003（2009 年版）4.6.3 条。

5. 关于伸顶通气管设置，下列做法中不正确的是（　　）。

A. 通气管高出屋面 0.25m，其顶端装设网罩

B. 屋顶为休息场所，通气管口高出屋面 2m

C. 在距通气管 3.5m 的地方有一窗户，通气管口引向无窗一侧

D. 伸顶通气管的管径与排水立管管径相同

【答案与解析】 A。根据《建筑给水排水设计规范》GB 50015—2003（2009 年版）4.6.10 条。

6. 关于通气管的设置，下列做法中不正确的是（　　）。

A. 一幢 12 层的高层建筑，其生活污水立管宜设置通气立管

B. 排水立管的排水设计流量超过仅设伸顶通气管的立管最大排水能力时，应设通气立管

C. 对安静要求较高的建筑内，生活排水管道宜设置器具通气管

D. 伸顶通气管不能单独伸出屋面时，可设置汇合通气管

【答案与解析】 A。根据《建筑给水排水设计规范》GB 50015—2003（2009 年版）4.6.2 条、4.6.4 条、4.6.16 条。

二、多项选择题

1. 下列建筑物内通气立管的设置原则哪几项是错误的？（　　）

A. 通气立管可以与排水管道连接　　　　　　B. 通气立管可以接纳卫生器具废水

C. 通气立管不得接纳屋面雨水　　　　　　　D. 通气立管可与风道和烟道连接

【答案与解析】 BD。参见《建筑给水排水设计规范》GB 50015—2003（2009 年版）4.6.7 条。

2. 北方地区某多层住宅楼采用斜屋面，屋面板上隔热层厚度 0.2m，当地最大积雪厚度 0.5m，下面伸顶通气管高出屋面板的高度哪几项不符合要求？（　　）

A. 0.3m　　　　　　B. 0.5m　　　　　　C. 0.7m　　　　　　D. 0.8m

【答案与解析】 AB。参见《建筑给水排水设计规范》GB 50015—2003（2009 年版）

4.6.10 条第 1 款。

3. 下图 3-4 为排水系统通气管的设计示意图，A. 图为广东省某工程伸顶通气管；B. 图为东北某工程伸顶通气管；C. 图为结合通气管与专用通气立管和排水立管的连接图；D. 图为器具通气管和环形通气管、主通气立管的接管图。其中设计不当和错误的图示为哪几项？（　　　）

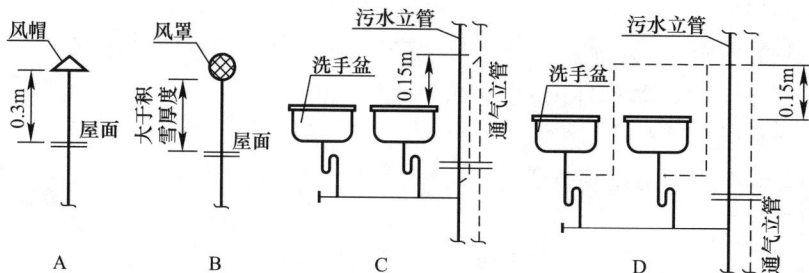

图 3-4

【答案与解析】BCD。参见《建筑给水排水设计规范》GB 50015—2003（2009 年版）4.6.10 条第 1 款，A 选项符合规范；B 选项考虑了积雪厚度但没有和 0.3m 进行比较；C 选项不符合 4.6.9 条第 4 款结合通气管的下端在排水横支管以下与排水立管以斜三通连接；D 选项不符合 4.6.9 条第 1 款器具通气管应设在存水弯出口端。

4. 下列哪几项措施对防止污废水进入建筑排水系统通气管是有效的？（　　　）

    A. 将环形通气管在排水横支管始端的两个卫生器具之间水平接出

    B. 将环形通气管在排水横支管中心线以上垂直接出

    C. 将 H 管与通气立管的连接点置于卫生器具上边缘以上不小于 0.15m 处

    D. 控制伸顶通气管高出屋面的距离不小于 0.3m 且大于当地积雪厚度

【答案与解析】BCD。参见《建筑给水排水设计规范》GB 50015—2003（2009 年版）4.6.9 条和 4.6.10 条。

考生注意：通气管这部分的题目属于经常性考点，通气管的形式、连接规定等内容细碎但并不复杂。通气管管径的确定也同样很重要，经常在案例的题目中出现，需要考生灵活运用规范的内容。

3.2.6　污水泵和集水池

一、单项选择题

1. 下述污水泵的选择和局部处理构筑物容积的计算中，哪一项是不合理的？（　　　）

    A. 居住小区的污水泵，其流量应以该小区最大小时生活排水量确定

    B. 建筑物内的污水泵，其流量应以流入污水调节池排水管的设计秒流量确定

    C. 计算隔油池有效容积时，其参数流量值应以隔油池进水管的设计秒流量确定

    D. 降温池的有效容积在废水间断进入时，应按一次最大排水量和所需冷却水量之总和计算

【答案与解析】B。参见《建筑给水排水设计规范》GB 50015—2003（2009 年版）4.7.7 条、4.8.2 条和 4.8.3 条。

2. 图 3-5 中污水泵出水管上闸阀和止回阀的安装位置哪种是正确的？（　　　）

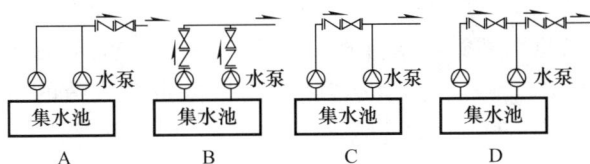

图 3-5

【答案与解析】 B。综合考虑水泵检修的方便性和系统正常使用的要求。可参照国家建筑标准设计图集《小型潜水排污泵选用及安装》08S305。

3. 某工程地下室设有集水池，该集水池内设有 2 台污水泵，一用一备，污水泵的参数：$Q=30\text{m}^3/\text{h}$，$H=10\text{m}$，$N=3\text{kW}$。计算该集水池的最小有效容积为（　　　）。

A. 2.5m³ 　　　　B. 2.75m³ 　　　　C. 3.00m³ 　　　　D. 5.00m³

【答案与解析】 A。参见《建筑给水排水设计规范》GB 50015—2003（2009 年版）4.7.8 条第 1 款的内容。

二、多项选择题

1. 下列关于建筑物集水池的设计正确？（　　　）

A. 水池进水液位水力控制阀前装电动阀等双阀串联控制，水池的溢流量可不考虑

B. 水池进水仅设水力控制阀单阀控制，水池的溢流量即为水池进水量

C. 水池的泄流量可按水泵吸水最低水位时水泵流量确定

D. 集水池的有效容积一般设计时要比最大一台污水泵 5min 的出水量大些，以策安全

【答案与解析】 ABD。参见《建筑给水排水设计规范》GB 50015—2003（2009 年版）4.7.7 条及其条文说明、4.7.8 条及其条文说明。

考生注意： 污水泵和集水池这部分的题目属于经常性考点，分三部分内容：污水泵、集水池和生活排水调节池。生活排水调节池的有效容积是不得大于 6h 生活排水平均小时流量。

3.2.7　小型生活污水处理

一、单项选择题

1. 下列关于化粪池的技术要求中，哪一项是错误的？（　　　）

A. 职工食堂的含油废水经隔油池处理后应进入化粪池处理，再排入市政污水管道

B. 当医院污水消毒前采用化粪池进行预处理时，其生活污水和生活废水应分流排出，生活废水不能排入化粪池

C. 用作医院污水消毒处理的化粪池要比用于一般生活污水化粪池的有效容积大 2～3 倍

D. 医疗洗涤废水不能排入化粪池，应经筛网拦截杂物后排入调节池和消毒池

【答案与解析】 A。参见《建筑给水排水设计规范》GB 50015—2003（2009 年版）4.8.1 条、4.8.6 条中 t_w、t_n 的规定、4.8.13 条及其条文说明；《全国勘察设计注册公用设备工程师给水排水专业执业资格考试教材》第 3 册 3.2.7 节的相关内容。

2. 某高层住宅楼，设计居住人口 1200 人，排水系统采用污、废水分流，市政排水要求其在室外设置化粪池，化粪池清淘周期按一年计时，折算的化粪池单位有效容积为

0.12m³/人，化粪池的总有效容积应为下列何项？（　　）

  A. 43.2m³   B. 57.6m³   C. 100m³   D. 144m³

【答案与解析】 C。参见《建筑给水排水设计规范》GB 50015—2003（2009年版）4.8.6条的公式，同时注意表4.8.6—3化粪池实际使用人数占总人数的百分数，住宅取70%，则 0.12m³/人×1200人×0.7＝100.8m³，取100m³。

3. 关于医院污水处理，下列叙述中正确的是（　　）。

  A. 综合医院用水量大，污水中污染物稀释度大，不需要处理

  B. 医院污水必须进行消毒处理

  C. 排入城市下水道的医院污水应进行深度处理

  D. 有城市下水道的医院污水不需要处理

【答案与解析】 B。参见《建筑给水排水设计规范》GB 50015—2003（2009年版）4.8.8条、4.8.9条、4.8.12条。

4. 排水温度高于（　　）的污废水，在排入城镇排水管网之前，应设置降温池进行处理。

  A. 40℃   B. 80℃   C. 60℃   D. 100℃

【答案与解析】 A。参见《建筑给水排水设计规范》GB 50015—2003（2009年版）4.8.3条第1款。

二、多项选择题

1. 图3-6为化粪池构造简图，总容积为V，第1格容积为V_1，第2格容积为V_2，下列关于图中错误描述正确的是哪几项？（　　）

  A. 双格化粪池的两格的容积比例不对，不满足化粪池宽度要求

  B. 化粪池均应设置通气管与大气相通

  C. 进水管和出水管应设置拦截污泥浮渣的设施

  D. 化粪池不需要设置人孔

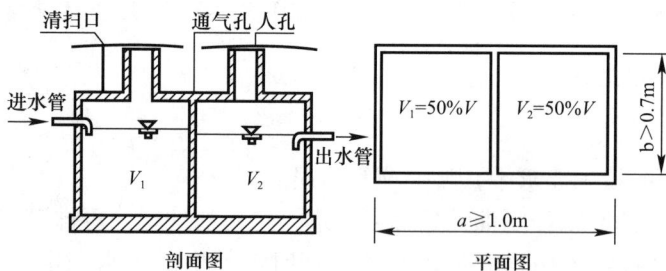

图 3-6

【答案与解析】 AB。参见《建筑给水排水设计规范》GB 50015—2003（2009年版）4.8.7条。

2. 下列关于隔油池的设置中，正确的有哪几项？（　　）

  A. 含食用油的污水在隔油池中的停留时间宜为2～10min

  B. 隔油池的有效容积是指隔油池出水口管管底标高以下的池容积

  C. 存油部分的容积是指出水挡板的下端至水面油水分离室的容积

D. 含食用油的污水在隔油池内的流速大于 0.005m/s

【答案与解析】ABC。参见《建筑给水排水设计规范》GB 50015—2003（2009 年版）4.8.2 条及其条文说明。

3. 下列关于化粪池的设置中，叙述正确的是哪几项？（　　）

    A. 日处理水量小于等于 10m³ 时，采用双格化粪池

    B. 当采暖计算温度低于 −5℃时，必须采用有覆土化粪池

    C. 城市排水管网为合流制系统时，粪便污水应经过化粪池处理后再排入城市合流制排水管网

    D. 当采用三格化粪池时，第一格的容量宜占总容量的 60%，其余两格的容量宜各占总容量的 20%

【答案与解析】ACD。参见《全国勘察设计注册公用设备工程师给水排水专业执业资格考试教材》第 3 册 3.2 节的相关内容；《建筑给水排水设计手册》第二版（上册）11.3 节的内容。

4. 下列关于医院污水处理设计的叙述中，错误的是哪几项？（　　）

    A. 医院污水、医疗洗涤水均应排入化粪池内进行预处理

    B. 化粪池作为医院污水消毒前的预处理，污水的停留时间可确 24～36h

    C. 医院污水间接排入地表水体时应采用一级污水处理工艺

    D. 采用氯消毒的医院污水，当直接排入地表水体时，余氯应不小于 0.5mg/L

【答案与解析】ACD。参见《建筑给水排水设计规范》GB 50015—2003（2009 年版）4.8.13 条及其条文说明、4.8.9 条和 4.8.14A 条。

5. 当加热设备间断排放热废水时，下列有关降温池容积计算的叙述中，哪几项不正确？（　　）

    A. 承压锅炉排放热废水时，其降温池有效容积应至少是热废水排放量与冷却水量容积之和，并考虑混合不均匀系数

    B. 热废水的蒸发量与热废水的热焓有关

    C. 承压锅炉的工作压力越大，热废水的蒸发量越小

    D. 当热废水由绝对压力 1.2MPa 减到标准大气压时，1m³ 热废水可蒸发 112kg 水蒸气

【答案与解析】CD。《全国勘察设计注册公用设备工程师给水排水专业执业资格考试教材》第 3 册 3.2.7 节的相关内容。A 选项是关于容积计算，正确；B 选项关于蒸发带走的热废水质量的公式，正确；C 选项参照《全国勘察设计注册公用设备工程师给水排水专业执业资格考试教材》第 3 册图 3-8，应该是承压锅炉的工作压力越大，热废水的蒸发量越大，C 选项不正确。参见《全国勘察设计注册公用设备工程师给水排水专业执业资格考试教材》第 3 册的举例：当绝对压力由 1.2MPa 减到 $P_2 = 0.2$MPa 时，1m³ 热废水可蒸发 112kg 水蒸气，显然 D 选项变化条件不一样，则 D 选项不正确。

3.3 排水管系中水气流动规律

一、单项选择题

1. 下列有关建筑重力流排水系统的立管、横管通过不同流量管内流态变化的叙述中，哪

一项是不正确的？（　　　）

A. 通过立管的流量小于该管的设计流量时，管内呈非满流状态

B. 通过立管的流量等于该管的设计流量时，管内呈满流状态

C. 通过横干管的流量小于该管的设计流量时，管内呈非满流状态

D. 通过横干管的流量等于该管的设计流量时，管内仍呈非满流状态

【答案与解析】 B。参见《全国勘察设计注册公用设备工程师给水排水专业执业资格考试教材》第 3 册 3.3 节的内容。

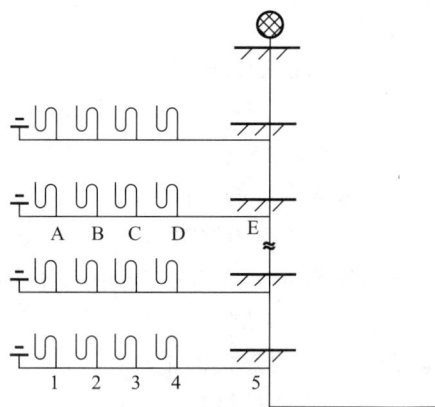

2. 减小终限流速，可以增大排水立管的通水能力。以下措施中不能减小终限流速的是（　　　）。

A. 使由横支管排出的水流沿切线方向进入立管

B. 在立管上隔一定距离设置消能管件（如乙字弯）

C. 对立管内壁作特殊处理，增加水与管内壁间的附着力

D. 采用内壁光滑的管材

【答案与解析】 D。参见《建筑给水排水工程》（第六版）4.3 节排水管系中水气流动规律的内容。

3. 关于排水横管的水流状态和压力变化，下列叙述中错误的是（　　　）。

A. 污水竖直下落进入横管后，横管中的水流状态可分为急流段、水跃及跃后段、逐渐衰减段。流速快，水较深，冲刷能力强

B. 逐渐衰减段能力逐渐减小，水深逐渐减小，趋于均匀流

C. 由于卫生器具距横支管的高差较小，所以由横支管自身排水造成的横支管内压力波动较小

D. 下落污水距横干管高差越大，在横干管起端产生的急流越强烈，水跃越高

【答案与解析】 A。参见《建筑给水排水工程》（第六版）4.3 节排水管系中水气流动规律的内容。参见《全国勘察设计注册公用设备工程师给水排水专业执业资格考试教材》第 3 册 3.3 节的内容。

4. 如图 3-7 所示，在最高层排水横管排水的情况下，B 处卫生器具开始排水时，C 点存水弯进水段水面是上升是下降？B 卫生器具排水与高层横管不排水相比是加快还是减慢？在同样情况下，2 点卫生器具开始排水时，其排水与上面横管不排水相比是加快还是减慢？3 点存水弯进水段水面是上升还是下降？（　　　）

图 3-7

A. C 点上升	B 点减慢	2 点减慢	3 点下降
B. C 点下降	B 点加快	2 点减慢	3 点上升
C. C 点上升	B 点加快	2 点加快	3 点下降
D. C 点下降	B 点减慢	2 点加快	3 点上升

【答案与解析】 B。参见《全国勘察设计注册公用设备工程师给水排水专业执业资格考

试教材》第 3 册 3.3 节的内容。当 B 点排水时，最高层卫生器具横管同时排水，则在 BD 段内形成负压，对 B 处和 C 处卫生器具的排水具有抽吸作用，故 C 点下降；且与最高层卫生器具不排水时相比，B 点加快；当 2 点排水时，最高层卫生器具横管同时排水，则在 2—5 段内形成正压，既阻碍 2 处卫生器具排水，又使 3 处卫生器具的存水弯进水端水面升高，故 2 点减慢，3 点升高。

5. 减小水舌阻力系数，可以增大排水立管的通水能力。以下措施中不能减小水舌阻力系数的是（   ）。

    A. 采用形成水舌面积大，两侧气孔面积小的三通

    B. 在排水支管上装设吸气阀

    C. 在排水横管与立管连接处的立管内设置挡板

    D. 将排水立管内壁制作成有螺旋线导流凸起

【答案与解析】A。《建筑给水排水工程》（第六版）4.3 节排水管系中水气流动规律的内容。

二、多项选择题

1. 以下排水立管中流量、流态与流速、压力间相互关系的叙述中哪几项是错误的？（   ）

    A. 当排水立管中的流量达到最大允许值时，水流速度随管长的增加而加大

    B. 当排水立管中出现水膜流时，管内无压力波动

    C. 当排水立管中出现水塞流时，管内压力波动增大

    D. 当排水立管通过的流量较大时，立管底部会出现正压，其值随流量的增加而加大

【答案与解析】AB。参见《全国勘察设计注册公用设备工程师给水排水专业执业资格考试教材》第 3 册 3.3 节的内容。

2. 以下关于生活排水立管中水气流动规律的叙述中，哪几项正确？（   ）

    A. 排水立管水膜流时的通水能力不能作为排水立管最大排水流量的依据

    B. 终限长度是从排水横支管水流入口处至终限流速形成处的高度

    C. 在水膜流阶段，立管内的充水率在 1/4～2/3 之间

    D. 当水膜的下降速度和水膜厚度不再变化时，水流在立管中匀速下降

【答案与解析】BD。参见《全国勘察设计注册公用设备工程师给水排水专业执业资格考试教材》第 3 册 3.3 节的内容。

    考生注意：排水管系中的水气流动规律可以和水封等知识联合在一起考查。这部分知识点的脉络一般是水封、排水横管（横支管和横干管）中的水气流动规律、排水立管中水气流动规律。较为细致的内容参考《全国勘察设计注册公用设备工程师给水排水专业执业资格考试教材》第 3 册和《建筑给水排水工程》（第六版）的相关知识。

3.4 排水系统计算

一、单项选择题

1. 有关建筑排水定额、小时变化系数和小时排水量的叙述中，错误的是何项？（   ）

A. 居住小区内生活排水设计流量按住宅生活排水最大小时流量与公共建筑生活排水最大小时流量之和计算

B. 建筑内部生活排水平均时和最大时排水量的计算方法与建筑给水相同

C. 公共建筑生活排水定额和小时变化系数与公共建筑生活用水定额和小时变化系数相同

D. 小区生活排水系统的排水定额和小时变化系数是其相应生活给水系统的给水定额和小时变化系数的85%～95%

【答案与解析】D。参见《建筑给水排水设计规范》GB 50015—2003（2009 年版）4.4.1 条、4.4.2 条和 4.4.3 条。

2. 居住小区生活排水流量应按下列哪种方法计算？（　　）

A. 住宅生活排水最大小时流量＋公共建筑生活排水最大小时流量

B. 住宅生活排水设计秒流量＋公共建筑生活排水设计秒流量

C. 住宅生活排水平均小时流量＋公共建筑生活排水平均小时流量

D. 住宅生活排水最高日平均秒流量＋公共建筑生活排水最高日平均秒流量

【答案与解析】A。参见《建筑给水排水设计规范》GB 50015—2003（2009 年版）4.4.3 条：居住小区内生活排水的设计流量应按住宅生活排水最大小时流量与公共建筑生活排水最大小时流量之和确定。

3. 下列建筑排水管最小管径的要求中，哪一项是正确的？（　　）

A. 建筑内排出管最小管径不得小于 75mm

B. 公共食堂厨房污水排水支管管径不得小于 100mm

C. 医院污水盆排水管管径不得小于 75mm

D. 小便槽的排水支管管径不得小于 100mm

【答案与解析】C。参见《建筑给水排水设计规范》GB 50015—2003（2009 年版）4.4.12 条、4.4.13 条、4.4.15 条。同时注意 4.4.14 条。

4. 在建筑排水横管的水力计算公式，对于公式的有关内容，下列叙述中错误的是（　　）。

A. 公式中的水力半径是指水流有效断面积与湿周之比

B. 排水横管中水的流速与水力半径的 2/3 次方成正比

C. 管道粗糙系数根据管材确定，钢管的粗糙系数大于混凝土管

D. 排水横管中水的流速与管道粗糙系数成反比

【答案与解析】C。参见《建筑给水排水设计规范》GB 50015—2003（2009 年版）4.4.7 条。

二、多项选择题

1. 居住小区生活排水系统的排水定额为其相应给水定额的 85%～95%；在确定排水定额时，该百分数的取值应遵循下列哪几项原则？（　　）

A. 地下水位高时取高值　　　　　　　　B. 地下水位低时取高值

C. 大城市的小区取高值　　　　　　　　D. 埋地管采用排水塑料管时取高值

【答案与解析】ACD。参见《建筑给水排水设计规范》GB 50015—2003（2009 年版）4.4.1 条及其条文说明。

2. 下列关于建筑内部排水管道水力计算的叙述中，错误的是（　　）。

A. 建筑内部排水横管按圆管非均匀流公式计算

B. 建筑内部排水立管按其水流状态为水膜流进行设计

C. 建筑内部排水横管水力计算公式中 R 是管道的半径

D. 建筑内部排水立管按其在不同通气情况下的最大通水能力进行设计

【答案与解析】AC。根据《建筑给水排水设计规范》GB 50015—2003（2009 年版）4.4.7 条。参见《全国勘察设计注册公用设备工程师给水排水专业执业资格考试教材》中第 3 册 3.4 节的内容。

3.5　屋面雨水排水系统

3.5.1　排水方式及设计流态

一、单项选择题

1. 关于屋面雨水排水，下列叙述中错误的是（　　）。

A. 按雨水管道位置分，屋面雨水排水方式可分为外排水系统和内排水系统

B. 建筑屋面雨水管道均应按压力流设计

C. 内排水系统是指屋面设有雨水斗，建筑内部设有雨水管道的雨水排水系统

D. 外排水系统按屋面有无天沟，分为普通外排水和天沟外排水两种

【答案与解析】B。参见《建筑给水排水设计规范》GB 50015—2003（2009 年版）4.9.10 条。《全国勘察设计注册公用设备工程师给水排水专业执业资格考试教材》中第 3 册 3.5 节的内容。

2. 建筑屋面雨水管道设计流态的选择，哪项是不正确的？（　　）

A. 檐沟外排水宜按重力流设计

B. 长天沟外排水宜按压力流设计

C. 高层建筑屋面雨水排水宜按压力流设计

D. 工业厂房、库房、公共建筑的大型屋面雨水排水宜按压力流设计

【答案与解析】C。参见《建筑给水排水设计规范》GB 50015—2003（2009 年版）4.9.10 条。

二、多项选择题

1. 以下各类污废水的排放要求中，哪几项是不正确的？（　　）

A. 生产废水均不能排入生产厂房的雨水排水系统

B. 洗车台的冲洗水可与建筑小区雨水排水系统合流排出

C. 工业企业中除屋面雨水外的其他污废水均可通过生产废水排水系统排出

D. 用作中水水源的生活排水应单独排出

【答案与解析】ABC。参见《建筑给水排水工程》（第六版）6.1 节建筑雨水排水系统分类的内容，敞开式的雨水排水系统可以接纳生产废水；《建筑给水排水设计规范》GB 50015—2003（2009 年版）4.1.3 条：洗车台的冲洗水需要单独排放；《全国勘察设计注册

公用设备工程师给水排水专业执业资格考试教材》第3册3.1节排水系统分类中工业企业中的污染较轻的废水可循环或者重复使用。

2. 下列关于建筑屋面雨水管道设计流态的叙述中，不符合《建筑给水排水设计规范》GB 50015—2003（2009年版）的是（　　）。

   A. 高层建筑屋面雨水排水宜按压力流设计

   B. 工业厂房、库房、公共建筑的大型屋面雨水排水宜按压力流设计

   C. 檐沟外排水宜按压力流设计

   D. 长天沟外排水宜按重力流设计

【答案与解析】ACD。根据《建筑给水排水设计规范》GB 50015—2003（2009年版）4.9.10条及其条文说明。

3. 下列哪些水不能接入屋面雨水立管？（　　）

   A. 屋面雨水　　　　　B. 阳台雨水　　　　　C. 建筑污水　　　　　D. 建筑废水

【答案与解析】BCD。参见《建筑给水排水设计规范》GB 50015—2003（2009年版）4.9.12条及条文说明。

3.5.2　雨水管系内水气流动规律

一、单项选择题

1. 当天沟水深完全淹没雨水斗时，单斗雨水系统内出现最大负压值（—）与最大正压值（＋）的部位应为下列哪一项？（　　）

   A.（—）：立管与埋地管连接处；（＋）：悬吊管与立管连接处

   B.（—）：悬吊管与立管连接处；（＋）：立管与埋地管连接处

   C.（—）：雨水斗入口处；（＋）：立管与埋地管连接处

   D.（—）：雨水斗入口处；（＋）：连接管与悬吊管连接处

【答案与解析】B。《全国勘察设计注册公用设备工程师给水排水专业执业资格考试教材》中第3册3.5节的内容。

二、多项选择题

1. 对于单斗雨水系统，随着降雨历时的延长，雨水斗泄流量与其他参数的关系在不断变化。下列叙述中正确的是（　　）。

   A. 随着降雨历时的延长，雨水斗泄流量增加

   B. 随着雨水斗泄流量的增加，掺气比增加

   C. 随着天沟水深的增加，雨水斗泄流量增加

   D. 随着雨水斗泄流量增加到一定数值时，掺气比减小，并最终变为0

【答案与解析】ACD。《全国勘察设计注册公用设备工程师给水排水专业执业资格考试教材》第3册3.5.2节雨水管系内水气流动规律的内容。

3.5.3　屋面设计雨水量

一、单项选择题

1. 重力流屋面雨水排水管系的悬吊管、埋地管分别按（　　）设计。

A. 非满流、满流　　　　　　　　　　　B. 非满流、非满流

C. 满流、非满流　　　　　　　　　　　D. 满流、满流

【答案与解析】A。《全国勘察设计注册公用设备工程师给水排水专业执业资格考试教材》第 3 册 3.5.6 节的内容。

2. 压力流屋面雨水排水管道其悬吊管与雨水斗出口的高差应大于（　　　）。

A. 0.5m　　　　　　B. 0.75m　　　　　　C. 1.0m　　　　　　D. 1.2m

【答案与解析】C。参见《建筑给水排水设计规范》GB 50015—2003（2009 年版）4.9.24 条第 1 款。

3. 在屋面雨水的汇水面积计算中，（　　　）是不正确的。

A. 屋面的汇水面积应按屋面水平投影面积计算

B. 高出屋面的毗邻侧墙，应附加其最大受雨面正投影的 1/2 为有效汇水面积

C. 贴近建筑外墙的地下汽车库出入口坡道的汇水面积，应附加其高出侧墙面积的 1/2

D. 高层建筑裙房的汇水面积，应附加其高出部分侧墙面积的 100%

【答案与解析】D。参见《建筑给水排水设计规范》GB 50015—2003（2009 年版）4.9.7 条。

4. 压力流屋面雨水排水管道中的悬吊管、立管设计流速分别为（　　　）。

A. 不宜小于 0.5m/s、不宜大于 3m/s　　　B. 不宜小于 1.0m/s、不宜大于 5m/s

C. 不宜小于 1.0m/s、不宜大于 10m/s　　D. 不宜小于 1.5m/s、不宜大于 12m/s

【答案与解析】C。参见《建筑给水排水设计规范》GB 50015—2003（2009 年版）4.9.24 条的内容。

5. 关于设计降雨强度 q_5、重现期 P、降雨历时 t 参数之间的相互关系，下列叙述中错误的是（　　　）。

A. 设计降雨强度 q_j 随降雨历时 t 延长而减小

B. 屋面雨水设计降雨强度为 q_5

C. 设计降雨强度 q_j 随重现期 P 增加而增大

D. 其他参数不变，q_5 小于 q_{10}

【答案与解析】D。参见《建筑给水排水工程》（第六版）6.3 节雨水排水系统的水力计算的内容，暴雨强度公式 $q = \dfrac{167A(1+c\lg P)}{(t+b)^n}$。

6. 某工程采用天沟外排水设计，已知天沟长度，需要向土建专业提供天沟断面尺寸。下列做法中错误的是（　　　）。

A. 根据伸缩缝确定屋面分水线，计算每条天沟的汇水面积

B. 计算暴雨强度和屋面雨水量

C. 初步确定天沟断面尺寸，计算天沟泄流量

D. 将天沟泄流量和雨水量进行对比，调整天沟断面尺寸，直至天沟泄流量小于雨水量

【答案与解析】D。参见《建筑给水排水工程》（第六版）6.3 节雨水排水系统的水力计算的内容。

7. 关于降雨历时，下列表述中正确的是（　　　）。

A. 降雨过程中雨水在灌渠中流行的时间

B. 降雨过程中的任意连续时段

C. 从降雨开始至降雨结束的整个时段

D. 屋面雨水排水管道设计降雨历时根据建筑物性质确定

【答案与解析】 B。参见《建筑给水排水设计规范》GB 50015—2003（2009 年版）2.1.68 条的内容。

二、多项选择题

1. 下列关于建筑屋面雨水管道设计参数选择的叙述中，符合《建筑给水排水设计规范》GB 50015—2003（2009 年版）的是（　　）。

　　A. 设计降雨强度按当地暴雨强度公式计算

　　B. 设计降雨历时按 5min 计算

　　C. 一般性建筑物屋面设计重现期按 2～5 年选用

　　D. 不考虑径流系数对设计流量的影响

【答案与解析】 ABC。参见《建筑给水排水设计规范》GB 50015—2003（2009 年版）4.9.2 条～4.9.7 条的内容。

2. 公式 $v = \dfrac{1}{n} R^{\frac{2}{3}} I^{\frac{1}{2}}$ 可用于下述哪几项排水横管的水力计算？（　　）

　　A. 采用重力流的屋面雨水排水管系中的埋地排出横管

　　B. 采用压力流的屋面雨水排水管系中的埋地排出横管

　　C. 小区雨水排水管系中的埋地横管

　　D. 小区生活排水管系中的埋地横管

【答案与解析】 ACD。参见《建筑给水排水设计规范》GB 50015—2003（2009 年版）4.9.21 条、2.1.73 条。

3.5.4　溢流设施

一、单项选择题

1. 某大型机场航站楼屋面雨水排水工程与溢流设施的总排水能力不应小于多少年暴雨设计重现期的雨水量（　　）。

　　A. 10 年　　　　　　　B. 20 年　　　　　　　C. 50 年　　　　　　　D. 100 年

【答案与解析】 C。参见《建筑给水排水设计规范》GB 50015—2003（2009 年版）4.9.9 条：一般建筑的重力流屋面雨水排水工程与溢流设施的总排水能力不应小于 10 年重现期的雨水量。重要公共建筑、高层建筑的屋面雨水排水工程与溢流设施的总排水能力不应小于其 50 年重现期的雨水量。

二、多项选择题

1. 以下有关建筑屋面雨水溢流设施的叙述中，哪几项是错误的？（　　）

　　A. 屋面雨水排水工程应设置溢流设施

　　B. 当屋面各汇水面积内有两根或两根以上雨水立管时，可不设雨水溢流设施

　　C. 雨水溢流设施主要是排除雨水管道堵塞时的设计雨水量

D. 当屋面雨水管系按设计降雨重现期 P 对应的降雨强度为依据正确设计时，则 P 年内该雨水排水系统不会产生溢流现象

【答案与解析】BCD。参见《建筑给水排水设计规范》GB 50015—2003（2009 年版）4.9.8 条、4.9.9 条及其条文说明；2.1.67 条的内容。

3.5.5 管道材料、布置敷设及集水池、排水泵

一、单项选择题

1. 下列有关排水管材选择的叙述中，不符合规范要求的是（　　　）。

   A. 多层建筑重力流雨水排水系统宜采用建筑排水塑料管

   B. 设有中水处理站的居住小区排水管道应采用混凝土管

   C. 加热器的泄水管应采用金属管或耐热排水塑料管

   D. 建筑内排水管安装在环境温度可能低于 0℃ 的场所时，应选用柔性接口机制排水铸铁管

   【答案与解析】B。参见《建筑给排水设计规范》GB 50015—2003（2009 年版）4.5.1 条。

2. 下列有关雨水排水系统的叙述中，不符合规范要求的是（　　　）。

   A. 满管压力流屋面雨水排水管系，立管管径应经计算确定，不可小于上游横管管径

   B. 重力流屋面雨水排水系统中长度大于 15m 的雨水悬吊管，应设检查口

   C. 下沉式广场地面排水集水池的有效容积，不应小于最大一台排水泵 30s 的出水量

   D. 建筑屋面各汇水范围内，雨水排水立管不宜少于 2 根

   【答案与解析】A。参见《建筑给排水设计规范》GB 50015—2003（2009 年版）4.9.27 条、4.9.29 条、4.9.32 条、4.9.36B 条。

   考生注意：屋面雨水排水系统的内容看起来较少，但是较为庞杂。这部分内容要注意现行《建筑给排水设计规范》GB 50015—2003（2009 年版）对此部分内容研究方法确立的基础：2.1.72 条和 2.1.73 条。重力流雨水排水系统按重力流设计的屋面雨水排水系统；满管压力流雨水排水系统按满管压力流原理设计管道内雨水流量、压力等可得到有效控制和平衡的屋面雨水排水系统。

4 建筑热水及饮水供应

4.1 热水供应系统分类、组成及供水方式

一、单项选择题

1. 下列何项不符合集中热水供应系统的设计要求？（　　　）

    A. 洗衣房日用热水量（按60℃计）15m³，加热器原水总硬度（以碳酸计）350mg/L，其设计出水口水温为70℃

    B. 宾馆生活日用热水量（按60℃计）20m³，供应热水的热水机组原水总硬度（以碳酸钙计）250mg/L，设计该机组出水口水温为60℃

    C. 可采用按比例将部分软化热水与部分未软化热水均匀混合达到系统水质要求后使用

    D. 为减轻对热水管道和设备的腐蚀，可对溶解氧和二氧化碳超标的原水采取除气措施

    【答案与解析】 A。参见《建筑给水排水设计规范》GB 50015—2003（2009年版）5.1.3条和表5.1.5及其条文说明的内容。

2. 下述浴室热水供应系统的设计中，哪项不符合要求？（　　　）

    A. 淋浴器数量较多的公共浴室，应采用单管热水供应系统

    B. 单管热水供应系统应有保证热水温度稳定的技术措施

    C. 公共浴室宜采用开式热水供应系统以便调节混合水嘴出水温度

    D. 连接多个淋浴器的配水管宜连成环状，且其管径应大于20mm

    【答案与解析】 A。参见《建筑给水排水设计规范》GB 50015—2003（2009年版）5.2.16条及其条文说明。

    考生注意："宜"与"应"的区别。参见《建筑给水排水设计规范》GB 50015—2003（2009年版）中"本规范用词说明"中强调：表示很严格，非这样做不可的：正面词采用"必须"，反面词采用"严禁"；表示严格，在正常情况下均应该这样做：正面词采用"应"，反面词采用"不应"或"不得"；表示允许稍有选择，在条件许可时首先应该这样做：正面词采用"宜"，反面词采用"不宜"；表示有选择，在一定条件下可以这样做的，采用"可"。

3. 下列关于热源选择遵循的原则错误的是哪一项？（　　　）

    A. 太阳能热水供应系统中空气源热泵为其辅助热源的首选

    B. 最冷月平均气温不小于10℃的地区采用空气源热泵热水供应系统，可不设辅助热源

    C. 可采用污废水作为水源热泵热水供应系统的热源

    D. 电源供应充沛的地区可采用电热水器

    【答案与解析】 A。参见《建筑给水排水设计规范》GB50015—2003（2009年版）5.4.2A条第4款、5.4.2B条第2款、5.2.2B条第3款和5.4.2条第5款。

4. 下述有关热水供应系统的选择及设置要求中，哪项是不正确的？（ ）

    A. 汽—水混合加热设备宜用于闭式热水供应系统

    B. 设置淋浴的供给浴室宜采用开式热水供应系统

    C. 公共浴池的热水供应系统应设置循环水处理和消毒设备

    D. 单管热水供应系统应设置水温稳定的技术措施

【答案与解析】A。参见《建筑给水排水设计规范》GB 50015—2003（2009 年版）5.2.9 条、5.2.16 条第 1 款、第 5 款及其"注"。

5. 从下列集中热水供应系统图 4-1 中，确定哪一项对开、闭式系统的判断是正确的？（ ）

    A. 开式：图（a）、（b）；闭式：图（c）、（d）

    B. 开式：图（a）、（c）；闭式：图（b）、（d）

    C. 开式：图（a）、（d）；闭式：图（b）、（c）

    D. 开式：图（c）、（d）；闭式：图（a）、（b）

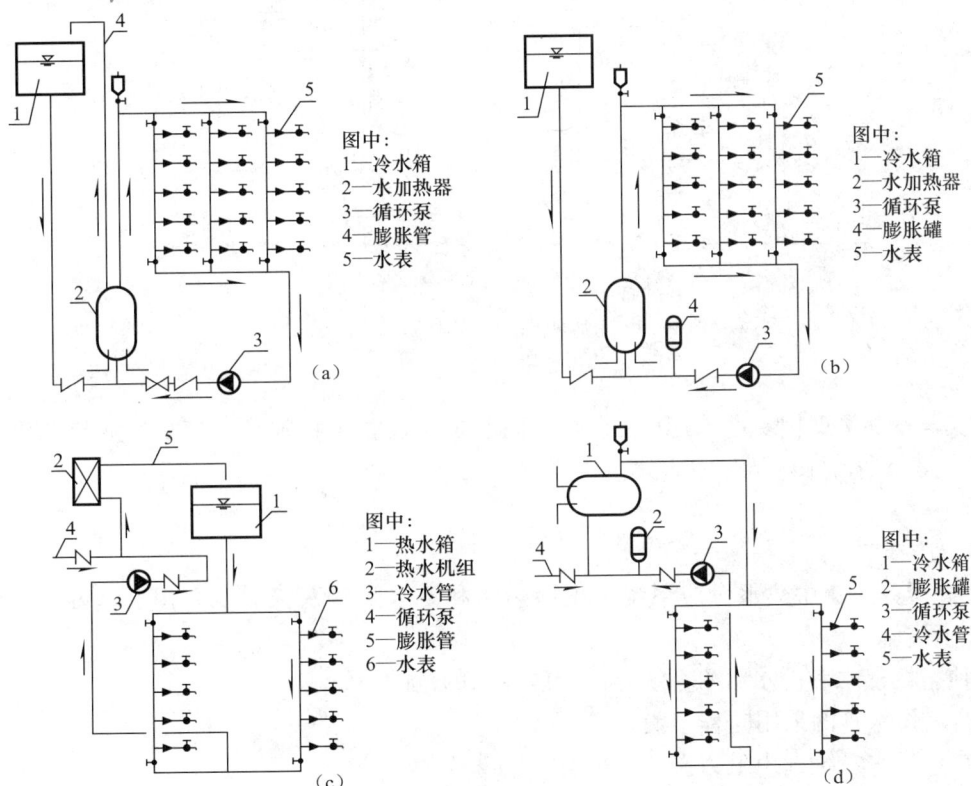

图中：
1—冷水箱
2—水加热器
3—循环泵
4—膨胀管
5—水表

（a）

图中：
1—冷水箱
2—水加热器
3—循环泵
4—膨胀罐
5—水表

（b）

图中：
1—热水箱
2—热水机组
3—冷水管
4—循环泵
5—膨胀管
6—水表

（c）

图中：
1—冷水箱
2—膨胀罐
3—循环泵
4—冷水管
5—水表

（d）

图 4-1

【答案与解析】B。参见《全国勘察设计注册公用设备工程师给水排水专业执业资格考试教材》第 3 册 4.1.3 节供水方式的内容。这个题目对于理解闭式系统和开式系统是十分有帮助的题目，注意图 4-1（b）图，系统中设置有高位冷水水箱，热水供应系统中设置了膨胀水罐防止系统超压，依然是闭式系统。此图和《全国勘察设计注册公用设备工程师给水排水专业执业资格考试教材》第 3 册中的图 4-6 几乎完全相同。

6. 不要求随时取得规定温度以上热水的建筑，对循环系统的设置要求是（ ）。

    A. 无需设置回水管道   B. 保证支管中的热水循环

C. 保证干管和立管的热水循环　　　　　　　D. 以上说法均不正确

【答案与解析】C。根据《建筑给水排水设计规范》GB 50015—2003（2009 年版）5.2.10 条及其条文说明。

7. 下列热水供应系统图 4-2 示中，循环管道的布置哪一项是不正确的？（　　　）

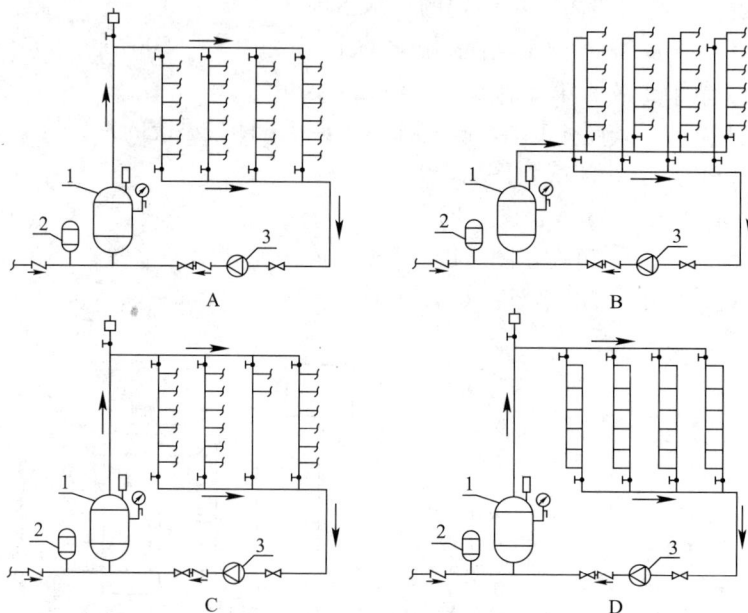

图中：1—水加热器；2—膨胀罐；3—循环泵

图 4-2

【答案与解析】C。参见《全国勘察设计注册公用设备工程师给水排水专业执业资格考试教材》第 3 册 4.1.3 节供水方式。

二、多项选择题

1. 为使高层建筑集中热水供应系统中生活热水和冷水给水系统的压力相近，可采取以下哪几项措施？（　　　）

   A. 使生活热水和冷水给水系统竖向分区供水的范围一致

   B. 热水供水管网采用同程布置方式

   C. 热水供水系统选用阻力损失较小的加热设备

   D. 系统配水点采用优质的冷、热水混合水嘴

【答案与解析】AC。参见《建筑给水排水设计规范》GB 50015—2003（2009 年版）5.2.13 条，A 选项正确；5.2.11 条，热水循环管道宜采用同程式布置，而不是供水管网，B 选项错误；5.2.15 条以及条文说明，C 选项正确；参见 5.2.15 条，要求安装冷、热水混合水嘴的点，生活热水和冷水给水系统的压力应相近，而不是采用优质的冷、热水混合水嘴，可以保证高层建筑集中热水供应系统中生活热水和冷水给水系统的压力相近，D 选项错误。

2. 以下有关热水供应系统热源选择的叙述中，哪几项不符合要求？（　　　）

   A. 选择太阳能为热源的全日制集中热水供应系统时，应设置辅助加热装置

B. 因电能制备热水的成本较高，故不能作为集中热水供应系统的热源

C. 若地热的水量、水压满足供水要求，可直接用于热水供应

D. 利用烟气为热源时，加热设备应采取防腐措施

【答案与解析】BC。参见《建筑给水排水设计规范》GB 50015—2003（2009 年版）5.4.2A 条第 4 款、5.2.5 条、5.1.2 条、5.2.2 条注 2 和 5.2.8 条第 1 款。

3. 利用气锤设备的废气作废热锅炉的热源制备热媒时，哪几项要求是不正确的？（   ）

　　A. 废气温度不宜低于 300℃

　　B. 应设除油器以去除废气中的油

　　C. 废气温度不宜高于 400℃

　　D. 应采取措施以消除废气压力的波动

【答案与解析】AC。参见《建筑给水排水设计规范》GB 50015—2003（2009 年版）5.2.2 条注 1、5.2.8 条。

4. 下列有关热泵热水供应系统热源的叙述中，哪几项不符合要求？（   ）

　　A. 环境低温热能为热泵热水供应系统的热源

　　B. 最冷月平均气温不低于 10℃的地区，宜采用空气做热源

　　C. 空气源热泵热水供应系统均不需设辅助热源

　　D. 水温、水质符合要求的地热水，均可直接用作水源热泵的热源

【答案与解析】CD。参见《建筑给水排水设计规范》GB 50015—2003（2009 年版）2.1.83A 条：热泵热水供应系统：通过热泵机组运行吸收环境低温热能制备和供应热水的系统。5.4.2B 条：具备可再生低温能源的下列地区可采用热泵热水供应系统：最冷月平均气温不小于 10℃的地区，可不设辅助热源。最冷月平均气温小于 10℃且不小于 0℃时，宜设置辅助热源。5.2.2 条注 2：当以地热为热源时，应按地热水的水温、水质和水压，采取相应的技术措施。

5. 下列十层旅馆集中热水供应系统图 4-3 所示中，何项是正确的？（   ）

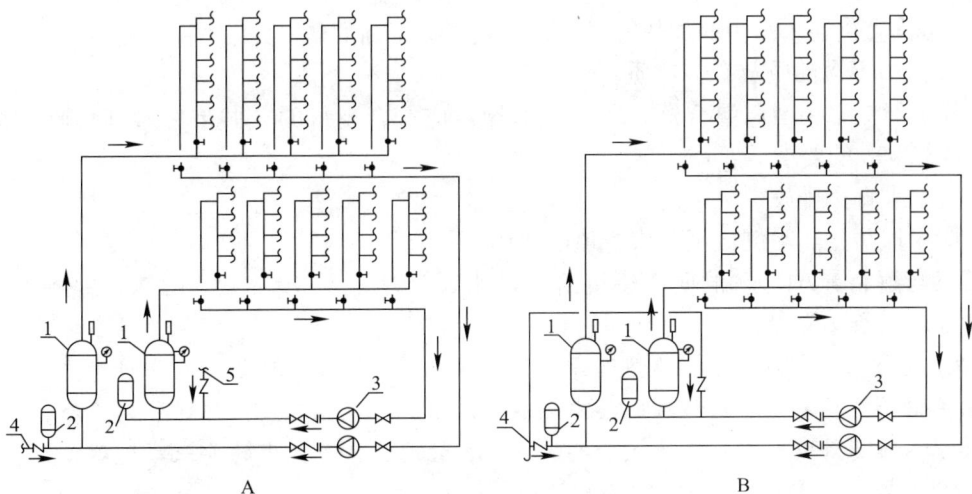

图中：1—水加热器；2—膨胀罐；3—循环泵；4—高区给水管；5—低区给水管；6—减压阀

图 4-3（一）

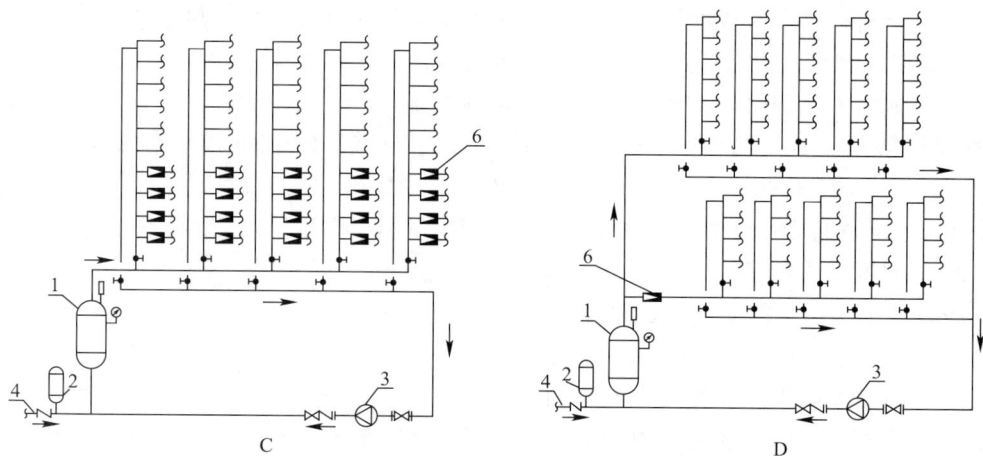

图中：1—水加热器；2—膨胀罐；3—循环泵；4—高区给水管；5—低区给水管；6—减压阀

图 4-3（二）

【答案与解析】 AC。参见《建筑给水排水设计规范》GB 50015—2003（2009 年版）5.2.11 条、5.2.13 条及其条文说明。A 选项：高低区各区的进水有独立的进水管道，高低区分别设置各自独立的加热器，高低区的供水、回水系统各自独立，高低区之间相互没有影响。B 选项：B 图和 A 图的区别在于，B 图的高低区进水管相同的，因此低区的进水也是来自高区给水管，显然这是一种浪费能量的热水供水方式，同时对于低区配水点而言，冷热水的压力相差太大，用户用水舒适性会很差。C 选项：高低区共用同一集中热水供应系统，减压阀均设在分户分支管上，不影响立管和干管。D 选项：高低区共用同一加热供热系统，分区减压阀设在低区的热水供水立管上，这样高低区热水回水汇合到同一点。低区减压后压力低于高区，即低区管网中的热水就循环不了。这部分内容请参见 5.2.13 条的条文说明，给出了减压阀应用在热水系统的不同方式，并分析了系统特点。

6. 采用蒸汽直接通入水中的加热方式时，下列叙述正确的是（　　）。

  A. 蒸汽中不含油质及有害物质

  B. 加热时应采用消声混合器，所产生的噪声应符合现行的《城市区域环境噪声标准》GB 3098 的要求

  C. 凝结水直接排放

  D. 应采取防止热水倒流至蒸汽管道的措施

【答案与解析】 ABD。根据《建筑给水排水设计规范》GB 50015—2003（2009 年版）5.2.9 条及其条文说明。

  考生注意：热水供应系统热源选择、供水方式等知识性题目属于经常性考点，这部分内容大家的解决问题思路应该按照集中热水供应系统组成相一致：热媒管网系统、加热设备、热水系统。注意热水供水方式分类的特点、管网具体布置中的要求，这些知识点难度不大，分散较广，需要细心全面。

4.2 加（贮）热设备

一、单项选择题

1. 某旅馆设集中热水供应系统，热水用水量 Q（m^3/d），则该系统选择下列哪种加热设备时，所需设计小时热媒供热量最大？（　　）

A. 容积式水加热器

B. 半容积式水加热器

C. 导流型容积式水加热器

D. 半即热式水加热器

【答案与解析】D。《建筑给水排水设计规范》GB 50015—2003（2009 年版）5.3.3 条。同时参见《全国勘察设计注册公用设备工程师给水排水专业执业资格考试教材》第 3 册例 4-8 的内容。加热器的存贮容积越小加热器的供热量越大。

2. 以下列出了五项加热器的选用条件：

Ⅰ、热源供应能满足设计秒流量所需耗热量

Ⅱ、热源供应能满足设计小时耗热量

Ⅲ、用水量变化大，供水可靠性要求高

Ⅳ、用水较均匀的供水系统

Ⅴ、设备机房较小

下列哪一项符合半即热式水加热器的选用条件？（　　）

A. Ⅰ、Ⅲ、Ⅴ

B. Ⅱ、Ⅳ、Ⅴ

C. Ⅰ、Ⅳ、Ⅴ

D. Ⅱ、Ⅲ、Ⅴ

【答案与解析】C。参见《全国勘察设计注册公用设备工程师给水排水专业执业资格考试教材》第 3 册 4.2.1 节加热设备的相关内容。

3. 下列有关集中热水供应系统加热设备的叙述中，哪项不正确？（　　）

A. 导流型容积式水加热器罐体容积的利用率高于容积式水加热器

B. 医院集中热水供应系统宜采用供水可靠性较高的导流型容积式水加热器

C. 半容积式水加热器有灵敏、可靠的温控装置时，可不考虑贮热容积

D. 快速式水加热器在被加热水压力不稳定时，出水温度波动大

【答案与解析】B。参见《建筑给水排水设计规范》GB 50015—2003（2009 年版）的有效容积系数 η，导流型容积式水加热器 $\eta=0.8\sim0.9$；容积式水加热器 $\eta=0.7\sim0.8$；5.4.3 条，医院建筑不得采用有滞水区的容积式水加热器；5.4.10 条第 2 款的内容；参见《全国勘察设计注册公用设备工程师给水排水专业执业资格考试教材》中第 3 册关于快速式水加热器的内容。关于各种加热器的特点及适用条件参照《全国勘察设计注册公用设备工程师给水排水专业执业资格考试教材》第 3 册中的内容。

二、多项选择题

1. 以下有关水加热设备选择的叙述中，哪几项是错误的？（　　）

A. 容积式水加热设备被加热水侧的压力损失宜≤0.01MPa

B. 医院热水供应系统设置 2 台水加热设备时，为确保手术室热水供水安全，一台检修时，另一台的供热能力不得小于设计小时耗热量

C. 局部热水供应设备同时给多个卫生器具供热水时，因瞬时负荷不大，宜采用即热式加热设备

D. 热水用水较均匀，热媒供应能力充足，可选用半容积式水加热器

【答案与解析】BC。《建筑给水排水设计规范》GB 50015—2003（2009 年版）5.4.1 条第 2 款及其条文说明，A 选项正确。5.4.3 条及其条文说明，B 选项叙述不正确。其余各台的总供应能力不得小于设计时耗热量的 50%；5.4.4 条，C 选项叙述不正确。5.4.2 条第 3 款及其条文说明，D 选项正确。

2. 选择半即热式水加热器时，需要注意的条件是（　　）。

　　A. 热媒供应能满足热水设计秒流量供热量的要求

　　B. 有灵敏、可靠的温度、压力控制装置，保证安全供水

　　C. 有足够的热水贮存容积，保证用水高峰时系统能够正常使用

　　D. 被加热水侧的阻力损失不影响系统的冷热水压力平衡和稳定

【答案与解析】ABD。参见《建筑给水排水设计规范》GB 50015—2003（2009 年版）5.4.2 条及其条文说明。

3. 热水机组的布置，叙述不正确的是（　　）。

　　A. 容积式水加热器的一侧应有净宽不小于 0.7m 的通道，前端应留有抽出加热盘管的位置

　　B. 水源热泵机组之间及机组与其他设备之间的净距不宜小于 1.2m

　　C. 燃油（气）热水机组布置，两侧通道宽度应为机组宽度，且不应大于 1.0m

　　D. 空气源热泵机组进风面相对布置时，其间距不宜大于 3.0m

【答案与解析】CD。参见《建筑给水排水设计规范》GB 50015—2003（2009 年版）5.4.16 条第 1 款、5.4.16A 条第 1 款、5.4.17 条第 2 款和 5.4.16A 条第 2 款。

　　考生注意：加（贮）热设备题目请大家仔细阅读《建筑给水排水设计规范》GB 50015—2003（2009 年版）中的相关内容。对于太阳能加热系统、水源热泵热水供应系统、空气源热泵热水供应系统目前例题不多，请考生仔细阅读规范的内容，以便掌握相应系统设计要求和具体设备参数的计算方法。

4.3　热水供应系统附件、管道布置敷设与保温

4.3.1　附件

一、单项选择题

1. 下述高层建筑热水供应系统采用减压阀分区供水时，减压阀的管径及设置要求中，哪项不正确？（　　）

　　A. 高、低两区各有独立的加热设备及循环泵时，减压阀可设在高、低区的热水供水立管或配水支管上

　　B. 高、低两区使用同一热水加热设备及循环泵时，减压阀可设在低区的热水供水立管上

　　C. 高、低两区使用同一热水加热设备及循环泵时，当只考虑热水干管和热水立管循环时，减压阀应设在各区的配水支管上

　　D. 减压阀的公称直径宜与管道管径相同

【答案与解析】 B。参见《建筑给水排水设计规范》GB 50015—2003（2009 年版）5.2.13 条及其条文说明。如按 B 选项设置，则低区回水部分的压力将受到高区回水压力的影响，不能正常循环。

2. 某集中热水供应系统如下图 4-4 所示，热媒为 0.4MPa 的饱和蒸汽，下列各项分别列出了图中所缺少的最基本附件（注），试问何项是正确的？（ ）

   注：（a）水加热器冷水进水管上止回阀；（b）水加热器冷水进水管上倒流防止器；（c）水加热器上安全阀；（d）热水回水干管上温度传感器；（e）热水供水支管上阀门；（f）水加热器上膨胀管

   A.（a）（c）（d）（e）　　　　　　　　B.（b）（c）（d）（e）
   C.（a）（c）（d）（e）（f）　　　　　　D.（b）（c）（d）（e）（f）

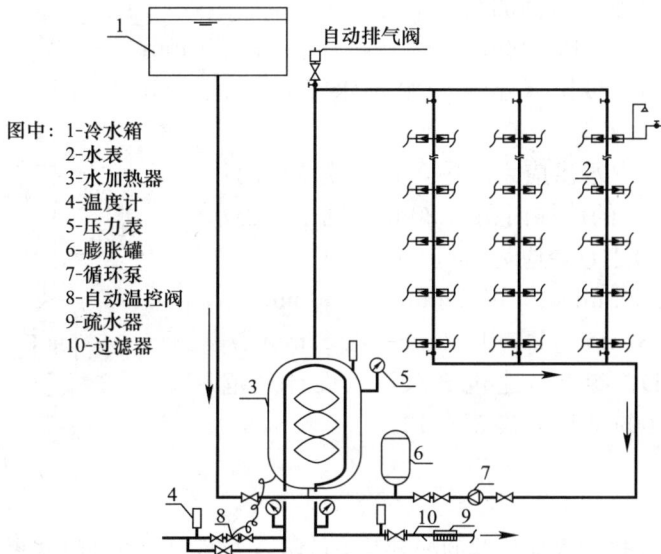

图中：1-冷水箱
2-水表
3-水加热器
4-温度计
5-压力表
6-膨胀罐
7-循环泵
8-自动温控阀
9-疏水器
10-过滤器

图 4-4

【答案与解析】 A。《建筑给水排水设计规范》GB 50015—2003（2009 年版）5.6.8 条、5.6.10 条。图中为闭式热水系统，已设有膨胀罐，不需再设膨胀管，所以 C 选项和 D 选项不正确；参见 3.2.5 条第 3 款：水加热器冷水进水管上应设倒流防止器要有前提，所以 B 选项不正确。

3. 下列关于水加热器安装自动温度控制阀的四组选项中何项是正确的？（ ）

   A. 容积式、半容积式、半即热式水加热器均应安装温级精度为 ±5.0℃ 的自动温度控制阀

   B. 容积式水加热器应安装温级精度为 ±5.0℃ 的自动温度控制阀，半即热式水加热器应安装温级精度为 ±3.0℃ 的自动温度控制阀

   C. 容积式水加热器应安装温级精度为 ±5.0℃ 的自动温度控制阀，半容积式水加热器应安装温级精度为 ±3.0℃ 的自动温度控制阀，半即热式水加热器应安装温级精度为 ±1.0℃ 的自动温度控制阀

   D. 容积式、半容积式、半即热式水加热器均应安装温级精度为 ±2.0℃ 的自动温度控制阀

【答案与解析】 B。参见《建筑给水排水设计规范》GB 50015—2003（2009 年版）5.6.9 条及其条文说明。

4. 全日制热水供应系统的循环水泵应由（　　）控制开停。

  A. 泵前回水温度   B. 水加热器出水温度

  C. 配水点水温   D. 卫生器具的使用温度

  【答案与解析】A。参见《建筑给水排水设计规范》GB 50015—2003（2009 年版）
5.5.10 条第 5 款。

5. 用蒸汽作热媒间接加热的水加热器的凝结水回水管上应每台设备设疏水器，当水加热器能确保凝结水回水温度小于等于（　　）时，可不装疏水器。

  A. 80℃   B. 70℃   C. 60℃   D. 50℃

  【答案与解析】A。参见《建筑给水排水设计规范》GB 50015—2003（2009 年版）
5.6.17 条。

6. 膨胀管出口离接入水箱水面的高度不少于（　　）。

  A. 80mm   B. 100mm   C. 150mm   D. 200mm

  【答案与解析】B。参见《建筑给水排水设计规范》GB 50015—2003（2009 年版）
5.4.19 条。

7. 如图 4-5 所示开式热水供应系统中，水加热器甲的传热面积为 10m²，乙的传热面积为 20m²，则甲、乙水加热器膨胀管的最小直径应为何值？（　　）

  A. 甲 50mm，乙 50mm   B. 甲 25mm，乙 40mm

  C. 甲 32mm，乙 32mm   D. 甲 32mm，乙 50mm

  【答案与解析】D。参见《建筑给水排水设计规范》
GB50015—2003（2009 年版）表 5.4.19。

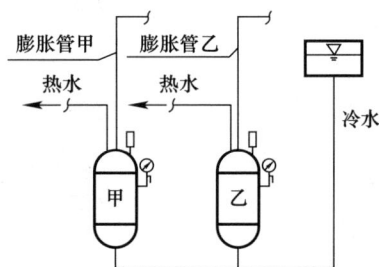

图 4-5

二、多项选择题

1. 图 4-6 所示汽-水换热的水加热器的配管及附件组合方案中，下列哪些表述正确？（　　）

  A. 疏水器前未加过滤器   B. 自动温控阀未配温包

  C. 凝结水回水管上的疏水器未加旁通管   D. 水加热器罐体上未配温度计

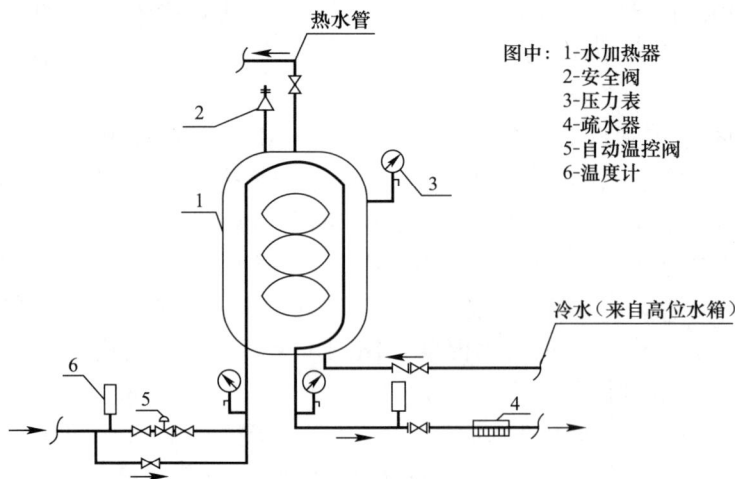

图 4-6

【答案与解析】ABD。参见《建筑给水排水设计规范》GB 50015—2003（2009 年版）5.6.9 条及其条文说明、5.6.10 条、5.6.18 条。同时参见《全国勘察设计注册公用设备工程师给水排水专业执业资格考试教材》第 3 册图 4-26 和图 4-32、4.3.1 的内容。参见《建筑给水排水工程》（第六版）7.3 节热水供应系统的管材和附件的内容。

2. 下列关于热水系统的叙述中，正确的是（　　　）。

A. 热水系统管道内积气，会阻碍管内热水的流动

B. 上行下给系统管道的腐蚀比下行上给系统严重

C. 热水系统管道内积气，与管道内壁的腐蚀无关

D. 在热水系统最低点应设泄水装置

【答案与解析】ABD。根据《建筑给水排水设计规范》GB 50015—2003（2009 年版）5.6.4 条及其条文说明，热水在管道内不断析出溶解氧及二氧化碳，如不及时排除，不但阻碍管道内的水流，还加速管道内壁的腐蚀；据调查，在上行下给式的系统中管道的腐蚀较严重。

3. 热水管网应在下列管段上装设阀门，其中（　　　）是正确的。

A. 具有 3 个配水点的配水支管上　　　　B. 从立管接出的支管

C. 配水立管和回水立管上　　　　　　　D. 与配水、回水干管连接的分干管

【答案与解析】BCD。根据《建筑给水排水设计规范》GB 50015—2003（2009 年版）5.6.7 条的内容。

4. 下列关于热水系统的叙述中错误的是（　　　）。

A. 热水横管的坡度不宜小于 0.005

B. 水加热器可以不做保温

C. 冷热水混水器的冷、热水供水管上应设止回阀

D. 配水立管和回水立管应设阀门

【答案与解析】AB。根据《建筑给水排水设计规范》GB 50015—2003（2009 年版）5.6.12 条、5.6.14 条、5.6.8 条和 5.6.7 条。

5. 水加热器（压力容器）需要装哪些附件？（　　　）

A. 自动温度控制装置　　　　　　　　　B. 压力表、温度计

C. 减压阀　　　　　　　　　　　　　　D. 安全阀

【答案与解析】ABD。参见《建筑给水排水设计规范》GB 50015—2003（2009 年版）5.6.9 条、5.6.10 条。

4.3.2 管道管材、布置敷设与保温

一、单项选择题

1. 以下有关热水供应系统管材选择和附件设置的叙述中，哪项是正确的？（　　　）

A. 设备机房内温度高，故不应采用塑料热水管

B. 定时供应热水系统内水温冷热周期变化大，故不宜选用塑料热水管

C. 加热设备凝结水回水管上设有疏水器时，其旁应设旁通管，以利维修

D. 外径小于或等于 32mm 的塑料管可直接埋在建筑垫层内

【答案与解析】 B。参见《建筑给水排水设计规范》GB 50015—2003（2009 年版）5.6.2 条的条文说明、5.6.18 条的条文说明和 5.6.13 条的条文说明。

2. 下列各组管材中，均可用于生活热水系统的是（　　）。

　　A. 薄壁铜管，薄壁不锈钢管，镀锌钢管，衬塑钢管（热水型）

　　B. 薄壁铜管，PP-R 管，UPVC 给水管，衬塑钢管（热水型）

　　C. 薄壁不锈钢管，镀锌钢管内衬不锈钢管，PB 管，UPVC 给水管

　　D. 薄壁铜管，薄壁不锈钢管，PERT 管，衬塑钢管（热水型）

　　【答案与解析】 D。根据《建筑给水排水设计规范》GB 50015—2003（2009 年版）5.6.2 条及其条文说明。

3. 下列管材中，不宜在定时供应热水系统中使用的是（　　）。

　　A. 薄壁铜管　　　　　　　　　　　　B. 薄壁不锈钢管

　　C. 镀锌钢管内衬不锈钢管　　　　　　D. PP-R 管

　　【答案与解析】 D。根据《建筑给水排水设计规范》GB 50015—2003（2009 年版）5.6.2 条的条文说明。定时热水供应系统内水温经常周期性的冷热变化比较大，从而会周期性的引起管道发生较大的伸缩变化，这对于塑料管来说不合适的。

二、多项选择题

1. 某集中热水供应系统的工作压力 $PN=1.0\text{MPa}$，选用管材方案如下，其中不正确的为（　　）。

　　A. 从设备机房内到配水点全部选用 $PN=1.6\text{MPa}$ 薄壁铜管

　　B. 从设备机房内到配水点全部选用 $PN=1.6\text{MPa}$ 薄壁不锈铜管

　　C. 从设备机房内到配水点全部采用温度为 80℃ 时 $PN=2.0\text{MPa}$ 的塑料管

　　D. 设备机房内采用 $PN=1.6\text{MPa}$ 钢塑热水管，其他采用温度为 40℃ 时 $PN=1.0\text{MPa}$ 塑料管

　　【答案与解析】 CD。《建筑给水排水设计规范》GB 50015—2003（2009 年版）5.6.2 条及其条文说明。

2. 热水供水管道采用塑料热水管时，下述何项是正确的？（　　）

　　A. 管道的工作压力应按相应温度下的许用工作压力选择

　　B. 设备机房内的管道不宜采用塑料热水管

　　C. 塑料热水管宜暗设

　　D. 塑料热水管可直接敷设在楼板结构层内

　　【答案与解析】 AC。《建筑给水排水设计规范》GB50015—2003（2009 年版）AB 选项见 5.6.2 条，应采用塑料热水管或塑料和金属复合热水管材时应符合下列要求：1 管道的工作压力应按相应温度下的许用工作压力选择；2 设备机房的管道不应采用塑料热水管。C 选项见 5.6.13 条，塑料热水管宜暗设，明设时立管宜布置在不受撞击处，当不能避免时，应在管外加保护措施。D 选项 5.6.16 条，热水管道的敷设还应按本规范第 3.5 节中有关条款执行。3.5.18 条，给水管道不得直接敷设在建筑物结构层内。

　　考生注意： 管材、附件和管道敷设这部分知识需要仔细阅读《建筑给水排水设计规范》GB 50015—2003（2009 年版）及其相关内容。

4.4 热水供应系统水质与水质处理

一、单项选择题

1. 经软化处理后，洗衣房以外的其他用水的水质总硬度宜为（   ）。

A. 50～100mg/L   B. 75～150mg/L   C. 150～300mg/L   D. 50～75mg/L

【答案与解析】B。根据《建筑给水排水设计规范》GB 50015—2003（2009 年版）5.1.3 条。

2. 集中热水供应系统的原水的水处理，应根据（   ）经技术经济比较后确定。

A. 水质、水量、水温、系统方式等因素

B. 水质、水量、水温、水加热设备的构造等因素

C. 水质、水量、水温、水加热设备的构造、使用要求等因素

D. 水质、水温、水加热设备的构造、使用要求等因素

【答案与解析】C。参见《建筑给水排水设计规范》GB 50015—2003（2009 年版）5.1.3 条。

二、多项选择题

1. 下列有关生活热水水质的叙述中，哪几项是不正确的？（   ）

A. 洗衣房和浴室所供热水总硬度的控制值应相同

B. 生活软化处理采用离子交换法后不能饮用

C. 集中热水系统除气是指溶解氧和二氧化碳超过规定的值要采取措施

D. 为控制热水硬度，设计中也可按比例将部分软化水与非软化水混合使用

【答案与解析】AB。参见《建筑给水排水设计规范》GB 50015—2003（2009 年版）5.1.3 条、5.1.2 条；《全国民用建筑工程设计技术措施（给水排水）》（2009 年版）6.3.5 条和 6.3.4 条。

4.5 热水供应系统计算

4.5.1 热水供应系统水温

一、单项选择题

1. 下列原水水质均符合要求的集中热水供应系统中，加热设备热水出水温度 t 的选择，哪项是不合理的？（   ）

A. 浴室供沐浴用热水系统 $t=40℃$ B. 饭店专供洗涤用热水系统 $t=75℃$

C. 住宅生活热水系统 $t=60℃$ D. 招待所供盥洗用热水系统 $t=55℃$

【答案与解析】A。参见《建筑给水排水设计规范》GB 50015—2003（2009 年版）5.1.5 条及其条文说明。

2. 下列有关生活热水供应系统热水水温的叙述中，何项是错误的？（   ）

A. 水加热器的出水温度与配水点最低水温的温度差不得大于 12℃

B. 冷热水混合时，应以系统最高供应热水水温、冷水水温和混合后使用水温求出冷、热水量的比例

C. 在控制加热设备出口最高水温的前提下，适当提高其出水水温可达到增大蓄热量、减少热水供应量的效果

D. 降低加热设备出水与配水点的水温差，能起到减缓腐蚀和延缓结垢的作用

【答案与解析】B。参见《建筑给水排水设计规范》GB 50015—2003（2009 年版）5.5.7 条、5.3.2 条、5.1.5 条。同时参见《全国勘察设计注册公用设备工程师给水排水专业执业资格考试教材》中第 3 册公式（4-19）。B 选项中的冷热水混合比公式中的热水温度是某一用水点的热水温度，而不一定是系统最高供应热水水温。

3. 已知淋浴器出水温度为 40℃，热水温度 55℃，冷水温度 15℃，则热水混合系数为（ ）。

    A. 22.4％　　　　　　B. 37.5％　　　　　　C. 62.5％　　　　　　D. 78.6％

【答案与解析】C。参见《全国勘察设计注册公用设备工程师给水排水专业执业资格考试教材》中第 3 册公式（4-19），$K_r = \dfrac{t_h - t_L}{t_r - t_L} = \dfrac{40-15}{55-15} = \dfrac{25}{40} = 62.5\%$

二、多项选择题

1. 下列不同部位安装的卫生器具，（ ）中的使用温度相同。

    A. 住宅洗脸盆水嘴、集体宿舍盥洗槽水嘴

    B. 幼儿园浴盆、医院洗手盆

    C. 公共浴室洗脸盆、幼儿园淋浴器

    D. 体育场馆淋浴器、剧场淋浴器

【答案与解析】ABC。参见《建筑给水排水设计规范》GB 50015—2003（2009 年版）表 5.1.1-2。

2. 下列关于热水用水定额、水温和水质的叙述中，符合《建筑给水排水设计规范》GB 50015—2003（2009 年版）的是（ ）。

    A. 生活热水水质的卫生指标应符合现行的《生活饮用水卫生标准》GB 5749

    B. 别墅热水用水定额为 70～110L/（人·d），该热水量未包含在其 200～350L/（人·d）的生活用水定额内

    C. 系统对溶解氧控制要求较高时，宜采取除氧措施

    D. 幼儿园浴盆的使用温度应为 35℃

【答案与解析】ACD。参见《建筑给水排水设计规范》GB 50015—2003（2009 年版）5.1.2 条、表 5.1.1-1、表 3.1.9、5.1.3 条第 5 款、表 5.1.1-2 的内容。

4.5.2 热水用水定额

一、单项选择题

1. 某集体宿舍共 320 人，设有冷热水供应系统，最高日生活用水定额以 150L/（人·d）计，最高日热水定额以 70L/（人·d）计，则该宿舍最高日用水量应为下列何项？（ ）

    A. 22.4m³/d

    B. 25.6m³/d

    C. 48.0m³/d

    D. 70.4m³/d

【答案与解析】C。参见《建筑给水排水设计规范》GB 50015—2003（2009 年版）表 5.1.1-1 注 2 表内所列用水定额均已包括在本规范表 3.1.9、表 3.1.10 中的生活用水定额中。

二、多项选择题

1. 以下关于生活热水用水定额的叙述中,哪几项不符合要求?(　　)

　　A. 建筑热水用水定额的计算温度即为该建筑热水系统的供水温度

　　B. 卫生器具小时用水定额的计算温度即为该卫生器具的使用温度

　　C. 同一建筑内生活用水的冷水和热水用水定额相同

　　D. 同类宿舍不论采用全日或定时热水供应方式,其最高日用水定额相同

　　【答案与解析】AC。参见《建筑给水排水设计规范》GB 50015—2003(2009 年版)表 5.1.1-1 注 3 本表以 60℃热水水温为计算温度,卫生器具的使用水温应按表 5.1.1-2。如果建筑热水系统的供水温度低于表 5.1.1-1,则相应的热水用水定额就会变大,因此 A 选项错误。B 选项正确。5.1.1-1 注 2 表内所列用水定额均已包括在本规范表 3.1.9、表 3.1.10 中的生活用水定额中,C 选项错误。宿舍的最高日用水定额参见表 3.1.10,因此 D 选项正确。

4.5.3　设计小时热水量及耗热量

一、单项选择题

1. 某旅馆设有餐饮、桑拿等设施,采用集中热水供应系统,各用水部门的平均小时耗热量、设计小时耗热量及相应最大用热水量时段见表 4-1,该旅馆集中热水供应系统设计小时耗热量应为以下何值?(　　)

表 4-1

用热水部位	平均小时耗热量(kJ/h)	设计小时耗热量(kJ/h)	最大用热水量时段
客人	45000	300000	20:00~23:00
职工	10000	60000	17:00~19:00
餐厅	0	60000	17:00~20:00
桑拿间	0	30000	21:00~24:00

　　A. 300000kJ/h　　　B. 450000kJ/h　　　C. 340000kJ/h　　　D. 330000kJ/h

　　【答案与解析】C。参见《建筑给水排水设计规范》GB 50015—2003(2009 年版)5.3.1 条第 4 款:按同一时间内出现用水高峰的主要用水部门的设计小时耗热量加其他用水部门的平均小时耗热量计算。先看时段,用水主要部门某旅馆、桑拿均最大用热水量时段是有交叉,因此属于同一时间内出现用水高峰的主要用水部门,计算二者的设计小时耗热量;而职工和餐厅最大用热水量时段与客人和桑拿时段不一致,用这二者的平均小时耗热量计算,即 300000+30000+10000=340000kJ/h。

2. 下列有关热水供应系统设计参数的叙述中,哪项不正确?(　　)

　　A. 设计小时耗热量是使用热水的用水设备、器具用水量最大时段内小时耗热量

　　B. 同一建筑不论采用全日制或定时制热水供应系统,其设计小时耗热量是相同的

　　C. 设计小时供热量是加热设备供水最大时段内的小时产热量

　　D. 同一建筑的集中热水供应系统选用不同加热设备时,其设计小时供热量是不同的

　　【答案与解析】B。参见《建筑给水排水设计规范》GB 50015—2003(2009 年版)2.1.87 条、2.1.87A 条。A 选项和 C 选项是正确的。参见《全国勘察设计注册公用设备工程师给水排水专业执业资格考试教材》第 3 册例 4-7,同一建筑的全日制或定时制热水

供应系统，设计小时耗热量结果不相同，B 选项错误。参见《全国勘察设计注册公用设备工程师给水排水专业执业资格考试教材》第 3 册例 4-8，同一建筑的集中热水供应系统选用导流型容积式水加热器和半即热式水加热器的供热量不同，D 选项正确。

3. 某居住小区集中热水供应系统的供水对象及其高峰用水时段，设计小时耗热量及平均小时耗热量见表 4-2，则该小区热水系统的设计小时耗热量应为下列何项？（　　　）

表 4-2

供水对象	高峰用水时段	设计小时耗热量（kJ/h）	平均小时耗热量（kJ/h）
住宅	20：30～21：30	31500000	9000000
公共建筑 I	19：30～20：30	200000	33000
公共建筑 II	21：00～22：00	500000	54000

A. 21587000kJ/h

B. 31754000kJ/h

C. 32033000kJ/h

D. 32200000kJ/h

【答案与解析】C。参见《建筑给水排水设计规范》GB 50015—2003（2009 年版）表 5.3.1 的第 1 款：当居住小区内配套公共设施的最大用水时时段与住宅的最大用水时时段一致时，应按两者的设计小时耗热量叠加计算；当居住小区内配套公共设施的最大用水时时段与住宅的最大用水时时段不一致时，应按住宅的设计小时耗热量加配套公共设施的平均小时耗热量叠加计算。

　　本题设计小时耗热量＝住宅的设计小时耗热量＋公共建筑 II 设计小时耗热量＋公共建筑 I 平均小时耗热量。

二、多项选择题

1. 下列关于设计小时耗热量的叙述中，错误的是（　　　）。

A. 设有集中热水供应系统的居住小区的设计小时耗热量，应按住宅与公共建筑的设计小时耗热量叠加计算

B. 住宅、宾馆、医院、办公楼等建筑的热水小时变化系数与冷水的小时变化系数相同

C. 对于同一建筑，采用全日供应热水方式的设计小时耗热量与采用定时供应热水方式的设计小时耗热量相同

D. 具有多种使用功能的综合性建筑，当其热水由同一热水供应系统供应时，设计小时耗热量，可按同一时间内出现用水高峰的主要用水部门的设计小时耗热量加其他用水部门的平均小时耗热量计算

【答案与解析】ABC。根据《建筑给水排水设计规范》GB 50015—2003（2009 年版）5.3.1 条第 1 款，A 选项由于前提条件不清楚，A 选项错误。表 5.3.1 中有住宅的热水小时变化系数，和表 3.1.9 比较，则 B 错误。参见《全国勘察设计注册公用设备工程师给水排水专业执业资格考试教材》第 3 册例 4-7，同一建筑的全日制或定时制热水供应系统，设计小时耗热量结果不相同，C 选项错误。D 选项符合第 5.3.1 条第 4 款。

4.5.4　设计小时供热量、热媒耗量及水源取水量

一、单项选择题

1. 下列水加热器选用方案中，何项是正确的？（　　　）

A. 某医院集中热水供应系统选用1台水加热器，其供热能力为设计小时耗热量的2倍

B. 某旅馆集中热水供应系统2台热水器，一台工作时，其供热能力等于设计小时耗热量；备用的加热器其供热能力为设计小时耗热量的1/3

C. 某医院集中热水供应系统选用2台带滞水区的容积式水加热器，每台的供热能力为设计小时耗热量的1/2

D. 某旅馆集中热水供应系统选用2台水加热器，每台的供热能力为设计小时耗热量的1/2

【答案与解析】D。《建筑给水排水设计规范》GB 50015—2003（2009年版）5.4.3条：医院热水供应系统的锅炉或水加热器不得少于两台，其他建筑的热水供应系统的水加热设备不宜少于两台，一台检修时，其余各台的总供热能力不得小于设计小时耗热量的50%。医院建筑不得采用有滞水区的容积式水加热器。则A选项和C选项描述不正确。B选项和D选项显然有一项是错误的。

二、多项选择题

1. 以下有关同一建筑集中热水供应系统设计小时热媒耗量的叙述中，哪几项不正确？（　　）

A. 以蒸汽为热媒时，不论采用间接或直接加热方式，其热媒耗量相同

B. 以高温热水为热媒间接加热时，热媒的初温和终温差值大则热媒耗量大（热媒管网热损失附加系数为定值）

C. 采用容积式水加热器加热时，其容积大的较容积小的热媒耗量大

D. 采用半即热式水加热器加热时，其热媒耗量较采用导流型容积式水加热器大

【答案与解析】ABC。参见《全国勘察设计注册公用设备工程师给水排水专业执业资格考试教材》中第3册4.5.4节中公式（4-28）和公式（4-29）的内容。蒸汽为热媒，直接加热的终态是相对确定的，就是混合后的热水。间接加热的终态是凝结水。相对而言，直接加热后的热水温度要比间接加热后的凝结水温度低，而热媒耗量取决于热媒的初态与终态，显然热媒耗量不同。A选项错误。参见《全国勘察设计注册公用设备工程师给水排水专业执业资格考试教材》中第3册4.5.4节中公式（4-30），以高温热水为热媒间接加热时，初温和终温差值大，则热媒耗量小。B选项错误。参见《建筑给水排水设计规范》GB 50015—2003（2009年版）5.3.3条第1款，容积大的水加热器在供热水时缓存能力更大，相应热媒耗量则小。而半即热式水加热器没有调蓄热水的容积，是按秒流量计算耗热量的，热媒耗量较采用导流型容积式水加热器大。C选项错误，D选项正确。

4.5.5 循环管网水力计算

一、单项选择题

1. 热水的补给水管的管径，应按热水供应系统的（　　）确定。

　A. 最大小时流量　　　B. 平均小时流量　　　C. 设计秒流量　　　D. 循环流量

【答案与解析】C. 参见《建筑给水排水设计规范》GB 50015—2003（2009年版）5.5.1条。

2. 采用半即热式水加热器的机械循环热水供应系统中，循环水泵的扬程应按下列何项确定？（　　）

A. 满足热水工艺系统最不利配水点最低工作压力的要求

B. 循环流量通过配水管网的水头损失

C. 循环流量通过配水管网、回水管网的水头损失

D. 循环流量通过配水管网、回水管网和加热设备的水头损失

【答案与解析】 D。参见《建筑给水排水设计规范》GB 50015—2003（2009 年版）5.5.10 条及其注。

3. 以下有关热水供应系统第二循环管网循环水泵的叙述中，哪项正确？（ ）

A. 循环水泵的扬程应满足最不利配水点最低工作压力的要求

B. 循环水泵的壳体所承受的工作压力应以水泵的扬程计

C. 全日制或定时热水供应系统中，循环水泵流量的计算方法不同

D. 全日制热水供应系统中，控制循环水泵启闭的为最不利配水点的使用水温

【答案与解析】 C。参见《建筑给水排水设计规范》GB 50015—2003（2009 年版）5.5.5 条、5.5.6 条和 5.5.10 条。

4. 以下有关全日制集中热水供应系统管道流速、流量、循环流量的叙述中，哪项不正确？（ ）

A. 生活热水管道中流速的控制应小于同管径生活给水管道的流速

B. 热水供水管网中循环流量循环的作用是补偿热水配水管的热损失

C. 热水供水管网中循环流量循环的作用是补偿热水配水管和回水管的热损失

D. 建筑生活热水配水管和生活给水管设计秒流量的计算方法相同

【答案与解析】 C。关于生活给水与生活热水的流速，见《建筑给水排水设计规范》GB 50015—2003（2009 年版）3.6.9 条、5.5.8 条。参见《全国勘察设计注册公用设备工程师给水排水专业执业资格考试教材》第 3 册 4.5.8 节第二循环管网水力计算的内容。参见《建筑给水排水设计规范》GB 50015—2003（2009 年版）5.5.5 条的参数解释。循环流量循环的作用是补偿热水配水管的热损失。参见《建筑给水排水设计规范》GB 50015—2003（2009 年版）5.5.1 条的内容。

5. 某建筑设机械循环集中热水供应系统，循环水泵的扬程 0.28MPa，循环水泵处的静水压力为 0.72MPa，则循环水泵壳体承受的工作压力不得小于（ ）MPa。

A. 0.28　　　　　　B. 0.44　　　　　　C. 0.72　　　　　　D. 1.00

【答案与解析】 D。根据《建筑给水排水设计规范》GB 50015—2003（2009 年版）5.5.10 条第 3 款，循环水泵壳体承受的工作压力＝循环水泵的扬程＋循环水泵处的静水压力＝0.28＋0.72＝1.00MPa。

二、多项选择题

1. 以下有关热水供水系统管网水力计算要求的叙述中，哪几项是不正确的？（ ）

A. 热水循环供应系统的热水回水管管径，应按管路剩余回流量经水力计算确定

B. 定时循环热水供应系统在供应热水时，不考虑热水循环

C. 定时循环热水供应系统在供应热水时，应考虑热水循环

D. 居住小区设有集中热水供应系统的建筑，其热水引入管管径按该建筑物相应热水供应系统的总干管设计秒流量确定

【答案与解析】 AC。参见《建筑给水排水设计规范》GB 50015—2003（2009 年版）

5.5.1 条、5.5.9 条。

2. 计算全日制机械循环热水系统的循环流量时，与之有关的是下列哪几项？（　　　）

　　A. 热水系统的热水供水量　　　　　　　B. 热水配水管道的热损失

　　C. 热水回水管道的热损失　　　　　　　D. 热水配水管道中水的温度差

　　【答案与解析】BD。参见《建筑给水排水设计规范》GB 50015—2003（2009 年版）公式（5.5.5）。

3. 下列关于热水配水管网水力计算的叙述中，正确的是（　　　）。

　　A. 热水配水管网的设计秒流量公式与冷水系统相同

　　B. 计算热水管道中的设计流量时，其上设置的混合水嘴洗脸盆的热水用水定额应取 0.15L/s

　　C. 应选取小于冷水管道系统的水流速度

　　D. 热水管网单位长度的水头损失，应按海澄—威廉公式确定，同时应考虑结垢、腐蚀等因素对管道计算内径的影响

　　【答案与解析】ACD。根据《建筑给水排水设计规范》GB 50015—2003（2009 年版）5.5.2 条，A 选项正确。3.1.14 条注 1。混合水嘴洗脸盆的热水用水定额在单独计算热水时应取 0.10L/s，B 选项错误。5.5.8 条和 3.6.9 条，C 选项正确。5.5.4 条第 1 款，D 选项正确。

4. 下列关于热水循环泵设置的叙述中，不符合《建筑给水排水设计规范》GB 50015—2003（2009 年版）的是（　　　）。

　　A. 半即热式水加热器循环泵的扬程应为循环流量通过配水管网和回水管网的水头损失之和

　　B. 热水循环泵应选用普通管道泵

　　C. 循环泵壳体承受的工作压力不得小于泵体所承受的静水压力与水泵扬程之和

　　D. 循环泵不需设置备用泵

　　【答案与解析】ABD。根据《建筑给水排水设计规范》GB 50015—2003（2009 年版）5.5.10 条。

　　考生注意：循环流量是为了补偿配水管网在用水低峰时管道向周围散失的热量。管网的热损失只计算配水管网的热损失。

4.6　饮水供应

一、单项选择题

1. 以下热水及直饮水供应系统管材选用的叙述中，哪一项是错误的？（　　　）

　　A. 开水管道应选用许用工作温度大于 100℃的金属管材

　　B. 热水供应设备机房内的管道不应采用塑料热水管

　　C. 管道直饮水系统当选用铜管时，应限制管内流速在允许范围内

　　D. 管道直饮水系统应优先选用优质给水塑料管

　　【答案与解析】D。参见《建筑给水排水设计规范》GB 50015—2003（2009 年版）5.7.6 条和条文说明、5.6.2 条及其条文说明。参见《管道直饮水系统技术规程》CJJ 110—2006 表 6.0.6 供回水管道内水流速度。

2. 下列所叙管道直饮水系统示意图 4-7 中的哪个组件不必设置？（　　　）

　　A. 排气阀　　　　　B. 调速泵　　　　　C. 消毒器　　　　　D. 循环回水流量控制阀

【答案与解析】C。参见《建筑给水排水工程》（第六版）9.3.3节管道直饮水系统供水方式。参见《全国勘察设计注册公用设备工程师给水排水专业执业资格考试教材》中第3册4.6.1节管道直饮水系统的内容。深度处理比如膜处理后的出水应进行消毒灭菌，而图中是回水进原水水箱之前消毒，消毒器可以不必设置。

3. 下述哪一项论述不符合饮用水的设计要求？（　　　）

    A. 管道直饮水水嘴用软管连接且水嘴不固定时，应设置防回流阀

    B. 管道直饮水水嘴在满足要求的前提下，应选用额定流量小的专用水嘴

    C. 计算管道直饮水贮水池（箱）容积时，调节水量、调节系数取值均应偏大些，以保证供水安全

    D. 循环回水须经过消毒处理回流至净水箱

【答案与解析】C。参见《建筑给水排水工程》（第六版）9.3.5节的相关内容。

4. 深圳某住宅楼拟建设管道直饮水系统，选用下列哪一项最高日直饮水定额更合理？（　　　）

    A. 1.5L/（人·d）   B. 2.0L/（人·d）

    C. 2.5L/（人·d）   D. 3.0L/（人·d）

【答案与解析】C。参见《建筑给水排水设计规范》GB 50015—2003（2009年版）5.7.2条及其条文说明。

5. 高层住宅楼管道直饮水系统应竖向分区，分区最低处配水的静水压力满足要求的是哪一项？（　　　）

    A. 0.35MPa   B. 0.40MPa   C. 0.45MPa   D. 0.55MPa

【答案与解析】A。参见《建筑给水排水设计规范》GB 50015—2003（2009年版）5.7.3条第5款。

6. 管道直饮水系统循环管网内水的停留时间最长不应超过多长时间？（　　　）

    A. 4h   B. 8h   C. 12h   D. 16h

【答案与解析】C。参见《建筑给水排水设计规范》GB 50015—2003（2009年版）5.7.3条第6款。

7. 饮用净水管网中，干管（$DN \geqslant 32mm$）的设计流速宜大于（　　　）。

    A. 0.8m/s   B. 1.0m/s   C. 1.2m/s   D. 1.5m/s

【答案与解析】B。参见《管道直饮水系统技术规程》CJJ 110—2006 表6.0.6供回水管道内水流速度。

8. 管道直饮水系统配水管道的设计秒流量公式为（　　　）。

    A. $q_g = 0.2 \cdot U \cdot N_g$ B. $q_g = 0.2\alpha\sqrt{N_g}$

    C. $q_g = q_0 \cdot m$ D. $q_g = \Sigma q_0 \cdot n_0 \cdot b$

【答案与解析】C。参见《建筑给水排水设计规范》GB 50015—2003（2009年版）5.7.3条第7款公式（5.7.3）。

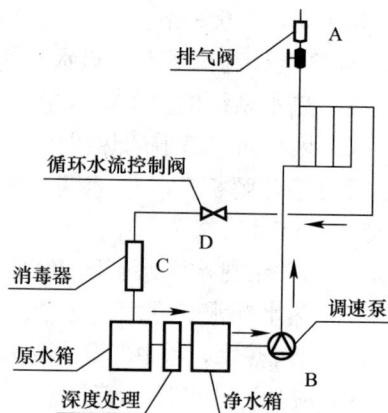

图 4-7

二、多项选择题

1. 在饮用净水系统中，下列哪几项措施可起到水质防护作用？（　　　）

　　A. 各配水点采用额定流量为 0.04L/s 的专用水嘴

　　B. 采用变频给水机组直接供水

　　C. 饮水系统设置循环管道

　　D. 控制饮水在管道内的停留时间不超过 12h

　　【答案与解析】BCD。参见《建筑给水排水设计规范》GB 50015—2003（2009 年版）
5.7.3 条。A 选项是避免浪费水量的措施。

2. 下列哪几项措施有助于管道直饮水系统的水质防护？（　　　）

　　A. 系统采用变频泵直接供水　　　　　B. 采用额定流量较小的专用水嘴

　　C. 高层建筑采用竖向分区供水　　　　D. 使立管接至配水龙头支管的长度小于 3m

　　【答案与解析】AD。参见《建筑给水排水设计规范》GB 50015—2003（2009 年版）
5.7.3 条及其条文说明。

　　　推荐管道直饮水系统采用变频机组直接供水的方式。其目的是避免采用高位水箱贮水难
以保证循环效果和直饮水水质的问题，同时，采用变频机组供水，还可使所有设备均集中在
设备间，便于管理控制。管道直饮水的用水量小，且其价格比一般生活给水贵得多，为了尽量
避免饮水的浪费，直饮水不能采用一般额定流量大的水嘴，而宜采用额定流量为 0.04L/s 左
右的专用水嘴。竖向分区是为了配水有合适的压力，与水质防护关系不大。由于循环系统很
难实现支管循环，因此，从立管接至配水龙头的支管管段长度应尽量短，一般不宜超过 3m。

3. 开水供应应满足下列要求其中正确的是（　　　）。

　　A. 开水计算温度应按 98℃计

　　B. 开水器的通气管应引至室外

　　C. 配水水嘴宜为旋塞

　　D. 开水器应装设温度计和水位计

　　【答案与解析】BCD。根据《建筑给水排水设计规范》GB 50015—2003（2009 年版）
5.7.4 条：B、C、D 选项分别符合第 2 款、第 3 款、第 4 款；A 选项不符合第 1 款，开水
计算温度应按 100℃计。

4. 下列关于饮水小时变化系数的叙述中正确的是（　　　）。

　　A. 饮水的小时变化系数指饮水供应时间内的变化系数

　　B. 小时变化系数不可能小于 1

　　C. 教学楼的饮水小时变化系数比旅馆大

　　D. 体育场、影剧院的小时变化系数与教学楼相同

　　【答案与解析】ABC。根据《建筑给水排水设计规范》GB 50015—2003（2009 年版）
5.7.1 条。

　　　考生注意：饮水供应知识按两个内容来考虑，一个是管道直饮水系统；另一个是开水
供应系统。同时在使用《建筑给水排水设计规范》GB 50015—2003（2009 年版）的基础
上，使用《管道直饮水系统技术规程》CJJ 110—2006 会使一些知识类题目迎刃而解。

5　建筑与小区中水系统及雨水利用

5.1　建筑中水

5.1.1　中水系统的组成与型式

一、单项选择题

1. 以下有关建筑中水的叙述中哪一项是不正确的？（　　　）

　　A. 建筑中水处理系统由预处理、主处理、后处理三部分组成

　　B. 中水系统包括原水系统、处理系统、供水系统三部分

　　C. 中水系统分为合流集水系统和分流集水系统两类

　　D. 中水原水系统是指收集、输送中水原水到中水处理设施的管道系统和一些附属构筑物

【答案与解析】C。参见《建筑中水设计规范》GB 50336—2002 中 5.1.1 条、5.1.2 条、5.1.3 条。《全国勘察设计注册公用设备工程师给水排水专业执业资格考试教材》中第 3 册 6.1.1 节的内容。中水原水系统的集水方式分为合流集水系统和分流集水系统两类。

2. 下列有关建筑节约用水的要求和叙述中，哪项是不妥的？（　　　）

　　A. 缺水地区的各类建筑和建筑小区建设时，应同时进行中水回用设施建设

　　B. 在缺水地区提倡雨水利用，节约水资源

　　C. 节约用水的措施之一是防止水质污染

　　D. 给水管道可靠的连接方式是节约用水的有效技术措施

【答案与解析】C。参见《建筑中水设计规范》GB 50336—2002 中 1.0.5 条及其条文说明，A 选项可以认为是正确的；参见《民用建筑节水设计标准》GB 50555—2010 的总则和目录中可以看到 B 选项和 D 选项也是正确的。C 选项读起来没有太大的问题，但是《民用建筑节水设计标准》GB 50555—2010 中没有提及防止水质污染，在术语和符号中没有提及这部分内容。防止水质污染是应该的，但是归结到是节约用水的措施之一，有些欠妥当。

　　考生注意：这是一道真实的题目，因为是单项选择，A 选项和 C 选项看起来好像都有些不妥，选 A 的读者，认为 A 的论述中使用"应"字，而《建筑中水设计规范》GB 50336—2002 中 1.0.5 条原条文不是这样叙述；如果读者看了 1.0.5 条的条文说明，A 应该是正确的。无论在《建筑中水设计规范》GB 50336—2002、《民用建筑节水设计标准》GB 50555—2010、《建筑与小区雨水利用工程技术规范》GB 50400—2006 中，都不能找到字句完全相同的原文，这个题目需要大家思考一下这几本规范的总体内容和分章设置要求。

二、多项选择题

1. 中水处理系统由下列哪几部分组成？（　　　）

A. 预处理   B. 主处理   C. 后处理   D. 回用系统

【答案与解析】ABC。《建筑中水设计规范》GB 50336—2002 中 6.1.1 条的条文说明：中水处理工艺按组成段可分为预处理、主处理及后处理部分。

2. 建筑小区中水系统型式选择，应考虑（   ）。

A. 工程的实际情况   B. 原水和中水用量的平衡和稳定

C. 远期近期的小区规划   D. 系统的技术经济合理性

【答案与解析】ABD。《建筑中水设计规范》GB 50336—2002 中 1.0.6 条及其条文说明。

5.1.2 水源选择与水质

一、单项选择题

1. 以下有关中水水源的叙述中，哪项是不正确的？（   ）

A. 优质杂排水、杂排水、生活排水均可作为中水水源

B. 杂排水即为民用建筑中除粪便污水、厨房排水外的各种排水

C. 优质杂排水即为杂排水中污染程度较低的排水

D. 生活排水中的有机物和悬浮物的浓度高于杂排水

【答案与解析】B。参见《建筑中水设计规范》GB 50336—2002 中 2.1.9 条、2.1.10 条、6.1 节处理工艺的内容。

2. 以下哪项不宜作为建筑物中水系统的水源？（   ）

A. 盥洗排水   B. 室外雨水

C. 游泳池排水   D. 空调冷却系统排水

【答案与解析】B。《建筑中水设计规范》GB 50336—2002 中 3.1.3 条，可知盥洗排水、空调循环冷却系统排水、游泳池排水均可作为建筑物中水水源；同时参见 3.1.8 条及其条文说明，"设计中应掌握一个原则，就是室外的雨水和污水宜在室外利用，不宜再引入室内"。

3. 在建筑中水系统中，杂排水是指（   ）。

A. 淋浴排水＋厨房排水   B. 建筑内部的各种排水

C. 除粪便污水外的各种排水   D. 厨房排水＋粪便污水

【答案与解析】C。参见《全国勘察设计注册公用设备工程师给水排水专业执业资格考试教材》第 3 册 6.1.1 节中的内容。建筑中水根据水质不同可以分为三大类：生活排水、杂排水和优质杂排水。生活排水包括杂排水和冲厕排水；杂排水是指除粪便污水外的各种排水，包括冷却排水、游泳池排水、沐浴排水、盥洗排水、洗衣排水、厨房排水等；优质杂排水是指不含厨房排水的杂排水。同时参见《建筑中水设计规范》GB 50336—2002 中 2.1.9 条杂排水的定义；2.1.10 条优质杂排水的定义。

4. 《城市污水再生利用城市杂用水水质》未对下列哪些指标做出要求？（   ）

A. COD、总氮、SS   B. 溶解性总固体、BOD_5、氨氮

C. 色度、浊度、总大肠菌群   D. 溶解氧、pH、嗅

【答案与解析】A。参见《建筑中水设计规范》GB 50336—2002 中 4.1.2 条及其条文说明和表 4 的内容。《城市污水再生利用 城市杂用水水质》共对 13 项指标作出了规定，分别是：pH、色度、嗅、浊度、溶解性总固体、BOD_5、氨氮、阴离子表面活性剂、铁、锰、溶解氧、总余氯、总大肠菌群等。其中没有提及 COD。

二、多项选择题

1. 下列关于中水水质的叙述中，哪几项不符合我国现行中水水质标准要求？（ ）

    A. 城市杂用水和景观环境用水的再生水水质指标中对总氮无要求

    B. 中水用于消防、建筑施工时，其水质应按消防用水水质要求确定

    C. 城市杂用水水质指标中对水的含油量无要求

    D. 与城市杂用水其他用途相比，冲厕用水对阴离子表面活性剂的要求最严格

【答案与解析】AD。参见《建筑中水设计规范》GB 50336—2002 中 4.1.2 条及其条文说明和表 4、表 5 的内容。景观环境用水的再生水水质指标中对总氮有要求，A 选项不符合相关规范；同时参见 4.2.5 条，B 选项符合规范；C 选项符合规范；与城市杂用水其他用途相比，冲洗车辆用水对阴离子表面活性剂的要求最严格，D 选项不符合规范。

2. 下列民用建筑的各种排水中，那些属于优质杂排水？（ ）

    A. 冷却排水   B. 冲厕排水   C. 洗衣排水   D. 沐浴排水

【答案与解析】ACD。《建筑中水设计规范》GB 50336—2002 中 2.1.10 条，一般记忆是：不含厨厕排水的是优质杂排水，有厨房排水是杂排水，有冲厕排水的是生活排水。

3. 下列关于中水水源的叙述正确的是（ ）。

    A. 综合医院污水作为中水水源时，必须经过消毒处理方可用于洗车、冲厕等用途

    B. 放射性废水不得作中水水源

    C. 建筑屋面雨水可作为中水水源或其补充

    D. 城市污水处理厂出水可作为建筑小区的中水水源

【答案与解析】BCD。参见《建筑中水设计规范》GB 50336—2002 中 3.1.6 条及其条文说明：以含有较多病菌的综合医院污水作为中水水源时，虽然经过消毒处理，但也只能用于独立的不与人直接接触的系统，如绿化用水等。洗车、冲厕等用途有可能与人体直接接触，不应用作该类用水。A 选项不正确。3.1.7 条：放射性废水对人体危害程度很大，考虑到安全因素，规范规定其与传染病、结核病医院污水一并不得作为中水水源。B 选项正确。3.1.8 条：雨水是很好的中水水源，规范规定建筑屋面雨水可作为中水水源或其补充。C 选项正确。3.2.2 条：城市污水处理厂出水可作为建筑小区中水的可选择水源之一。城市污水处理厂出水水量大、水源稳定，即使其未达到中水标准，在小区内作进一步的处理也是经济的，因此规范规定其可作为建筑小区的中水水源。D 选项正确。

5.1.3 水量与水量平衡

一、单项选择题

1. 中水水量平衡计算时，如中水原水和中水回用水均不考虑其他水源补充，则设计原水量 Q_1、中水处理量 Q_2、中水回用水量 Q_3 三者之间的关系，下列哪项错误？（ ）

    A. $Q_1 > Q_2$ B. $Q_1 > Q_3$ C. $Q_2 > Q_1$ D. $Q_2 > Q_3$

【答案与解析】C。参见《全国勘察设计注册公用设备工程师给水排水专业执业资格考试教材》第 3 册 6.1.3 节水量与水量平衡的内容。题目给定的前提条件为"中水原水和中水回用水均不考虑其他水源补充"，说明不需要补充水源，中水就可以实现回用。显然 C 选项是错误的，如果中水处理量 Q_2 大于原水量 Q_1，则需要补充其他水源。与题目条件不相符合。

2. 某建筑物设计中水日用水量 300m³/d，使用时间为早 6 时至下午 18 时，中水处理设备运行时间为 6h，自耗水量为处理水量的 10％，试求中水调节池的有效容积为下列何值？
（　　）

A. 180m³ B. 144m³ C. 216m³ D. 18m³

【答案与解析】C。根据《建筑中水设计规范》GB 50336—2002 中 5.3.3 条及其条文说明，中水调节池间歇运行时：$W_2 = 1.2 \cdot t_2 \cdot (q - q_z)$

式中　W_2——中水池有效容积（m³）；

t_2——处理设备设计运行时间（h）；

q——设施处理能力（m³/h）；

q_z——中水平均小时用水量（m³/h）；

1.2——系数。

$W_2 = W_2 = 1.2 \cdot t_2 \cdot (q - q_z) = 1.2 \times 6 \times (300 \times 1.1/6 - 300/12) = 216 m^3$

3. 下列关于水量平衡的叙述中，错误的是（　　）。

A. 水量平衡是指中水原水量、中水处理水量、处理设备耗水量、中水调节贮存量、中水用水量和自来水补水量之间通过计算调整达到平衡一致

B. 水量平衡包括中水原水量与中水处理水量之间的调节和均衡，以及中水产水量与中水用水量之间的调节和均衡

C. 水量平衡是指通过计算调整，使中水原水水量、中水处理水量以及中水用水水量之间达到数量相等

D. 水量平衡是指中水原水量与中水处理水量、中水产水量与中水用水量之间在总量上和时间延续上的协调一致

【答案与解析】C。参见《全国勘察设计注册公用设备工程师给水排水专业执业资格考试教材》第 3 册 6.1.3 节水量与水量平衡的内容。还可参见《建筑给水排水工程》（第六版）中水水量平衡的内容。水量平衡需要计算、调整，但不是通过计算来调整平衡。

4. 根据《建筑中水设计规范》GB 50336—2002，中水原水量的计算相当于按照中水水源的（　　）确定。

A. 排水设计秒流量 B. 最大时给水量

C. 最高日给水量 D. 平均日排水量

【答案与解析】D。根据《建筑中水设计规范》GB 50336—2002 中 3.1.4 条，中水原水量应按式 $Q_Y = \Sigma \alpha \cdot \beta \cdot Q \cdot b$ 计算，式中 Q_Y 为中水原水量；α 为最高日给水量折算为平均日给水量的折减系数；β 为建筑物按给水量计算排水量的折减系数；Q 为建筑物最高日生活给水量；b 为建筑物用水分项给水百分率。

5. 下列关于中水水量平衡调节方式的叙述中，正确的是（　　）。

A. 后贮存式调节方式需解决池水的沉淀和厌氧腐败等问题

B. 当以雨水作为中水水源时，不需设置溢流排放设施

C. 连续运行时，后贮存式水池的调节容积可按中水系统日用水量的 25％～35％计算

D. 中水供水系统设置水泵-水箱联合供水时，供水箱的调节容积不得小于中水系统最高日用水量的 50％

【答案与解析】C。后贮存式存的是中水，水质较好，不容易发生沉淀和厌氧腐败的问

题。前贮存式存的是中水原水，需解决其中污染物的沉淀和厌氧腐败的问题。参见《建筑中水设计规范》GB 50336—2002 中 5.2.7 条、5.3.3 条第 3 款和第 1 款。

6. 关于中水池（箱）的自来水补水设计，下列叙述中错误的是（　　）。

    A. 补水管管径按中水最大时供水量计算确定

    B. 补水管上应安装水表

    C. 采用最低报警水位控制的自动补给

    D. 采用淹没式浮球阀补水

【答案与解析】D。参见《建筑中水设计规范》GB 50336—2002 中 5.3.4 条、5.3.5 条、8.2.3 条和 8.1.3 条。这个题目看似内容简单，但是包含了水量平衡、中水安全防护和监（检）测控制的内容，实际是一道综合性很强的知识类题目。中水知识不难，内容简单，越是简单就越有可能在学习中被忽视，需要的还是细心。

二、多项选择题

1. 在计算中水原水量时，下表 5-1 中哪几类建筑物用水分项给水百分率（%）的统计是错误的？（　　）

    A. 住宅　　　　　　B. 公寓　　　　　　C. 宾馆　　　　　　D. 办公楼

各类建筑分项给水百分率表（%）

表 5-1

项目	住宅	公寓	宾馆	办公楼
冲厕	21	23	10	45
沐浴	32	34	40	30
厨房	19	—	14	—
洗衣	22	25	18	—
盥洗	6	12	12	25

【答案与解析】BCD。参见《建筑中水设计规范》GB 50336—2002 表 3.1.4。各类建筑分项给水百分率总计应为 100%。经过计算公寓和宾馆的分项给水百分率总计不是 100%。办公楼中一般没有沐浴用水。

5.1.4　原水及供水系统

一、单项选择题

1. 下列建筑中水供水管道材质的选用何项不符合要求？（　　）

    A. 塑料给水管　　　　　　　　　　　B. 塑料和金属复合管

    C. 热镀锌铜管　　　　　　　　　　　D. 碳钢管

【答案与解析】D。《建筑中水设计规范》GB 50336—2002 中 5.4.4 条及 5.4.5 条条文说明，建筑中水对钢材具有腐蚀性。

2. 原水系统应计算原水收集率，收集率不应低于回收排水项目给水量的（　　）。

    A. 50%　　　　　　B. 60%　　　　　　C. 75%　　　　　　D. 80%

【答案与解析】C。根据《建筑中水设计规范》GB 50036—2002 中 5.2.2 条。

3. 关于原水管道系统的设计，下列叙述中错误的是（　　）。

    A. 原水管道系统宜按重力流设计

    B. 淋浴和厨房排水可直接进入原水集水系统

    C. 原水宜设置瞬时和累计流量的计量装置

    D. 原水收集率不应低于回收排水项目的 75%

【答案与解析】B。参见《建筑中水设计规范》GB 50336—2002 中 5.2.1 条、5.2.5 条、5.2.6 条和 5.2.2 条。厨房排水应经过隔油处理后方可进入原水排水系统。

二、多项选择题

1. 下列管道中可以用于中水供水管道的是（　　）。

    A. 塑料给水管   B. 铝塑管

    C. 镀锌钢管   D. 非镀锌钢管

【答案与解析】ABC。参见《建筑中水设计规范》GB 50336—2002 中 5.4.4 条，ABC 均正确。

2. 在非饮用水管道上接出水嘴或取水短管时，不属于必须采取的措施有（　　）。

    A. 防止回流   B. 防止误饮误用

    C. 消毒   D. 防止污染

【答案与解析】ACD。参见《建筑中水设计规范》GB 50336—2002 中 5.4.7 条。

5.1.5　中水处理工艺及设施

一、单项选择题

1. 某住宅和宾馆各设有一套连续运行的中水处理设施，其原水为各自的综合排水。两者处理能力、处理工艺及出水水质完全相同。则下列两套设施接触氧化池气水比的叙述中，正确的是哪项？（　　）

    A. 两套设施中接触氧化池所要求的气水比相同

    B. 设在宾馆的接触氧化池所要求的气水比较小

    C. 设在住宅的接触氧化池所要求的气水比较小

    D. 气水比应根据相接触氧化池所采用的水力停留时间确定

【答案与解析】B。参见《建筑中水设计规范》GB 50336—2002 表 3.1.9 可知宾馆的 BOD_5 小于住宅，根据 6.2.15 条可知曝气量按照 BOD_5 的去除负荷计算，因此宾馆气水比较小。

2. 已知中水处理水量为 $240m^3/d$，中水源水为洗浴废水，接触氧化池中采用悬浮填料，中水处理设施连续运行，填料的装填体积至少为多少？（　　）

    A. $120m^3$ B. $60m^3$ C. $7.5m^3$ D. $5m^3$

【答案与解析】D。《建筑中水设计规范》GB 50336—2002 中 6.2.13 条、6.2.14 条。接触氧化池处理洗浴废水时，水力停留时间不应小于 2h，可知接触氧化池的容积为 $20m^3$，当采用悬浮填料时，装填体积不应小于池容积的 25%，则 $20×25\%=5m^3$。

    考生注意：上述两个题目出的也很有技巧性，其实质为普通中水知识灵活贯穿的应用。也可以发现中水考试内容由中水水量平衡、水量平衡中的调节构筑物等计算逐步转向中水处理工艺中来，需要对解决的问题能够融会贯通。

3. 以洗浴（涤）排水为原水的中水系统在水泵吸水管上安装毛发聚集器，毛发聚集器内过滤筒（网）的孔径宜采用（　　）。

A. 2mm　　　　　B. 3mm　　　　　C. 4mm　　　　　D. 5mm

【答案与解析】B。《建筑中水设计规范》GB 50336—2002 中 6.2.4 条第 2 款。

二、多项选择题

1. 下列图 5-1 中 4 种中水原水与其处理方案的组合中，哪几项是合理正确的？（　　）

A. 3+d　　　　　B. 2+c　　　　　C. 1+b　　　　　D. 4+a

1	洗浴废水BOD$_5$<60mg/L	a	微孔过滤
2	有机物浓度较低LAS<30mg/L	b	生物处理和深度处理结合
3	有粪便的生活污水	c	物化处理法
4	污水处理厂二级处理出水	d	生物接触氧化法

图 5-1

【答案与解析】BD。参见《建筑中水设计规范》GB 50336—2002 中 6.1.2 条及其条文说明。

2. 下列中水处理工艺流程中，哪几项是不完善、不合理的？（　　）

A. 优质杂排水→格栅→调节池→生物处理→过滤→中水

B. 优质杂排水→调节池→絮凝沉淀→过滤→消毒→中水

C. 生活污水→格栅→渗滤场→消毒→中水

D. 污水厂二级处理出水→调节池→气浮→过滤→消毒→中水

【答案与解析】ABC。参见《建筑中水设计规范》GB 50336—2002 中 6.1 节处理工艺的内容。

A 选项缺少沉淀；B 选项缺少格栅；C 选项不正确；D 选项正确。

3. 下列有关中水处理工艺的叙述中，哪几项是正确的？（　　）

A. 通常生物处理为中水处理的主体工艺

B. 无论何种中水处理工艺，流程中均需设置消毒设施

C. 中水处理工艺可分为预处理和主处理两大部分

D. 当原水为杂排水时，设置调节池后，可不再设初次沉淀池

【答案与解析】ABD。A、C 选项见《建筑中水设计规范》GB 50336—2002 中 6.1.1 条及其条文说明：中水处理工艺按组成段可分为预处理、主处理及后处理部分。也有将其处理工艺方法分为物理化学处理方法为主的物化工艺，以生物化学处理为主的生化处理工艺，生化处理与物化处理相结合的处理工艺以及土地处理四类。由于中水回用对有机物、洗涤剂去除要求较高，而去除有机物、洗涤剂有效的方法是生物处理，因而中水的处理常用生物处理作为主题工艺。6.2.18 条：中水处理必须设有消毒设施。B 选项正确。6.2.6条：初次沉淀池的设置应根据原水水质和处理工艺等因素确定。当原水为优质杂排水或杂排水时，设置调节池后可不再设置初次沉淀池。D 选项正确。

4. 下列关于中水处理工艺的叙述中正确的是（　　　）。

　　A. 采用膜处理工艺时，应有保障其可靠进水水质的预处理工艺和易于膜的清洗、更换的技术措施

　　B. 中水处理必须设有消毒设施

　　C. 建筑中水生物处理应尽量采用生物转盘

　　D. 当原水为优质杂排水或杂排水时，设置调节池后可不再设置初次沉淀池

　　【答案与解析】ABD。参见《建筑中水设计规范》GB 50336—2002 中 6.1.5 条、6.2.18 条、6.1.3 条和 6.2.6 条。

5. 下列关于中水处理工艺的叙述中正确的是（　　　）。

　　A. 以洗浴排水为原水的中水系统，在污水泵吸水管上应设置毛发过滤器

　　B. 生活污水作为中水水源时应经过化粪池处理

　　C. 厨房排水应经过沉淀处理后方可进入中水原水系统

　　D. 当中水处理产生的污泥量较小时，可排至化粪池处理

　　【答案与解析】ABD。参见《建筑中水设计规范》GB 50336—2002 中 6.2.4 条、6.2.2 条、5.2.5 条和 6.1.8 条。

5.1.6　中水处理站设计

一、单项选择题

1. 当中水站地面低于室外检查井地面时，应设排水泵排水，排水能力不应小于（　　　）。

　　A. 中水调节池的溢流量

　　B. 最大小时来水量

　　C. 中水贮存池的泄水量

　　D. 设计秒流量

　　【答案与解析】B。根据《建筑中水设计规范》GB 50336—2002 中 7.0.4 条及其条文说明。

二、多项选择题

1. 关于中水处理站设计，下列叙述中正确的是（　　　）。

　　A. 以生活污水为原水的地面处理站与住宅的距离不宜小于 10m

　　B. 建筑小区中水处理站的加药贮药间和消毒剂制备贮备间宜与其他房间分开

　　C. 建筑物内的中水处理站宜设在建筑物的最底层

　　D. 对中水处理站产生的臭气应采取有效的除臭措施

　　【答案与解析】BCD。参见《建筑中水设计规范》GB 50336—2002 中 7.0.1 条及其条文说明、7.0.2 条、7.0.1 条、7.0.9 条。

　　考生注意：建筑与小区中水系统的题目由原来的《建筑中水设计规范》GB 50336—2002 内容的查阅逐步变化为中水内容的灵活运用。中水是考试中题量不大的知识点，但是题型的深度正逐年增加。因此，需要考生既不要轻视这部分内容，也不要畏惧这部分内容。平静面对题目，冷静解决思路，有利于解决每一个题目。

5.2 建筑与小区雨水利用

5.2.1 系统型式及选用

一、单项选择

1. 下列关于雨水利用系统的叙述，不正确的是（   ）。

   A. 雨水入渗系统对涵养地下水、抑制暴雨径流的作用显著，同时还消减了外排雨水的总流量及总量

   B. 雨水收集回用系统适宜用于年降雨量大于 400mm 的地区

   C. 雨水调蓄排放系统可以快速排除场地地面雨水、同时还消减了外排雨水高峰流量及总量

   D. 年降雨量小于 400mm 的城市，雨水利用可采用雨水入渗系统

   【答案与解析】C。参见《建筑与小区雨水利用工程技术规范》GB 50400—2006 中 4.1.1 条及其条文说明。同时还可参见《全国勘察设计注册公用设备工程师给水排水专业执业资格考试教材》中第 3 册 6.2.1 节的内容。注意：雨水调蓄排放系统可以快速排除场地地面雨水、同时还消减了外排雨水高峰流量，但没有消减外排雨水总量的作用。

二、多项选择题

1. 根据《建筑与小区雨水利用工程技术规范》GB 50400—2006，下列关于雨水收集系统说法中错误的是（   ）。

   A. 屋面雨水收集系统应独立设置，严禁在室内设置敞开式检查口或检查井

   B. 阳台雨水应接入屋面雨水收集系统

   C. 除种植屋面外，雨水收集回用系统均不应设置弃流设施

   D. 屋面宜采用沥青或沥青油毡材料

   【答案与解析】BCD。根据《建筑与小区雨水利用工程技术规范》GB 50400—2006 5.1.8 条、5.1.9 条、5.1.10 条和 5.1.1 条。

5.2.2 雨水收集、入渗、贮存与调蓄

一、单项选择题

1. 根据《建筑与小区雨水利用工程技术规范》GB 50400—2006，渗透设施的日渗透能力不宜小于其汇水面上重现期（   ）年的日雨水设计径流总量。

   A. 0.5   B. 2   C. 5   D. 10

   【答案与解析】B。参见《建筑与小区雨水利用工程技术规范》GB 50400—2006 中 6.1.4 条。注意此条文关于入渗池、井的日入渗能力，不宜小于汇水面上的日雨水设计径流总量的 1/3。条文说明中解释为：日雨水量可延长为 3 日内渗完。

2. 屋面雨水收集系统中，雨水管道应能承受的压力为（   ）。

   A. 管材和接口的工作压力应大于建筑物高度产生的静水压力，且能承受 0.09MPa 负压

   B. 管材和接口的工作压力应能承受 0.09MPa 的正压和负压

C. 管材和接口的工作压力应大于建筑物高度产生的静水压力，负压无所谓

D. 管材和接口的工作压力应能承受 0.50MPa 的正压和 0.09MPa 的负压

【答案与解析】A。根据《建筑与小区雨水利用工程技术规范》GB 50400—2006 中 5.3.13 条。

3. 根据《建筑与小区雨水利用工程技术规范》GB 50400—2006，当无资料时，屋面雨水弃流可采用（　　）mm 径流厚度。

A. 2～3 　　　　　　B. 5～6 　　　　　　C. 8～10 　　　　　　D. 10～15

【答案与解析】A。参见《建筑与小区雨水利用工程技术规范》GB 50400—2006 中 5.6.4 条。

二、多项选择题

1. 下列管材中，适宜作为屋面雨水收集系统雨水管道的管材是（　　）。

A. 不锈钢 　　　　　　　　　　　　B. 钢管

C. 承压塑料管 　　　　　　　　　　D. 普通塑料管

【答案与解析】ABC。参见《建筑与小区雨水利用工程技术规范》GB 50400—2006 5.3.13 条。

5.2.3 雨水水质、处理与回用

一、单项选择题

1. 下列根据不同用途选择的雨水处理工艺流程中，不合理的是哪项？（　　）

A. 屋面雨水→初期径流弃流→排放景观水体

B. 屋面雨水→初期径流弃流→雨水蓄水池沉淀→消毒→雨水清水池→冲洗地面

C. 屋面雨水→初期径流弃流→雨水蓄水池沉淀→过滤→消毒→雨水清水池→补充空调循环冷却水

D. 屋面雨水→初期径流弃流→雨水蓄水池沉淀→处理设备→中水清水池补水

【答案与解析】C。参见《建筑与小区雨水利用工程技术规范》GB 50400—2006 中 8.1.3 条及其条文说明、8.1.4 条。空调循环冷却水补水属于用户对水质有较高的要求时，应增加相应的深度处理措施。

2. 根据《建筑与小区雨水利用工程技术规范》GB 50400—2006，雨水可回用量宜按雨水设计径流总量的（　　）计。

A. 70% 　　　　　　B. 80% 　　　　　　C. 90% 　　　　　　D. 100%

【答案与解析】C。参见《建筑与小区雨水利用工程技术规范》GB 50400—2006 中 7.1.5 条。

二、多项选择题

1. 下列雨水利用供水系统的设计要求中，哪几项是正确合理的？（　　）

A. 雨水供水管与生活饮用水管的连接管上必须设置倒流防止器

B. 雨水供水系统中应设有自动补水设施

C. 采用再生水作雨水供水系统补水时，其水质不能低于雨水供水水质

D. 雨水供水管道上不得装设取水龙头

【答案与解析】BCD。参见《建筑与小区雨水利用工程技术规范》GB 50400—2006 7.3.1 条、7.3.2 条、7.3.9 条，同时请参阅相关的条文说明。

5.2.4　回用水量与降雨量

一、单项选择题

1. 雨水供水系统的补水流量应以下列哪项为依据进行计算？（　　　）

　　A. 不大于管网系统最大时用水量

　　B. 不小于管网系统最大时用水量

　　C. 管网系统最高日用水量

　　D. 管网系统平均时用水量

【答案与解析】B。参见《建筑与小区雨水利用工程技术规范》GB 50400—2006 中 7.3.2 条及其条文说明。

2. 根据《建筑与小区雨水利用工程技术规范》GB 50400—2006，降雨量应根据当地近期（　　　）年以上降雨量资料确定。

　　A. 5　　　　　　　　　B. 10　　　　　　　　　C. 20　　　　　　　　　D. 50

【答案与解析】B。参见《建筑与小区雨水利用工程技术规范》GB 50400—2006 中 3.1.1 条。

二、多项选择题

1. 下列关于雨水利用系统降雨设计重现期取值的叙述中，哪几项正确？（　　　）

　　A. 雨水利用设施集水管渠的设计重现期，不应小于该类设施的雨水利用设计重现期

　　B. 雨水外排管渠的设计重现期，应大于雨水利用设施的设计重现期

　　C. 调蓄设施的设计重现期宜取 2 年

　　D. 雨水利用系统的设计重现期按 10 年确定

【答案与解析】ABC。参见《建筑与小区雨水利用工程技术规范》GB 50400—2006 4.2.6 条：设计重现期的确定应符合下列规定：1 向各类雨水利用设施输水或集水的管渠设计重现期，应不小于该类设施的雨水利用设计重现期。3 建设用地雨水外排管渠的设计重现期，应大于雨水利用设施的雨量设计重现期，并不宜小于表 4.2.6-2 中规定的数值。A、B 选项正确。9.0.4 条及其条文说明：调蓄排放系统的降雨设计重现期宜取 2 年。C 选项正确。4.1.5 条：雨水利用系统的规模应满足建设用地外排雨水设计流量不大于开发建设前的水平或规定的值，设计重现期不得小于 1 年，宜按 2 年确定。同时注意 3.1.1 条提到的：降雨量应根据当地近期 10 年以上降雨量资料确定。当资料缺乏时可参考附录 A。综合 D 选项不正确。

　　考生注意：建筑与小区雨水利用这部分知识在高校教科书《建筑给水排水工程》(第六版) 10.5 节居住小区雨水利用有介绍。因此这部分知识目前的题型并不深奥，请考生仔细阅读《建筑与小区雨水利用工程技术规范》GB 50400—2006 的条文及其条文说明，非常有助考生解答知识类题目。

第二部分　案例分析题

1　建　筑　给　水

1. 居住人数为 1000 人的 Ⅱ 类集体宿舍给水系统简图 6-1 如下。最高日用水定额为 100L/（人·d），小时变化系数 K_h 为 2，BC 管段供低区 500 人用水（用水卫生器具当量总数 $N=$ 49）；水泵加压供高区 500 人用水（用水卫生器具当量总数 $N=49$）。则引入管管段 AB 的最小设计流量应为下列哪项？（　　）

   A. 1.16L/s
   B. 4.08L/s
   C. 4.66L/s
   D. 4.95L/s

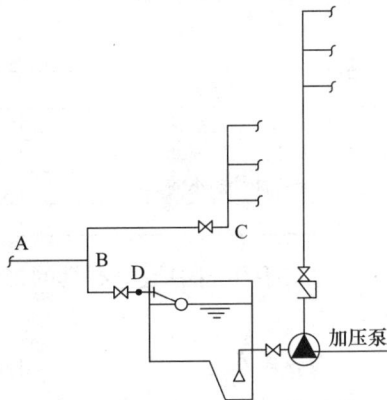

图 6-1

   【答案与解析】B。这是一道考查引入管的题目，同时考查了设计秒流量的计算。

   参见《建筑给水排水设计规范》GB 50015—2003（2009 年版）3.6.3 条：引入管 AB 的最小设计流量是既有管网直接供水，又有二次加压供水，需分别计算。二次加压供水部分的供水是经过贮水池调节的，提升部分为贮水池的补水量（不宜大于最大时用水量，但不得小于平均时用水量）；直供部分为所担负的卫生器具的设计秒流量；二者之和为引入管的设计流量。

$$q_{AB} = q_{BC} \text{ 的设计秒流量} + q_{BD} \text{ 的最高日平均时的秒流量}$$

   （1）q_{BC} 的设计秒流量，集体宿舍 $\alpha=2.5$

   则 $q_{BC}=0.2\alpha\sqrt{N_g}=0.2\times2.5\times\sqrt{49}=3.5\text{L/s}$；

   （2）q_{BD} 的最高日平均时的秒流量为提升部分的贮水池的补水量

   查《建筑给水排水设计规范》GB 50015—2003（2009 年版）表 3.1.10 集体宿舍的使用时数为 24h，

   平均时流量为 $Q_p(\text{L/h})=Q_d/T=N\times q/T=500 \text{ 人}\times100\text{L/（人·d）}/24$
$$=2083.3\text{L/h}=0.58\text{L/s}$$

   （3）二者之和为

$$q_{AB}=3.5+0.58=4.08\text{L/s}$$

2. 某座层高为 3.2m 的 16 层办公楼，无热水供应。每层设公共卫生间一个，每个卫生间设置带感应式水嘴的洗手盆 4 个、冲洗水箱浮球阀大便器 6 个、自动自闭式冲洗阀小便器 3 个、拖布池 2 个（$q=0.2$L/s）。每层办公人数为 60 人，每天办公时间按 10h 计，用水定额为 40L/（人·d）。市政供水管网可用压力为 0.19MPa，拟采用调速泵组供给高区卫生间用水。则该调速泵组设计流量应为以下何值？（　　）

A. 3.74m³/h　　　　　B. 11.35m³/h　　　　　C. 11.78m³/h　　　　　D. 2.59m³/h

【答案与解析】 B。这个题目考查了给水系统所需水压的经验公式的使用、调速泵组流量如何确定、用水分散型建筑的设计秒流量计算方法。

（1）办公楼给水所需水压采用经验法

层高 3.2m＜3.5m，地面算起，$H=120+(n-2)×40$（kPa）

则四层需要 200kPa，因此，本题目中给出市政供水管网可用压力为 0.19MPa＝190kPa，可以供到 3 层，4～16 层为高区，一共 13 层，由调速泵组供给。

（2）查《建筑给水排水设计规范》GB 50015—2003（2009 年版）表 3.6.5，办公楼 $\alpha=1.5$，查《建筑给水排水设计规范》GB 50015—2003（2009 年版）表 3.1.14，每层卫生间的设置情况如表 6-1 所示：

表 6-1

卫生器具	当量数	个数
带感应式水嘴的洗手盆	0.5	4 个
冲洗水箱浮球阀大便器	0.5	6 个
自动自闭式冲洗阀小便器	0.5	3 个
拖布池	1	2 个

每层卫生间中卫生器具的当量数：$N_g=0.5×4+0.5×6+0.5×3+1×2$
$$=2+3+1.5+2=8.5$$

则 $q_g=0.2\alpha\sqrt{N_g}=0.2×1.5×\sqrt{8.5×13}=3.15L/s=11.35$m³/h

考生注意：查《建筑给水排水设计规范》GB 50015—2003（2009 年版）表 3.1.14 时一定要注意表格下面的"注"，本题目中明确给出无热水供应，计算时要使用表中括弧外的数值，而括弧内的数值系在有热水供应时，单独计算冷水或热水时使用。再看"注"2，当浴盆上附设淋浴器时，或者淋浴器转换开关时，其额定流量和当量只计水嘴，不记淋浴器。但水压按淋浴器计。查看表 3.1.14 中的数据可以知道，此时计算无论是计算额定流量、还是最低工作压力均是选择大值来计算，这也是符合工程上需要的。其他的"注"请考生仔细阅读，认真思考。

3. 如图 6-2 所示工业企业生活间的给水系统，管段 0-1、1-2 的设计秒流量 q_1、q_2 应为下列何值？（　　）

A. $q_1=0.072$L/s、$q_2=0.192$L/s　　　　　B. $q_1=1.2$L/s、$q_2=1.2$L/s

C. $q_1=1.2$L/s、$q_2=1.3$L/s　　　　　D. $q_1=1.2$L/s、$q_2=1.32$L/s

【答案与解析】 D。此题考点是工业企业生活间的给水设计流量问题，即用水密集型建筑的给水设计秒流量问题。

管段 0-1，q_1 承担了 3 个延时自闭冲洗阀大便器的给水；

管段 1-2，q_2 承担了 3 个延时自闭冲洗阀大便器、2 个自闭式冲洗阀小便器、2 个洗手盆的感应水嘴的给水；

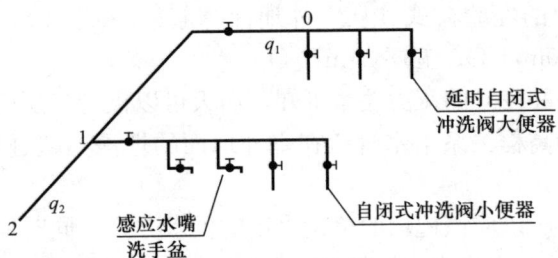

图 6-2

查《建筑给水排水设计规范》GB 50015—2003（2009 年版）表 3.6.6-1，获得工业企业生活间的卫生器具同时给水百分数（%），则：

$q_1 = \Sigma q_o \cdot n_o \cdot b = 1.2 \times 3 \times 2\% = 0.072\text{L/s}$，小于一个大便器的 1.2L/s，所以取一个大便器的 1.2L/s 作为 0-1 管道的设计流量。

$q_2 = \Sigma q_o \cdot n_o \cdot b$（3 个延时自闭冲洗阀大便器、2 个自闭式冲洗阀小便器、2 个洗手盆的感应水嘴）

有 3 个延时自闭冲洗阀大便器，单列计算，单列计算值为 1.2L/s

$$q_2 = \Sigma q_o \cdot n_o \cdot b = 1.2 + 0.1 \times 2 \times 10\% + 0.1 \times 2 \times 50\% = 1.32\text{L/s}$$

考生注意：①本题考查 $q_g = \Sigma q_o \cdot n_o \cdot b$ 公式中，注 2，大便器自闭式冲洗阀应单列计算，当单列值小于 1.2L/s 时，以 1.2L/s 计，大于 1.2L/s 时，以计算值计。可以看到工业企业生活间中大便器自闭式冲洗阀的同时给水百分数为 2%，此时，如果 $n_o = 50$，也就是说当有 50 个大便器的情况下，$n_o \cdot b = 100\% = 1$，此时 $q_g = \Sigma q_o \cdot n_o \cdot b = 1.2\text{L/s}$，当计算的大便器自闭式冲洗阀的数量少于 50 个时，则 $q_g = 1.2\text{L/s}$。②查《建筑给水排水设计规范》GB 50015—2003（2009 年版）表 3.6.6-1 时一定要注意表格下面的"注"，同时注意宿舍（Ⅲ、Ⅳ类）的卫生器具公式给水百分数较为具体的数值是和卫生器具数量有关，具体请详细参见《建筑给水排水设计规范》GB 50015—2003（2009 年版）3.6.6 条的条文说明。

4. 某 5 层住宅给水系统的市政管网供水压力为：夜间 0.28MPa；白天 0.19MPa，下列简图 6-3 中该住宅四种给水方式，其中最合理、节能的是哪一项？说明理由。（　　）

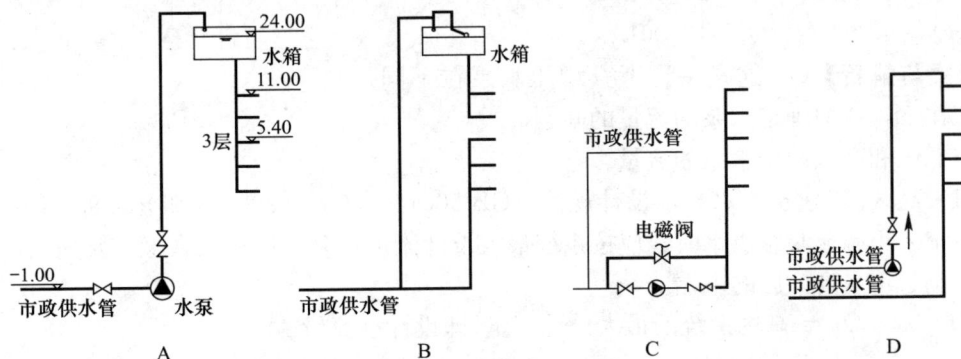

图 6-3

【答案与解析】 B。此题考点关于供水方式的选择。

建筑给水所需压力的经验公式（从室外地面算起），一层 10mH₂O、二层 12mH₂O、三层 16mH₂O、四层 20mH₂O、五层 24mH₂O。

题目中给出的白天和夜间的压力关系可知，白天可以供到三层、夜间可以供给整个建筑的五层。根据题目的高程关系给水管道在室外地面的埋深不超过 1.0m，所以，满足经验公式的估算法计算。

压力周期性不足，所以应该选用的单设水箱的供水方式；同时应该充分利用市政管网的压力进行供水。《建筑给水排水设计规范》GB 50015—2003（2009 年版）3.3.3 条内容。

A 选项，建筑的管网均有水泵—水箱供水方式，没有充分利用市政管网的压力。

B 选项，压力周期性不足，所以应该选用单设水箱的供水方式；白天压力可以供到三层，直接供水方式。

C 选项，建筑的全部楼层均可以直接供水，也可以由水泵提升供水；从节能角度当白天由水泵直接提升供水时，就没有充分利用市政管网 0.19MPa 的压力。

D 选项，分区供水，充分利用市政白天的压力 0.19MPa；但是，市政管网夜间 0.28MPa 的压力没有使用，而是靠水泵直接供水。

考生注意：注册考试题目很灵活，要细致作答这个题目出在了案例中，其实也可以是一道简单的单选题。希望每个考生一方面不要害怕题目，不要被题目吓倒，这些题目都是您所学知识的一个点而已；另一方面，不轻视每一个题目，越是看起来简单自己熟悉的题目，其实越有可能失分。对待题目和我们做人一样要"不卑不亢"。

5. 某 30 层集体宿舍 I 类如图 6-4 所示，用水定额 200L/(人·d)，小时变化系数 K_h＝3.0；每层 20 个房间，每间住 2 人并设一个卫生间，其卫生器具当量总数 N＝3，采用图示分区供水系统全天供水，每区服务 15 个楼层，低区采用恒速泵，高区采用变频水泵供水，则水泵流量 Q_1、Q_2 应为下列哪项？（ ）

A. Q_1＝8.33L/s、Q_2＝4.17L/s
B. Q_1＝21.21L/s、Q_2＝15.00L/s
C. Q_1＝8.33L/s、Q_2＝15.00L/s
D. Q_1＝4.17L/s、Q_2＝12.00L/s

【答案与解析】C。这是一道考查增压水泵在不同条件工作下，如何确定水泵的流量的问题。

图 6-4

求低区和高区两个水泵的流量。

（1）高区。《建筑给水排水设计规范》GB 50015—2003（2009 年版）3.8.4 条：生活给水系统采用调速泵组供水时，应按系统最大设计流量选泵，调速泵在额定转速时的工作点，应位于水泵高效区的末端。

Q_2＝高区系统的最大设计流量，即设计秒流量

$$Q_2 = q_{g_2} = 0.2\alpha\sqrt{N_g} = 0.2 \times 2.5 \times \sqrt{3 \times 20 \times 15} = 15\text{L/s}$$

（2）低区。《建筑给水排水设计规范》GB 50015—2003（2009 年版）3.8.3 条：建筑物内采用高位水箱调节的生活给水系统时，水泵的最大出水量不应小于最大小时用

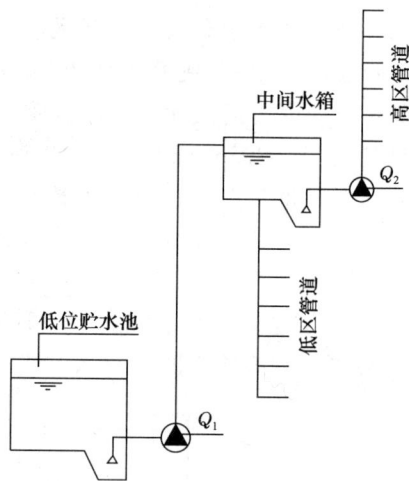

水量。

Q_1 服务对象为这个建筑的人群。

最大小时用水量 $Q_1 = K_h \dfrac{q_L \cdot m}{T} = 3.0 \times \dfrac{200 \times (20 \times 2 \times 30)}{24} = 30000 \text{L/h} = 8.33 \text{L/s}$。

考生注意： 宿舍Ⅲ、Ⅳ类不同，计算公式不同。

6. 某5层住宅采用市政管网直接供水，卫生间配水管如图 6-5 所示。管道配件内径与相应的管道内径一致，采用三通分水，自总水表①后至5层卫生间用水点②，③的管道沿程水头损失 ΔP 为①～②$\Delta P = 0.025 \text{MPa}$，①～③$\Delta P = 0.028 \text{MPa}$；煤气热水器打火启动动水压为 0.05MPa，则总水表①后的最低水压 P 应为以下何值？（图中①—总水表；②—淋浴器；③—洗脸盆；④—煤气热水器）（　　　　）

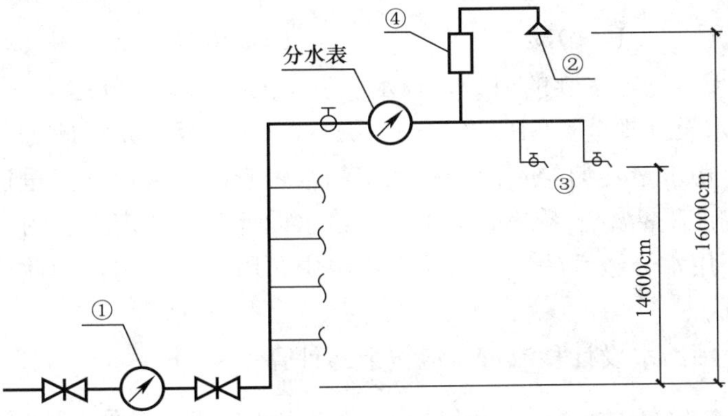

图 6-5

A. $P = 0.241 \text{MPa}$ 　　　　　　　B. $P = 0.235 \text{MPa}$

C. $P = 0.291 \text{MPa}$ 　　　　　　　D. $P = 0.232 \text{MPa}$

【答案与解析】 A。这是一道求给水系统所需水压的题目，本题目主要需要求解 H_2 这一项。

题目要求解总水表①后的最低水压 P 应为以下何值。因此卫生器具也选择用最低工作压力带入计算：

淋浴器的最低工作压力为 0.05MPa；

洗脸盆的最低工作压力为 0.05MPa；

《建筑给水排水设计规范》GB 50015—2003（2009 年版）3.6.11 条第 1 款，管件内径与管道内径一致，采用三通分水，局部损失占沿程损失的百分数为 25%～30%，最低水压取下限值为 25%；

总水表后①～②的最低水压 $P \geqslant H_1 + H_2 + H_4 = 16 \times 0.01 + (0.025 + 0.025 \times 25\%) + 0.05 = 0.160 + 0.03125 + 0.05 = 0.241 \text{MPa}$

总水表后①～③的最低水压 $P \geqslant H_1 + H_2 + H_4 = 14.6 \times 0.01 + (0.028 + 0.028 \times 25\%) + 0.05 = 0.146 + 0.035 + 0.05 = 0.231 \text{MPa}$

因此选择总水表后①～②的最低水压 0.241MPa 为选项。

考生注意： 煤气热水器打火启动动水压为 0.05MPa，表示大于该值热水器才能开启使用；因为它不是①～②管路的最不利点，所以在计算管路的水头损失时，煤气热水器已经开启，所以将其视为零。同时仔细阅读 3.6.11 条条文说明。

7. 某医院住院部共有 576 床位，全日制供水，用水定额 400L/(床·d)，小时变化系数 K_h 为 2.5，卫生器具给水当量总数 $N=625$。其给水系统由市政管网直接供水，则安装在引入管上总水表（具体参数如下表 6-2）的口径应为何项？（　　）

(m³/h)　表 6-2

公称口径 DN（mm）	过载流量	常用流量	分界流量	最小流量
32	19.2	9.6	4.2	0.1
40	24.0	12.0	8.3	0.2
50	36.0	18.0	12.0	0.4
80	72.0	36.0	16.0	1.1

A. DN32　　　　　B. DN40　　　　　C. DN50　　　　　D. DN80

【答案与解析】 C。确定水表的口径，及水表流量的技术参数问题。

《建筑给水排水设计规范》GB 50015—2003（2009 年版）3.4.18 条：水表口径的确定应符合以下规定：用水量均匀的生活给水系统的水表应以给水设计流量选定水表的常用流量；用水量不均匀的生活给水系统的水表应以给水设计流量选定水表的过载流量。

医院建筑属于用水分散性的，用水时间不集中，用水不均匀，因此确定水表的口径以过载流量作为依据。

医院建筑的生活给水设计秒流量，应按下式计算：

$$q_g = 0.2\alpha \sqrt{N_g} = 0.2 \times 2.0 \times \sqrt{625} = 10\text{L/s} = 36\text{m}^3/\text{h}$$

考生注意：水表的计算是需要校核的。

若是旋翼式水表 50mm，则 $h_d = \dfrac{q_g^2}{k_b} = \dfrac{q_g^2}{\dfrac{Q_{max}^2}{100}} = \dfrac{36^2}{\dfrac{36^2}{100}} = 100\text{kPa} > 24.5\text{kPa}$，参见《全国勘察

设计注册公用设备工程师给水排水专业执业资格考试教材》中第 3 册 1.5.2 节管网水力计算的内容，水表水头损失过大，超过了允许值，需要放大口径，按照题目给定放大口径到 80mm。

若是螺翼式水表 50mm，$h_d = \dfrac{q_g^2}{k_b} = \dfrac{q_g^2}{\dfrac{Q_{max}^2}{10}} = \dfrac{36^2}{\dfrac{72^2}{10}} = 2.5\text{kPa} < 24.5\text{kPa}$，此水表选择可用。

若题目给出是螺翼式水表或是旋翼式水表，则需要校核。所以此题不需要校核，答案是 C。

8. 某 12 层住宅楼采用恒压变频调速泵装置供水。住宅层高均为 3m。首层住宅楼面楼面标高为 ±0.00，水泵设在该楼地下 2 层，水泵出水恒压设定为 0.64MPa（该处标高为 −6.00m），该处至最高层住户入户管处的总水头损失为 0.14MPa；最高层住户入户管处的设计水压 0.1MPa，各层入户管均高于所在楼面 1m，则该住宅楼哪几层入户管处的供水压力超过规范规定？（　　）

A. 2 层及以下　　　　　　　　　　　B. 4 层及以下
C. 6 层及以下　　　　　　　　　　　D. 8 层及以下

【答案与解析】 C。这是一道关于减压的题目，实质内容还是要清楚的理解给水系统所

需压力的计算。

已知：水泵的压力 $H_b=0.64$MPa

最不利层的入户管的压力 $H_4=0.1$MPa

水泵至最高层住户管处的总水头损失为 $H_2=0.14$MPa

最不利层的入户管相对于水泵出水恒压设定点之间的高差为 $H_1=6+(11\times3+1)=6+34=40$m 水柱 $=0.4$MPa

水泵的扬程满足关系式 $H_b=0.64$MPa$\geq H_1+H_2+H_4=0.4+0.14+0.1=0.64$MPa，可以看到给定的已知条件是相符的。

接下来考虑减压问题：

需要减压位置的计算，考虑此时系统水泵恒压 0.64MPa，水泵出口的压力值不变，只要水泵工作就会输出这么多压力。

对于需要减压的层数，需要从上向下进行计算，类似消火栓系统水力计算，求解最不利立管的次不利点的压力，通过最不利立管最不利点进行计算的方法：

$$H_{i(次不利点)} = H_{最不利点所需压力} + Z_{i(次不利点-最不利点)的几何高差} + \Sigma h_{i(次不利点-最不利点)的管路水头损失}$$

例如

从上向下的第 1 层（即第 11 层）入户管的压力 $=$

$$H_i = H_{最不利点所需压力} + Z_{(i-最不利点)的几何高差} + \Sigma h_{(i-最不利点)的管路水头损失}$$

$$= 0.1 + \frac{3}{100} + \left(\frac{0.14}{40} \times 3\right) = 0.141\text{MPa}$$

计算从上向下的第 x 层（即由下向上的第 12-x 层）入户管的压力，如果此压力值大于 0.35MPa，则第 （12-x） 层就应该减压。

$$H_x = H_{最不利点所需压力} + Z_{(x-最不利点)的几何高差} + \Sigma h_{(x-最不利点)的管路水头损失} \geq 0.35$$

$$0.1 + \frac{3x}{100} + \left(\frac{0.14}{40} \times 3x\right) \geq 0.35$$

解得 $x \geq 6.17$

则第 （12-x） 层，需要减压的层数为 $=12-x=12-6.17=5.83$ 层，即 5.83 层以下的地方需要减压；各层入户管均高于所在楼面 1m，6 层安装位置相当于 6.33 层的位置，是高于 5.83 层的，所以答案应该是 6 层以下需要减压，不包括 6 层。考生可以计算 6 层入户管处的供水压力，检查一下是否为 0.343MPa。

观察题目给定的选项，显然 C 选项是和计算答案最接近的。所以选则 C。

考生注意：这个题目是非常有水平的一题，题目给定条件完全可以核算上，需要考生理解建筑给水系统的设计；这种关于减压的题目也可以出现在消火栓系统或者自动喷水灭火系统中，解决问题的方式是完全相同。题目的答案选择应该说有一点小瑕疵。请考生也要包容出题者的小瑕疵、《全国勘察设计注册公用设备工程师给水排水专业执业资格考试教材》中第 3 册的不妥之处、各种规范中不能衔接之处，不要去纠结题目或者知识应该像小学知识 1+1=2 一样正确，而是要看到这方面的知识自己是否融会贯通，应用自如。庄子《齐物论》中提到拥有知识的另一个更高层次的知识便是"不知之知"或者是"无知之知"。

9. 某宾馆集中供应冷、热水，客房卫生间设洗脸盆、浴盆及大便器各一套，其中洗脸盆、

浴盆均安装混合水嘴，大便器带低水箱冲洗，则各客房卫生间冷水进水管的设计秒流量应为下列哪值？（　　）

A. 0.40L/s　　　　　B. 0.49L/s　　　　　C. 0.71L/s　　　　　D. 0.78L/s

【答案与解析】 A。这依然是一定关于设计秒流量的题目。

按《建筑给水排水设计规范》GB 50015—2003（2009年版）3.6.5条，计算宾馆，洗脸盆、浴盆均安装混合水嘴，大便器带低水箱

$$q_g = 0.2\alpha \sqrt{N_g q_g} = 0.2 \times 2.5 \times \sqrt{0.5 + 1.0 + 0.5} = 0.71 \text{L/s}$$

最大一个卫生器具浴盆的混合水嘴，额定流量0.2L/s，

所有器具额定流量的累加值 0.1+0.2+0.1＝0.40L/s

出现计算值大于所有器具额定流量的累加值，所以取所有器具额定流量的累加值 0.40L/s 为设计秒流量。

考生注意： 单独计算冷热水时，需要注意的是，《建筑给水排水设计规范》GB 50015—2003（2009年版）表3.1.14下面注1"表中括弧内的数值系在有热水供应时，单独计算冷水或热水时使用"。3.6.5条注2，计算值大于累加值时，按累加值。

10. 一叠压供水系统，外网供水压力为 0.15MPa（水泵入口处），最不利配水点所需水压为 0.1MPa，该最不利配水点与水泵入口处的几何高差为 30m，水泵至最不利配水点管路的总水头损失为 0.1MPa。则水泵出口的供水压力 P 及水泵扬程 H 应为下列哪项（水泵水头损失忽略不计）？（　　）

A. P＝0.15MPa，H＝0.5MPa　　　　　　　B. P＝0.5MPa，H＝0.35MPa

C. P＝0.35MPa，H＝0.5MPa　　　　　　　D. P＝0.35MPa，H＝0.35MPa

【答案与解析】 B。这是一道关于叠压供水系统的题目，也是一道关于水泵直接从市政管网吸水的题目。

泵的扬程为 $H \geqslant H_1 + H_2 + H_4 - H_0 = 0.3 + 0.1 + 0.1 - 0.15 = 0.35 \text{MPa}$

泵出口的供水压力等于泵所承受的压力，本题中泵所承受的压力就是输送到最不利点的水压在水泵出口处的压力 P＝0.1+0.3+0.1＝0.5MPa

考生注意： 此题如果是水泵从低位水池吸水的情况，水泵出口的供水压力 P 及水泵扬程 H 的关系如何呢？

11. 某建筑给水系统所需压力为 200kPa，选用隔膜式气压给水设备升压供水。经计算气压水罐水容积为 0.5m³，气压水罐内的工作压力比为 0.65，求气压水罐总容积 V_q 和该设备运行时气压罐压力表显示的最大压力 P_{2a} 应为下列何值？（　　）

（注：以 $1\text{kg/cm}^2 = 9.80665 \times 10^5 \text{Pa}$ 计）

A. V_q＝1.43m³，P_{2a}＝307.69kPa　　　　　B. V_q＝1.50m³，P_{2a}＝307.69kPa

C. V_q＝1.50m³，P_{2a}＝360.46kPa　　　　　D. V_q＝3.50m³，P_{2a}＝458.46kPa

【答案与解析】 C。这是一道关于气压设备给水的题目。

$$V_q = \frac{\beta V_{q_1}}{1 - \alpha_b}$$

式中　V_q——气压水罐的总容积（m³）；

β——容积系数，其值反映了罐内不起水量调节作用的附加水容积的大小。隔膜式取 1.05；立式补气式取 1.10；卧式补气式取 1.25；

V_{q_1}——气压水罐的水容积（m^3），应大于或等于调节容量；

α_b——气压水罐内最低工作压力与最高工作压力之比（以绝对压力计），宜采用 $0.65\sim0.85$。

气压水罐的总容积 $\qquad V_q = \dfrac{\beta V_{q_1}}{1-\alpha_b} = \dfrac{1.05\times0.5}{1-0.65} = 1.5m^3$

气压罐压力表显示的最大压力 P_{2a} $\qquad \alpha_b = \dfrac{P_1}{P_2}$

式中 $\quad P_1$——气压水罐的最小工作压力（绝对压力），kPa；

$\qquad P_2$——气压水罐的最大工作压力（绝对压力），kPa。

$$P_2 = \frac{P_1}{\alpha_b} = \frac{200+98.0665}{0.65} = 458.56kPa,$$

则气压罐压力表显示的最大压力 $P_{2a} = P_2 -$ 大气压 $= 458.56-98.0665 = 360.49kPa$

考生注意：绝对压力＝压力表读数＋大气压

12. 有一居住小区给水管道服务 4 幢高层居民楼和 4 幢多层居民楼如图 6-6 所示。已知高层是设有水池水泵和水箱的间接供水，引入管流量三幢是 5.0L/s，一幢是 3.0L/s。多层居民楼是室外给水管道直接供水，其中三幢每幢共计当量数为 $N=160$，$U_0=3.5$；其中一幢为 $N=80$，$U_0=2.5$。该居住小区设计总人数为 1800 人，每户的平均当量为 7.5，用水定额为 280L/（人·d），时变化系数为 2.5。求室外给水 8-9 管道的设计流量？（　　）

A. 18L/s　　　　　B. 20.54L/s　　　　　C. 25.0L/s　　　　　D. 29.77L/s

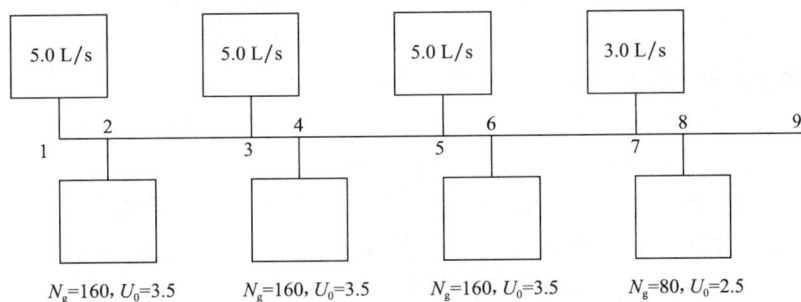

图 6-6

【答案与解析】 C。这是一道关于小区给水管道设计流量的计算题目。

参见《建筑给水排水设计规范》GB 50015—2003（2009 年版）3.6.1 条～3.6.6 条的内容对本题进行解析。

8-9 管道是向四幢高层居民楼和四幢多层居民楼供水。依据 3.6.1A，多层居民楼室外直供给水管段要计算管段流量；高层居民楼应以建筑物引入管的流量作为室外给水管道的节点流量。

依据 3.6.1 条，该居住小区设计总人数为 1800 人，每户的平均当量为 7.5，用水定额为 280L/（人·d），时变化系数为 2.5。经过计算比较服务人数小于表 3.6.1 的要求，所以住宅应按 3.6.4 条的设计秒流量进行计算管道流量。

$q_{1-2} = 5.0L/s$

$$q_{2-3}=5.0\text{L/s}+（N=160，U_0=3.5\text{ 查附录 E）}3.25\text{L/s}=8.25\text{L/s}$$

$$q_{3-4}=8.25\text{L/s}+5.0\text{L/s}=13.25\text{L/s}$$

$$q_{4-5}=5.0\text{L/s}+5.0\text{L/s}+（N=320，U_0=3.5\text{ 查附录 E）}5.02\text{L/s}=15.02\text{L/s}$$

$$q_{5-6}=15.02\text{L/s}+5.0\text{L/s}=20.02\text{L/s}$$

$$q_{6-7}=5.0\text{L/s}+5.0\text{L/s}+5.0\text{L/s}+（N=480，U_0=3.5\text{ 查附录 E）}6.52\text{L/s}=21.52\text{L/s}$$

$$q_{7-8}=21.52\text{L/s}+3.0\text{L/s}=24.52\text{L/s}$$

$$q_{8-9}=5.0\text{L/s}+5.0\text{L/s}+5.0\text{L/s}+3.0\text{L/s}+（N=480，U_0=3.5\text{ 和 }N=80，U_0=$$

2.5，综合考虑即：$N=560，U_0=\dfrac{480\times3.5+80\times2.5}{480+80}=3.36\text{ 查附录 E）}7.0\text{L/s}=25.0\text{L/s}。$

考生注意：此题显然比一般的考题计算要复杂，如果说注册考试中案例题目每题的解答时间平均在 7min 中左右时，显然这个题目就过于浪费时间了。此题并不难，只是想要提醒考生理解概念，考查了住宅建筑的设计秒流量公式，希望考生可以注意到《建筑给水排水设计规范》GB 50015—2003（2009 年版）3.6.4 条中第 3 款的"注"，第 4 款的内容及其条文说明。在小区室外给水管道设计流量计算时的步骤如下，①先使用 3.6.1A 条，可以直接计算设有水箱（池）时（高层建筑物），应以引入管的流量作为室外给水管道的节点流量。②如果是公共建筑区的室外直供给水管道，请继续使用 3.6.1A 条中分号之前的这句话。③如果是居住小区的室外直供给水管道，按照相应内容请使用 3.6.1 条第 1 款、第 2 款第 3 款的内容。

13. 符合建设行业标准的节水器具具有节水效果，但大部分还受到给水管网系统工程设计的影响，下列节水器具中有几种节水效果不受工程设计影响？并说明理由。（   ）

① 淋浴器；② 水嘴；③ 大便器自动冲洗阀；④ 大便器冲洗水箱

A. 1 种　　　　　　　　B. 2 种　　　　　　　　C. 3 种　　　　　　　　D. 4 种

【答案与解析】A。这是一道关于节水的题目。

按《建筑给水排水设计规范》GB 50015—2003（2009 年版）3.1.14 条、3.1.14A 条 3.1.14B 条 3.1.14C 条从节水的角度论述了用水器具。

参见《节水型生活用水器具》CJ 164—2002 中 4 技术要求中淋浴器、水嘴、大便器自动冲洗阀均要求了水压；而大便器冲洗水箱有容积的要求，总容积不大于 6L。大便器冲洗水箱可以将给水管网的压力释放，因此与系统设计没有关系。

考生注意：节水题目近几年出的比较频繁，主要参考《建筑给水排水设计规范》GB 50015—2003（2009 年版）、《民用建筑节水设计标准》GB 50555—2010、《节水型生活用水器具》CJ 164—2002。还有一些问题，是需要考生对用水末端节水使用的思考。

14. 某标准游泳池平面尺寸为 50m×25m，水深 2m，循环水采用用多层滤料过滤器过滤，循环周期 5h，水容积附加系数 α=1.05，选用 4 台过滤罐，则过滤罐的最小直径应为下列何项？（   ）

A. 2.52m　　　　　　　B. 2.82m　　　　　　　C. 2.36m　　　　　　　D. 4.00m

【答案与解析】C。这是一道关于游泳池过滤器的题目。

要求解游泳池过滤器的直径→需要求解游泳池过滤器的面积。

所需的过滤面积 $A=\dfrac{q_c}{v}$

式中　q_c——游泳池的循环流量（m³/h）；

　　　　v——滤速（m/h）。

参见《全国勘察设计注册公用设备工程师给水排水专业执业资格考试教材》第3册7.1.4节的内容。

过滤器运行的要求：每座游泳池不宜少于2台或2台以上同时运行设计。题目给定有4台过滤器，过滤器宜按24h连续运行设计。

$$q_c = \frac{X_{ad} \cdot V_p}{T_p} = \frac{1.05 \times (50 \times 25 \times 2.0)}{5} = 525 \text{m}^3/\text{h}$$

所需的过滤面积 $A = \dfrac{q_c}{v}$

《游泳池给水排水工程技术规程》CJJ 122—2008，表5.4.3中多层滤料过滤，滤速20～30m/h过滤器的最小直径，所需的过滤面积也是最小的，因此滤速用最大值，则

$$A = \frac{q_c}{v} = \frac{525}{30} = 17.5 \text{m}^2$$

共有4台过滤罐，则单台的过滤面积为 $A_单 = \dfrac{17.5}{4} = 4.375 \text{m}^2$

$$d = \sqrt{\frac{4A}{\pi}} = \sqrt{\frac{4 \times 4.375}{\pi}} = 2.36 \text{m}$$

15. 某顺流式循环游泳池，池水容积2820m³，循环水净化系统管道和设备内的水容积40m³，循环周期为4h，则平衡水池的最小有效容积为下列哪项？（　　）

A. 36m³　　　　　　B. 40m³　　　　　　C. 60m³　　　　　　D. 83m³

【答案与解析】C。此题考点为游泳池的平衡水池的容积确定。

参见《建筑给水排水工程》（第六版）12.1节中内容，游泳池平衡水池的有效容积按循环水净化系统管道和设备内的水容积之和考虑，且不应小于5min循环水泵的出水量。

游泳池平衡水池的有效容积 $V_p = V_f + 0.08 q_c$，至少是5min循环水泵的流量。

式中　V_P——平衡水池的有效容积（m³）；

　　　　V_f——单个最大过滤器反冲洗所需水量（m³）；

　　　　q_c——游泳池的循环水量（m³/h）。

找到公式，会发现考题似乎又和游泳池的循环流量有关，下面分析一下公式中各项参数，观察公式和题目的条件，确定单个最大过滤器反冲洗所需水量没有数据（没有提到过滤器的过滤面积，反冲洗水的强度、冲洗时间）。V_f 求解不出来。

游泳池的循环流量 $q_c = \dfrac{\alpha \cdot V}{T_x}$，循环流量中的容积附加系数可以取1.05～1.10，显然这个公式可以求解，但是题目中清楚给定了管道及设备的容积为40m³。则 $\alpha V = 2820 + 40 = 2860$m³，但是求解出 q_c，依然不能求解 V_f。

所以，公式法求解行不通，因此考虑不应小于5min循环水泵的出水量为本题的解题依据。

$$q_x = \frac{\alpha \cdot V}{T_X} = \frac{2820 + 40}{4} = 715 \text{m}^3/\text{h}$$

是5min循环水泵的流量即是 715m³/h $\times 5$min $= 59.6$m³

则选 C 选项，60m³。

16. 一室外游泳池，最深端水深 1.5m，游泳池水面相对于池旁路面的标高为 0.53m，循环给水系统为顺流式。该游泳池的其他设计情况如下：①溢流水自流排至距路面1.5m 深的雨水检查井，②泳池泄水用闸阀控制自流排人该检查井，③设循环泵 2 台（一用一备），④循环泵从均衡水池吸水，⑤不设池水加热设施。上述 5 个设计情况中存在几处错误（应说明原因）？（   ）

A. 1 处　　　　　　　B. 2 处　　　　　　　C. 3 处　　　　　　　D. 4 处

【答案与解析】 C。

① 参见《游泳池给水排水工程技术规程》CJJ 122—2008 中 11.1.1 条，顺流式池水循环系统的溢流水应回收利用。

② 参见《游泳池给水排水工程技术规程》CJJ 122—2008 中 11.3.2 条和 11.3.3 条，当为重力流泄水并排至排水管道时，应设置防止雨水或污水回流污染的有效措施。当为压力流泄水时，宜采用循环水泵和设备机房内集水坑潜水排水泵兼作泄水泵，但必须关闭进入各类设备内管道上的阀门。

③ 正确。参见《游泳池给水排水工程技术规程》CJJ 122—2008 中 4.6.1 条第 6 款，宜设备用水泵。

④ 顺流式游泳池应设平衡水池，而不是均衡水池。参见《建筑给水排水设计规范》GB 50015—2003（2009 年版）中 3.1.9 条。

⑤ 正确，没有规定必须加热。

考生注意：游泳池这部分考试的案例题目，从最开始使用公式就可以计算出答案变成了对游泳池设计需要注意事项的考查。这就要求考生理解教材的基本知识，熟悉规范中的技术要求。希望考生对于游泳池的系统选择、净化工艺等均要掌握。

2 建 筑 消 防

1. 一栋二类高层住宅楼的消火栓灭火系统如图 7-1 所示。已知该系统消火栓给水泵的设计流量为 10.0L/s，设计计算扬程为 70m，最不利消火栓口处压力为 19m。则该消火栓给水系统的计算水头损失值为下列何项？（注：水泵设计扬程不计安全系数）（　　）

   A. 14.0m   B. 10.5m   C. 7.5m   D. 4.5m

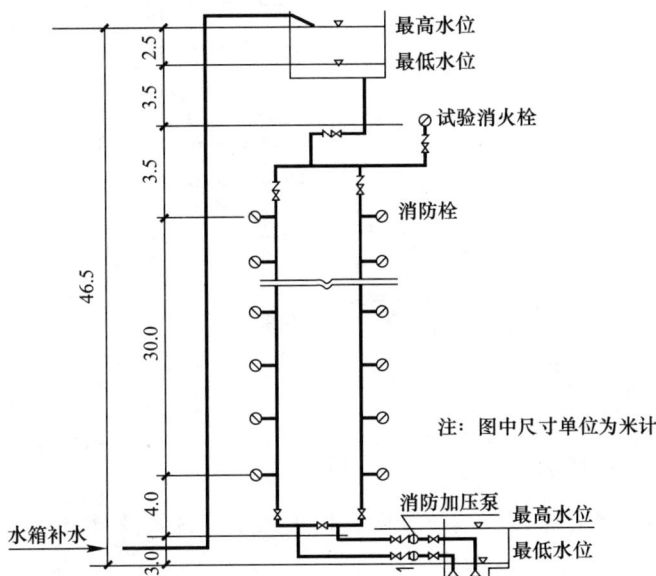

图 7-1

   【答案与解析】 A。这是关于消火栓给水系统所需水压题目，其实质和给水系统相同。

   本题中水泵从消防水池吸水把水打到消火栓给水系统，消火栓给水泵的扬程为 $H_b \geqslant H_1 + H_2 + H_4$

   已知 $H_b = 70m$；

   $H_1 = $ 从水池的最低液位到最不利处的消火栓栓口几何高差 $= 3.0 + 4.0 + 30.0 = 37m$；

   $H_4 = 19m$；

   求解 $H_2 = H_b - H_1 - H_4 = 70 - 37 - 19 = 14m$

2. 图 7-2 示为某 16 层单元式普通住宅（建筑高度 49.8m）的室内消火栓给水系统计算简图，则消火栓泵的扬程应不小于哪项？（　　）

   已知：①A 点处市政供水压力在 0.15～0.30MPa 之间；②管路 AB（A 点至消火栓口 B 的管长 150m）的沿程水头损失：当流量 $Q = 5L/s$，均以 0.08kPa/m 计；当流量 $Q = 10L/s$，均以 0.28kPa/m 计；流量 $Q = 5L/s$ 或 10L/s 时，管路 AB（均含消火栓口）的局部损失均按 85kPa 计；③保证消防水枪流量不小于 5L/s，且其充实水柱长度不小于 10m 时，其消火栓口处的最小压力不应小于 169kPa。

A. 0.47MPa　　　　B. 0.62MPa　　　　C. 0.159MPa　　　　D. 0.44MPa

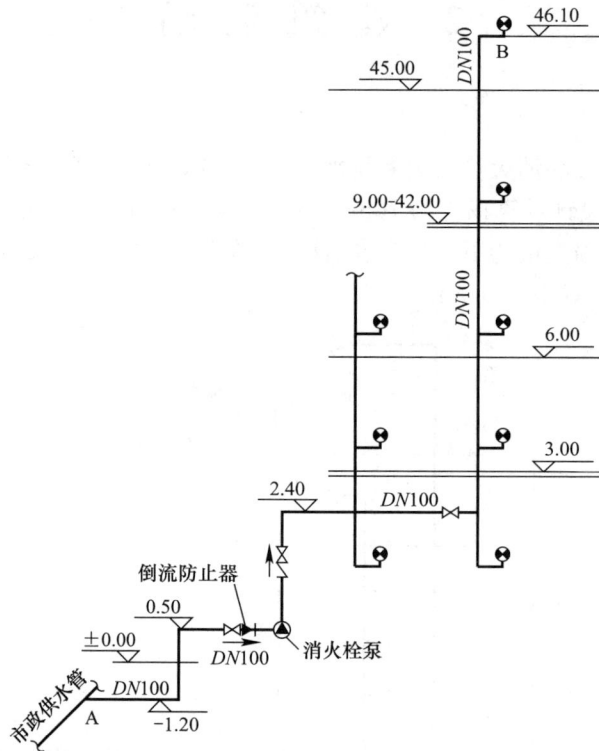

图 7-2

【答案与解析】 B。消火栓泵从市政管网直接吸水水泵扬程的计算。

泵的扬程为 $H_b \geqslant H_1 + H_2 + H_4 - H_0$

式中　H_1——静水压力，题目中为 $46.10 - (-1.20) = 47.30\text{m} = 0.473\text{MPa}$；

　　　H_2——管路水头损失，高层单元式普通住宅，建筑高度 49.8m，则参照《高层民用建筑设计防火规范》GB 50045—95（2005 年版）7.2.2 条每根竖管最小流量为 10L/s，则按照 10L/s 计算管路沿程和局部水头损失 $= 0.28 \times 150 + 85 = 127\text{kPa} = 0.127\text{MPa}$；

　　　H_4——最不利消火栓口处的最小压力，$169\text{kPa} = 0.169\text{MPa}$；

　　　H_0——取最不利情况，0.15MPa。

$H_b \geqslant H_1 + H_2 + H_4 - H_0 = 0.473 + 0.127 + 0.169 - 0.15 = 0.62\text{MPa}$

3. 某工程自动喷水灭火系统由高位消防水池以高压方式供水，如图 7-3 所示。当最高层最不利作用面积内一个喷头喷水（$q = 1\text{L/s}$）时，报警阀出口水压为 0.76MPa。配水管入口 A 处水压为 0.40MPa，报警阀出口至 A，B 处管道水头损失分别为 0.06MPa，0.016MPa（不考虑局部水头损失）。当底层最不利作用面积内一个喷头配水（$q = 1\text{L/s}$）时，在配水管入口 B 处设置孔板减压。要求水压仍为 0.40MPa，则按下表 7-1 确定该孔板孔径为何值？（　　）

表 7-1

孔板孔径 d（mm）	28	27	26	25	24	23
水头损失 h（10^4Pa）	22.0	24.3	26.4	28.0	30.0	34.8

A. $d28$ B. $d26$ C. $d25$ D. $d24$

【答案与解析】 B。这是一道关于自动喷水灭火系统的减压题目。

当报警阀出口水压为 0.76MPa 时，配水管入口 A 处水压为 0.40MPa，报警阀出口至 A、B 处管道水头损失分别为 0.06MPa、0.016MPa（不考虑局部水头损失）。

在给水系统中，需要从上向下进行计算，类似消火栓系统水力计算，求解最不利立管的次不利点的压力，通过最不利立管最不利点进行计算的方法：

$$H_{i(次不利点)} = H_{最不利点所需压力} + Z_{i(次不利点—最不利点)的几何高差}$$
$$+ \sum h_{i(次不利点—最不利点)的管路水头损失}$$

本题中，从上向下进行计算 A，B 处水压之间的关系依然遵循这个原则，需要求解出 B 点处在报警阀出口水压为 0.76MPa 时，B 点为何值，则：

$$H_B = H_A + h_{A-B(h)} + \Delta h_{A-B(L)}$$
$$= 0.40\text{MPa} + (22\text{m}) + (0.06\text{MPa} - 0.016\text{MPa})$$
$$= 0.40 + 0.22 + 0.044 = 0.664\text{MPa}$$

题目给出，配水管入口 B 处设置孔板减压，要求水压仍为 0.40MPa。

则孔板减压需要减掉的压力为 $H_\xi = 0.664 - 0.40 = 0.264$MPa

查表，孔板孔径 26mm 时，孔板的水头损失为 26.4×10^4Pa 即为 0.264MPa。

考生注意： 这个题目和给水部分案例的第 8 题，几乎是完全相同的思路，只是使用的背景不一样，一个是恒压泵给水，一个是自动喷水灭火系统的报警阀。对问题的理解是一致的，再有是求解的对象不同。

4. 图 7-4 为某一类高层建筑（由裙房和主楼组成）室内消火栓给水管道系统原理图，指出图中存在几处错误？并说明理由。（   ）

（注：①不考虑图中管径及管道标高的标注和消防水泵接合器、消火栓减压、消防卷盘设置问题；②图中同类错误按 1 处计）

A. 1 处   B. 2 处   C. 3 处   D. 4 处

【答案与解析】 C。

（1）屋顶试验消火栓缺少阀门及压力表。参照标准图集-消火栓给水系统原理图。

（2）屋顶水箱设置高度不满足到最不利消火栓静水压力 7m 的要求，应设增压设施。参见《高层民用建筑设计防火规范》GB 50045—95（2005 年版）7.4.7.2 条。

（3）消火栓泵出水管左右两侧环网处，阀门重复设置。参见《高层民用建筑设计防火规范》GB 50045—95（2005 年版）7.5.4 条文说明。

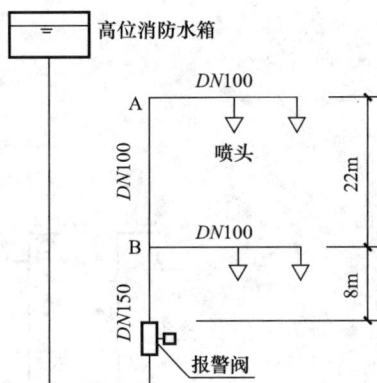

图 7-3

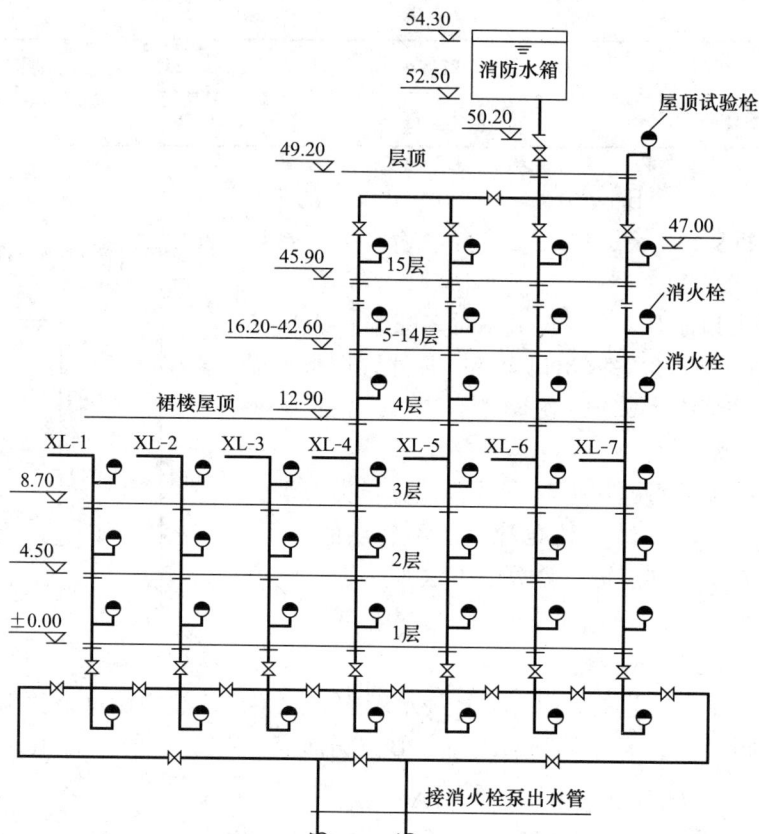

图 7-4

5. 某 5000 座位的体育馆，设有需要同时开启的室内外消火栓给水系统、自动喷水灭火系统、固定消防炮灭火系统。室外消防用水由室外管网供给。自动喷水灭火系统用水量为 30L/s。固定消防炮系统用水量为 40L/s，火灾延续时间为 2h。如室内消防用水贮存在消防水池中，则消防水池的最小容积为下列哪一项？（   ）

A. 468m³   B. 504m³   C. 540m³   D. 450m³

【答案与解析】A。消防水池的最小容积，即室内消防水量的确定。

消防系统：室内外消火栓、自动喷水、固定消防炮。

因为室外消火栓由室外管网供给。

根据《建筑设计防火规范》GB 50016—2006 中 8.4.1 条：建筑内同时设置室内消火栓系统、自动喷水灭火系统、水喷雾灭火系统、泡沫灭火系统或固定消防炮灭火系统时，其室内消防用水量应按需要同时开启的上述系统用水量之和计算；当上述多种消防系统需要同时开启时，室内消火栓用水量可减少 50%，但不得小于 10L/s。同时查阅条文说明 8.4.1 条第 1 款的例子理解。

自动喷水系统：30L/s，火灾延续时间 1h。

固定消防炮：40L/s，火灾延续时间 2h。

室内消火栓：题目 5000 座位的体育馆，消火栓 15L/s；根据 8.4.1 条文规定，当上述多种消防系统需要同时开启时，室内消火栓用水量可减少 50%，但不得小于 10L/s。选择

10L/s 进行计算，火灾延续时间 2h。

$$V = \Sigma Q_{ni} \cdot T_{bi} = 30\text{L/s} \times 1\text{h} \times 3600\text{s} + 40\text{L/s}$$
$$\times 2\text{h} \times 3600\text{s} + 10\text{L/s} \times 2\text{h} \times 3600\text{s} = 468\text{m}^3$$

6. 一座 7 层单元式住宅，底层为商业网点，其中面积为 100m^2 的录像厅茶座及面积为 150m^2 的电子游艺室均要求设计自动喷水灭火局部应用系统。采用流量系数 $k=80$ 的快速响应喷头。喷头的平均工作压力以 0.10MPa 计，作用面积内各喷头流量相等。该系统在屋面设置专用消防水箱以常高压系统方式供给本系统用水，则该水箱最小有效容积应为以下何值？（　　）

   A. 19.2m^3　　　　　B. 24.0m^3　　　　　C. 28.8m^3　　　　　D. 48.0m^3

【答案与解析】A. 本题看起来是消防水箱的最小有效容积，而这个消防水箱是常高压消防给水系统。因此本题的高位消防水箱相当于一个消防水池的最小容积，即消防水量的确定。同时考查自动喷水灭火系统的局部应用系统。

（1）《自动喷水灭火系统设计规范》GB 50084—2001（2005 年版）12.0.2 条可知，喷水强度不应低于 $6\text{L/(min}\cdot\text{m}^2)$，持续喷水时间不应低于 0.5h。

12.0.3 条采用流量系数为 80 的快速响应喷头，喷头的布置符合中危 I 级场所的有关规定。

（2）确定开放的喷头只数。由表 12.0.3 可知，保护区域为面积 100m^2 的录像厅茶座和面积为 150m^2 的电子游艺室，即 $100+150=250\text{m}^2$，不大于 300m^2；面积为 150m^2 的电子游艺室为最大厅室，它的建筑面积不超过 200m^2；开放的喷头只数为 8 只。

（3）贮水池的最小有效容积：

每只喷头的最小喷水流量 $q = K\sqrt{10P} = 80\sqrt{10 \times 0.1} = 80\text{L/min}$

开放的 8 只喷头每分钟的用水量为 $Q_s = \dfrac{1}{60} \cdot \sum_{i=1}^{n} q_i = 80\text{L/min} \times 8 \text{个} = 640\text{L/min}$

12.0.2 条可知，喷水强度不应低于 $6\text{L/(min}\cdot\text{m}^2)$，持续喷水时间不应低于 0.5h；则屋面设置专用消防水箱以常高压系统方式供给本系统用水

$$V_z = 640\text{L/min} \times 0.5\text{h} = 640\text{L/min} \times 30\text{min} = 19.2\text{m}^3$$

7. 某栋综合楼，高 49m，底部 3 层为商场，上部为写字楼，消防用水量按商场部分计算，设有室内外消火栓给水系统，自动喷水灭火系统，其设计流量均为 30L/s；跨商场 3 层的中庭采用雨淋系统，其设计流量为 45L/s，中庭与商场防火分隔采用防护冷却水幕，其设计流量为 35L/s，室内外的消防用水均需贮存在消防水池中，则消防水池的最小有效容积应为下列何值？（　　）

   A. 1044m^3　　　　　B. 756m^3　　　　　C. 720m^3　　　　　D. 828m^3

【答案与解析】C. 参见《高层民用建筑设计防火规范》GB 50045—95（2005 年版）7.2.2 条规定，建筑高度不超过 50m，室内消防用水量超过 20L/s，且设有自动喷水灭火系统，其室内外的消防用水量可减少 5L/s。查表 7.2.2 则室内、外消火栓用水量 20L/s 和 20L/s，本题不需要减少，7.3.3 条可知该综合楼火灾延续时间按 3.0h 计算。其他系统如下：

自动喷水灭火系统 30L/s，火灾延续时间按 1.0h

中庭的雨淋系统 45L/s，火灾延续时间按 1.0h

防护冷却水幕 35L/s，火灾延续时间按 1.0h

按同时开启的消防设备考虑，《高层民用建筑设计防火规范》GB 50045—95（2005 年版）7.2.1 条条文说明：第一种情况：室内外消火栓系统＋自动喷水灭火系统＋防护冷却水幕

$$(20＋20)L/s×3.0h＋30L/s×1.0h＋35L/s×1.0h＝666m^3$$

第二种情况：室内外消火栓系统＋中庭的雨淋系统＋防护冷却水幕

$$(20＋20)L/s×3.0h＋45L/s×1.0h＋35L/s×1.0h＝720m^3$$

比较后取大值，保证消防用水量的安全。

考生注意：以上三个例题介绍了关于消防系统中消防水池和消防用水量的题目。接下来再介绍几道关于消防水池和消防水量的问题。

【举例 1】 某仓库净空高度 5m，贮存箱装 A 组发泡塑料，贮物高度 3.0m，分别计算下列几种方式贮存时的自动喷水灭火系统的最小设计流量和贮水池的最小有效容积。

1. 堆垛贮物；

采用双排钢制通透层板货架贮物，层板通透部分面积占层板总面积的 2/3；

采用早期抑制快速响应喷头系统；

采用堆垛与货架贮存方式、与仓库危险 Ⅱ 级物品混杂贮存。

【解】

（1）确定危险等级：

该仓库贮存箱装 A 组发泡塑料，《自动喷水灭火系统设计规范》GB 50084—2001（2005 年版）附录 A，属于仓库危险 Ⅲ 级。

（2）堆垛贮物

1）确定设计参数

由《自动喷水灭火系统设计规范》GB 50084—2001（2005 年版）5.0.5 可知自喷仓库的设计参数。由《自动喷水灭火系统设计规范》GB 50084—2001（2005 年版）表 5.0.5-2 可知，仓库危险 Ⅲ 级贮物高度 3m，净空高度 5m 时，获得下列参数：

喷水强度 $D＝22L/(min·m^2)$，

作用面积 $240m^2$，

持续时间 不应小于 1.0h

2）系统的最小设计流量

$$q_1 ＝ 22 × 240 ＝ 5280L/min ＝ 88L/s$$

3）贮水池的最小有效容积

$$V ＝ 88 × 3.6 × 1 ＝ 316.8m^3$$

（3）采用双排钢制通透层板货架贮物，层板通透部分面积占层板总面积的 2/3 时：

1）由《自动喷水灭火系统设计规范》GB 50084—2001（2005 年版）表 5.0.5-5 可知，货架贮物 Ⅲ 级仓库贮物高度 3m，净空高度 5m 时，获得下列参数：

喷水强度 $D＝18L/(min·m^2)$，

作用面积 $200m^2$，

持续时间 不应小于 2.0h

2）系统的最小设计流量

$$q_1 ＝ 18 × 200 ＝ 3600L/min ＝ 60L/s$$

3) 贮水池的最小有效容积

$$V = 60 \times 3.6 \times 2 = 432\text{m}^3$$

（4）采用早期抑制快速响应喷头系统。

由《自动喷水灭火系统设计规范》GB 50084—2001（2005 年版）表5.0.6，仓库危险级Ⅲ级，采用早期抑制快速响应喷头系统，当净空高度5m（<9m），贮物高度3m（<7.5m）时，

1) 设计参数

喷头流量系数为200

开放喷头数　作用面积内开放12只喷头；

喷头的最低工作压力为0.35MPa；

持续时间不小于1.0h

2) 系统的最小设计流量为

$$q = 12 \times K\sqrt{10P} = 12 \times 200 \times \sqrt{10 \times 0.35} = 4490.0\text{L/min} = 74.8\text{L/s}$$

3) 贮水池的最小有效容积

$$V = 74.8 \times 3.6 \times 1 = 269\text{m}^3$$

（5）采用堆垛与货架贮存方式，与仓库危险Ⅱ级物品混杂贮存

1) 由《自动喷水灭火系统设计规范》GB 50084—2001（2005 年版）表5.0.5-6可知，货架贮物Ⅲ级仓库贮物高度3m，净空高度5m时（<6m），获得下列参数：

喷水强度　$D = 16\text{L/(min} \cdot \text{m}^2)$，

作用面积　240m²，

持续时间　不应小于2.0h

2) 系统的最小设计流量

$$q_1 = 16 \times 240 = 3840\text{L/min} = 64\text{L/s}$$

3) 贮水池的最小有效容积

$$V = 64 \times 3.6 \times 2 = 460.8\text{m}^3$$

（6）各种贮物方式的比较见表7-2（4 种贮物方式的计算结果比较）。

表7-2

贮物方式	喷头流量系数	喷水强度 [L/(min·m²)]	作用面积（m²）	开放喷头（个）	持续喷水时间（h）	最小设计流量（L/s）	贮水池的有效容积（m³）
堆垛贮物		≥22	240		≥1.0	88	≥316.8
多排钢制通透货架贮物		≥18	200		≥2.0	70	≥432
早期抑制快速响应喷头系统	200			12	≥1.0	74.8	≥269
物品混杂贮存		≥16	240		≥2.0	64	≥460.8

【举例2】　一栋12层商住楼，底层商场面积20×50＝1000m²，层高4.5m，设置栅板吊顶，喷头安装标高4.2m，二层及以上为单元式普通住宅，层高3m，每层面积600m²，室外管网不能保证室外消火栓用水量。

问题：1. 按作用面积法计算，求湿式自动喷水灭火系统设计流量；

2. 求室内消火栓系统设计流量；

3. 求消防水池的有效容积；

4. 确定高位消防水箱的箱底最低标高。

【解】

1. 确定建筑类型

（1）商住楼属民用建筑；

（2）建筑高度

$h = 3 \times 11 + 4.5 = 37.5\text{m}$，大于 24m，但小于 50m

（3）24m 以上的建筑面积为 600m²，小于 1500m²；

《高层民用建筑设计防火规范》GB 50045—95（2005 年版）3.0.1 条属于二类高层公共建筑

2. 确定设计参数

（1）危险等级

查《自动喷水灭火系统设计规范》GB 50084—2001（2005 年版）附录 A　建筑高度 24m 以下的旅馆，属于中危 I 级。

（2）喷水强度

中危 I 级，由《自动喷水灭火系统设计规范》GB 50084—2001（2005 年版）5.0.1 条喷水强度取 $D = 6\text{L/(min} \cdot \text{m}^2)$；

底层商场设栅板吊顶，《自动喷水灭火系统设计规范》GB 50084—2001（2005 年版）5.0.3 条装设网格、栅板类通透性的吊顶的场所，系统的喷水强度应按规范规定值的 1.3 倍确定。

则喷水强度取 $D = 1.3 \times 6 = 7.8\text{L/(min} \cdot \text{m}^2)$。

（3）作用面积

由《自动喷水灭火系统设计规范》GB 50084—2001（2005 年版）5.0.1 条作用面积为 160m²。

3. 湿式自动喷水灭火系统的设计流量

$$Q_z = \frac{7.8 \times 160}{60} = 20.8\text{L/s}$$

4. 消火栓系统设计流量

由《高层民用建筑设计防火规范》GB 50045—95（2005 年版）7.2.2 条，室内消火栓用水量为 20L/s；室外消火栓用水量为 20L/s。

5. 消防水池的有效容积

（1）火灾延续时间

消火栓系统，《高层民用建筑设计防火规范》GB 50045—95（2005 年版）7.3.3 条属于其他高层建筑，火灾延续时间 $h = 2.0\text{h}$。

自动喷水系统，《高层民用建筑设计防火规范》GB 50045—95（2005 年版）5.0.11 条，火灾延续时间 $h = 1.0\text{h}$。

（2）室外管网不能保证室外消火栓用水量，消防水池应贮存自喷、室内和室外的消火栓的水量；

（3）消防水池的有效容积为

$$V = (20 + 20) \times 2 \times 3.6 + 20.8 \times 3.6 \times 1 = 363\text{m}^3$$

6. 消防水箱箱底标高

建筑高度37.5m，小于100m，系统最不利消火栓处的静水压不小于0.07MPa＝7m 水柱

$$消防水箱的设置高度 \geqslant H_2 + P = H_2 + 7m$$

$$消防水箱箱底标高 Z \geqslant 37.5 - 3 + 1.1 + 7 + H_2 = 42.6m + H_2$$

8. 一座建筑高度60m的办公楼设有自动喷水湿式灭火系统，采用标准洒水喷头（下垂型）。喷头最小工作压力为0.05MPa，最大工作压力为0.45MPa，在走道单独布置喷头，请核算走道的最大宽度是下面哪一项？（　　）

A. 2.49m   B. 3.6m   C. 3.88m   D. 4m

【答案与解析】A。

参见《自动喷水灭火系统设计规范》GB 50084—2001（2005年版）附录A：60m办公楼属民用建筑属高层民用建筑。属于中危险I级。喷水强度取$D=6L/(min \cdot m^2)$。仅在走道设置单排喷头的闭式系统，其作用面积应按最大疏散距离所对应的走道面积确定。在走道单独布置喷头。

最小工作压力为0.05MPa，采用标准喷头，其流量系数为80，每个喷头的流量为

$$q_0 = K\sqrt{10p} = 80\sqrt{10 \times 0.05} = 56.57L/min$$

每个喷头的保护面积为 $A_S = \dfrac{q}{D} = \dfrac{56.57}{6} = 9.43m^2$

每个喷头的保护半径 $R = \sqrt{\dfrac{9.43}{\pi}} = 1.73m$

喷头间的最小距离不能小于2.4m

则走廊宽度一半的最大值 $b = \sqrt{R^2 - \left(\dfrac{S}{2}\right)^2} = \sqrt{1.73^2 - \left(\dfrac{2.4}{2}\right)^2} = 1.246m$

走道的最大宽度为 $2b = 2.49m$

9. 一座净高4.5m，顶板为3.7m×3.7m的十字梁结构的地下车库，设有自动喷水湿式灭火系统。在十字梁的中点布置1个直立型洒水喷头（不考虑梁高与梁宽对喷头布置产生的影响），当4个相邻喷头为顶点的围合范围核算喷水强度用以确定喷头的设计参数时，应选择下述哪种特性系数K及相应工作压力P的喷头？（　　）

A. $K=80$，$P=0.1MPa$ B. $K=80$，$P=0.15MPa$

C. $K=115$，$P=0.05MPa$ D. $K=115$，$P=0.1MPa$

【答案与解析】D。

根据《自动喷水灭火系统设计规范》GB 50084—2001（2005年版）附录A 汽车停车场属于中危险级II级。《自动喷水灭火系统设计规范》GB 50084—2001（2005年版）5.0.1条中危险级II级的系统设计参数为喷水强度8L/(min · m²)，作用面积为160m²。

《自动喷水灭火系统设计规范》GB 50084—2001（2005年版）9.1.4条：最不利作用点处作用面积内任意4只喷头围合范围内的平均喷水强度，轻、中危险级不应低于《自动喷水灭火系统设计规范》GB 50084—2001（2005年版）5.0.1条规定值的85%。

顶板为3.7m×3.7m的十字梁结构的地下车库，在十字梁的中点布置1个直立型洒水喷头，则当4个相邻喷头为顶点的围合的保护面积为4×（3.7m×3.7m）＝54.76m²

则 4 个相邻喷头为顶点的围合的保护面积内的水量为 8L/(min·m²) ×0.85×54.76m² = 372.36L/min。

最不利的喷头的喷水强度应为 $\dfrac{372.36}{4}$ L/min＝93.1L/min

《自动喷水灭火系统设计规范》GB 50084—2001（2005 年版）9.1.1 条：$q＝K\sqrt{10P}$

当 $K＝80$，$P＝\dfrac{\left(\dfrac{q}{k}\right)^2}{10}＝\dfrac{\left(\dfrac{93.1}{80}\right)^2}{10}＝0.14\text{MPa}$

当 $K＝115$，$P＝\dfrac{\left(\dfrac{q}{k}\right)^2}{10}＝\dfrac{\left(\dfrac{93.1}{115}\right)^2}{10}＝0.07\text{MPa}$

《自动喷水灭火系统设计规范》GB 50084—2001（2005 年版）7.1.2 条中危险 I 级场所采用 $K＝80$ 标准喷头，一只喷头的最大保护面积为 12.5m²，配水支管上喷头间和配水支管间的最大距离，正方形时为 3.6m。而本题中在 3.7m×3.7m 的十字梁的中点布置 1 个直立型洒水喷头，已经超过了规范的限定值，因此只能选择 $K＝115$ 的喷头（同时注意条文说明）。

10. 图 7-5 所示为某图书馆书库自动喷水灭火系统最不利点处作用面积内部分喷头布置，（喷头流量系数均为 $K＝80$），图中喷头 1～4 的流量之和最小不应小于下列哪项（注：连接喷头与配水支管的短立管的水头损失及水位差忽略不计）？（　　　）

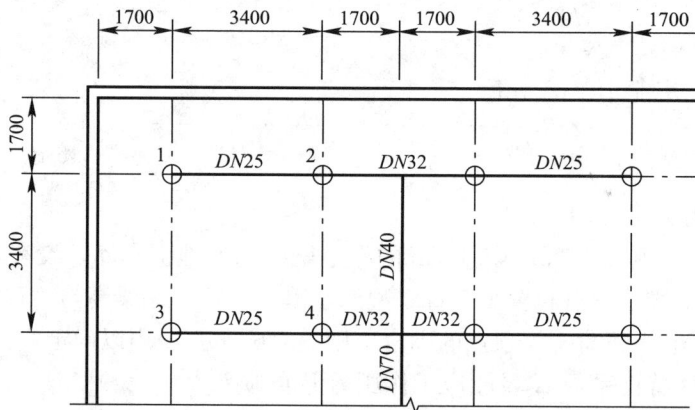

图 7-5

A. 6.17L/s　　　　B. 6.45L/s　　　　C. 4.58L/s　　　　D. 5.24L/s

【答案与解析】D。

查阅《自动喷水灭火系统设计规范》GB 50084—2001（2005 年版）附录 A 图书馆书库查为中危 Ⅱ 级。

查《自动喷水灭火系统设计规范》GB 50084—2001（2005 年版）5.0.1 条喷水强度为 8L/(m²·min)，$K＝80$ 的喷头，

每个喷头的保护面积为 3.4m×3.4m＝11.56m²，那么题目中 4 只喷头的保护面积为 6.8m×6.8m＝46.24m²。

参见《全国勘察设计注册公用设备工程师给水排水专业执业资格考试教材》中第 3 册

公式（2-27）。
$$q = D \cdot A_s = 8L/(m^2 \cdot min) \times 46.24m^2 = 369.92L/min = 6.1653L/s$$

根据《自动喷水灭火系统设计规范》GB 50084—2001（2005 年版）9.1.4 条，最不利 4 只喷头围合范围内的平均喷水强度轻中危险级不低于规范规定值的 0.85 倍。
$$q = D \cdot A_s = 8 \times 0.85L/(m^2 \cdot min) \times 46.24m^2 = 314.432L/min = 5.24L/s$$

$8L/(m^2 \cdot min)$ 的 0.85 倍，则最小流量为 $6.17 \times 0.85 = 5.24L/s$。

考生注意： 第 7 题～第 9 题的答题思路很相似。涉及自动喷水系统喷头的布置尺寸要求；系统工作条件下流量的确定；喷头正常工作时，喷头的特性系数和喷头压力的确定。

这类题目涉及的公式有 $q = K\sqrt{10P}$，$q_1 = DA_s$，$P_1 = \dfrac{q_1^2}{10K^2} = \dfrac{(DA_s)^2}{10K^2}$，$A_s = \dfrac{q_1}{D}$；要求这几个公式的灵活使用。另外，还要注意《自动喷水灭火系统设计规范》GB 50084—2001（2005 年版）5.0.2 条的条文说明和 7.1.2 条的条文说明。这两个条文说明非常有用，看懂后，既可以融会贯通解决此类题目。

11. 有一座 4 层建筑物，层高 5m，按照中危险 Ⅱ 级设置了自动喷水灭火系统，各层自动喷水灭火系统的布置方式完全相同，其最不利作用面积的设计流量为 1600L/min，作用面积所需压力为 0.295MPa，最不利层最有利作用面积处的压力为 0.455MPa，在不计其他管道的水头损失，不考虑系统减压时，最有利层最有利作用面积处的出流量与最不利层最不利作用面积处的设计流量的比值为（　　）。

A. 1.24　　　　　　B. 1.54　　　　　　C. 2.05　　　　　　D 1.43

【答案与解析】 D。这个问题参见《全国勘察设计注册公用设备工程师给水排水专业执业资格考试教材》第 3 册关于自动喷水灭火系统设计流量问题中论述，论述了该支管作为 1 个复合喷头的思路。这里给考生介绍关于特性系数法计算自动喷水灭火系统的设计原理：

管系特性系数 B_g：管系特性系数可由管系流量总输出处（点）及该点所应具有之水压值求得：
$$B_g = \frac{Q_{(n-1)-n}^2}{H_n}$$

式中　B_g——管系特性系数；

$Q_{(n-1)-n}$——（$n-1$）～n 管段流量（L/s）；

H_n——节点 n 水压（m 水柱）。

推论 1：管系在另一水压作用下时，即可由已知的管系特性系数 B_g 求出此时管系的流量为：
$$Q''_{(n-1)-n} = \sqrt{B_g H''_n}$$

推论 2：若两根支管的喷头构造、数量、管段、长度、管径都相同，则这两个支管的管系特性系数相同，即 $B_{g_a} = B_{g_b}$。

推论 3：配水管流向配水支管的流量与配水支管和配水管连接处管内压力的平方根成正比。
$$\frac{Q_a}{Q_b} = \frac{\sqrt{H_a}}{\sqrt{H_b}}$$

因此，本题目就变得非常简单了。显然需要使用推论 3 来解决问题。

因各层自动喷水灭火系统的布置方式完全相同，故最有利层最有利作用面积的管系特性系数同最不利层最不利作用面积的管系特性系数相等。又在不考虑其他损失和减压的情况下，最有利层最有利作用面积的压力 H_a 为：

H_a ＝ 管道高度差 ＋ 最不利层最有利作用面积的压力 ＝ 0.15＋0.455 ＝ 0.605MPa

则最有利层最有利作用面积处的出流量与最不利层最不利作用面积处的设计流量的比值：

$$\frac{Q_a}{Q_b} = \frac{\sqrt{H_a}}{\sqrt{H_b}} = \frac{\sqrt{0.605}}{\sqrt{0.295}} = 1.43$$

12. 某丙类液体贮罐间（平面尺寸 10.8m×10.8m）采用水喷雾灭火系统防护冷却（如图 7-6 所示，喷头及管道均衡布置），水雾喷头的流量系数 $k=28$，则该灌装间的水喷雾灭火系统的最小设计流量 Q 及喷头的最小工作压力 P 应为哪项？（   ）
   A. $Q=16.224\text{L/s}$，$P=0.200\text{MPa}$　　　　B. $Q=21.456\text{L/s}$，$P=0.350\text{MPa}$
   C. $Q=11.664\text{L/s}$，$P=0.244\text{MPa}$　　　　D. $Q=28.080\text{L/s}$，$P=0.549\text{MPa}$

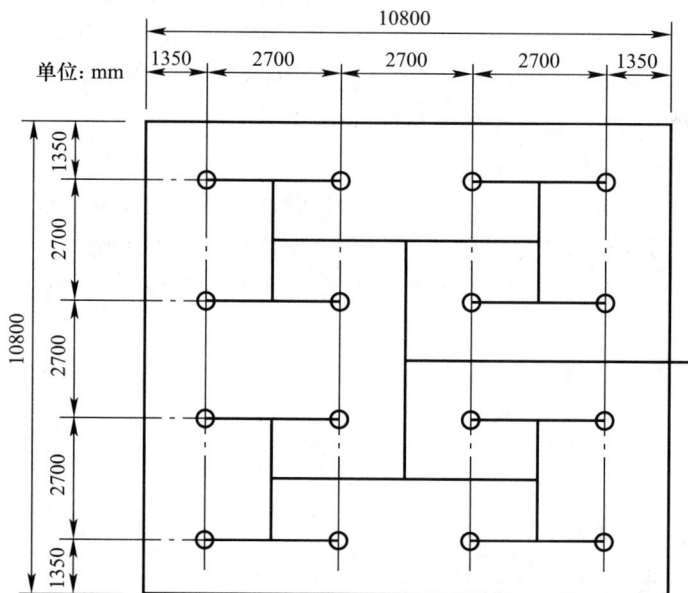

图 7-6

【答案与解析】 C。这个题目看起来是一道关于水喷雾系统的题目，其实质是系统设计计算，和一般自动喷水灭火系统依然相同。

参见《全国勘察设计注册公用设备工程师给水排水专业执业资格考试教材》第 3 册公式（2-27）。

$$Q = D \cdot A_s$$

参照《水喷雾灭火系统设计规范》GB 50219—95 中 3.1.2 条，丙类液体贮罐的设计喷雾强度为 6L/(m²·min)；题目中所示房间的面积为 $A_s=10.8×10.8=116.64\text{m}^2$

$Q_j=D \cdot A_s=6\text{L/(m}^2\cdot\text{min)} ×116.64\text{m}^2=699.84\text{L/min}=11.664\text{L/s}$

此流量是系统的计算流量，设计流量 $Q_s = k \cdot Q_j = (1.05 \sim 1.1) \times 11.664 = 12.83 \text{L/s}$（最小值），没有答案，因此初步判断选 C。

喷头的最小工作压力，《水喷雾灭火系统设计规范》GB 50219—95 中 7.1.2 条

$$q = \frac{S \cdot W}{N} = \frac{699.84}{16} = 43.74 \text{L/min}$$

《水喷雾灭火系统设计规范》GB 50219—95 中 7.1.1 条，或者根据《全国勘察设计注册公用设备工程师给水排水专业执业资格考试教材》第 3 册公式（2-28）。

$$P = \frac{q^2}{10K^2} = \frac{43.74^2}{10 \times 28^2} = 0.244 \text{MPa}$$

再次判断，选 C。

13. 某柴油发电机房顶部采用水喷雾灭火系统，喷头按菱形布置，喷头与机组顶部的距离为 1.5m，喷头雾化角 $\theta = 90°$，则喷头间距为多少？（　　）

    A. 2.55m   B. 2.10m   C. 1.50m   D. 1.70m

【答案与解析】A。水喷雾系统。

喷头菱形布置的间距：当按菱形布置时，水雾喷头之间的距离不应大于 1.7 倍水雾喷头的水雾锥底圆半径。

水雾锥底圆半径应按下式计算：

$$R = B \cdot \tan\frac{\theta}{2} = 1.5 \cdot \tan\frac{90}{2} = 1.5 \text{m}$$

式中　R——水雾锥底圆半径（m）；

    B——水雾喷头的喷口与保护对象之间的距离（m）；

    θ——水雾喷头的雾化角（°），θ 的取值范围为 30°、45°、60°、90°、120°。

$$L = 1.7R = 1.7 \times 1.5 = 2.55 \text{m}$$

14. 某县政府新建办公楼（室内设有消火栓和自动喷水灭火系统）内 1 号会议室（平面尺寸为 13.2m×19.8m，主要存在 A 类火灾）拟配置手提式磷酸铵盐干粉灭火器，下述在 1 号会议室配置的灭火器型号及数量正确的是哪项？（　　）

    A. 1 具 MF/ABC4   B. 2 具 MF/ABC4

    C. 1 具 MF/ABC5   D. 2 具 MF/ABC5

【答案与解析】D。灭火器的题目。

（1）参照《建筑灭火器配置设计规范》GB 50140—2005 附录 D 第 18 项，县级及以上党政机关办公大楼的会议室属于严重危险级。

（2）该计算单元的保护面积为：

$$S = 13.2 \times 19.8 = 261.36 \text{m}^2$$

（3）计算各计算单元的最小需配灭火级别

扑救初起火灾所需的最小灭火级别合计值，即最小需配灭火级别应按下式计算：

$$Q = K\frac{S}{U}$$

已知 $S = 261.36 \text{m}^2$；

室内设有消火栓系统和自动喷水灭火系统，参见《建筑灭火器配置设计规范》GB 50140—2005 中表 7.3.2 可知，$K=0.5$；

A 类严重危险级火灾场所中，参见《建筑灭火器配置设计规范》GB 50140—2005 中的 6.2.1 条：单位灭火级别最大保护面积 $U=50m^2/A$；单具灭火器最小配置级别应为 3A。

将 K、S、U 的值代入上式，得：

$$Q = K\frac{S}{U} = 0.5 \times 261.39m^2/50m^2/A = 2.62A = 3A$$

计算各计算单元的最小需配灭火级别 3A。

（4）查阅《建筑灭火器配置设计规范》GB 50140—2005 附录 A，MF/ABC5 可以满足 3A 的要求，同时注意使用 6.1.1 条的内容，一个计算单元内配置的灭火器数量不得少于 2 具。

15. 某 I 类汽车库设有闭式自动喷水—泡沫联用灭火系统。160m² 作用面积内布置 16 个 K80 洒水喷头，工作压力均以 0.10MPa 计算，扑救一次火灾的氟蛋白泡沫混合比为 6%，泡沫混合液供给强度≥8L/(min·m²)。连续供给泡沫混合液的时间≥10min，则设计最小泡沫液用量为下列何值？（　　）

　A. 12800L　　　　　　B. 4608L　　　　　　C. 768L　　　　　　D. 576L

【答案与解析】C。

初算泡沫混合液流量 Q_L：I 类汽车库，题目给定的泡沫混合液的供给强度 $I=8L/(min·m^2)$；

$$S = 160m^2$$
$$Q_L = I·S = 8 \times 160 = 1280L/min$$

题目给定布置 16 个泡沫喷头，设计混合液流量 $Q_{L设}$：

$$q_{L设} = K\sqrt{10P} = 80L/min$$
$$Q_{L设} = N·q_{L设} = 16 \times (80(L/min)) = 1280L/min$$

泡沫混合液量 W_L 计算：$W_L = Q_{L设}t_L = 1280 \times 10 = 12800L$

泡沫液量 W_P 计算：$W_P = W_L b\% = 12800 \times 6\% = 768L$

16. 某档案馆设有两个防护区，其净容积分别为 1200m³ 和 1600m³，采用七氟丙烷气体灭火组合分配系统，若防护区最低环境温度为 10℃，海拔高度修正系数为 1. 则该系统防护区灭火剂设计用量应为下列何值？（　　）

　A. 1346.8kg　　　　　B. 2356.9kg　　　　　C. 746.3kg　　　　　D. 1306.0kg

【答案与解析】A。七氟丙烷系统，组合分配系统。

两个防护区，计算灭火剂的用量：

根据《气体灭火系统设计规范》GB 50370—2005 中 3.1.5 条：组合分配系统的灭火剂贮存量，应按贮存量最大的防护区确定。

$$W = K\frac{V}{S_V}\left[\frac{C}{100-C}\right]$$

式中　W——七氟丙烷的设计灭火用量（kg）；

　　　C——七氟丙烷的设计灭火浓度（%V/V），《气体灭火系统设计规范》GB 50370—

2005 中 3.3.3 条档案灭火设计浓度采用 10%；

V——防护区净容积（m^3），本题中选择最大的防护区 1600m^3；

K——防护区海拔高度修正系数，本题中为 1；

S_v——七氟丙烷过热蒸气在 101.3kPa 和防护区最低环境温度下的比容积（m^3/kg）；

$$S_v = 0.1269 + 0.000513T = 0.1269 + 0.000513 \times 10 = 0.132 \ (m^3/kg)$$

$$W = K \frac{V}{S_v} \left(\frac{C}{100-C} \right) = 1.0 \times \frac{1600}{0.132} \left(\frac{10}{100-10} \right) = 1346.8 \text{kg}$$

3 建 筑 排 水

1. 一幢 12 层宾馆，层高 3.3 m，两客房卫生间背靠背对称布置并公用排水立管，每个卫生间设浴盆、洗脸盆、冲落式坐便器各一只。排水系统污废分流，共用一根通气立管，采用柔性接口机制铸铁排水管，立管与横支管采用 45°斜三通连接。则污水立管的最小管径应为何值？（ ）

   A. $DN50$ B. $DN75$ C. $DN100$ D. $DN125$

   【答案与解析】C。

   污废分流系统：

   污水立管：一层中 2 个冲落式坐便器

   废水立管：一层中 2 个浴盆、2 个洗脸盆

   $$q_p = 0.12\alpha\sqrt{N_P} + q_{max} = 0.12 \times 1.5 \times \sqrt{4.5 \times 2 \times 12} + 1.5 = 3.37L/s$$

   污水立管所有卫生器具排水流量累加值：$\Sigma q = 1.50 \times 2 \times 12 = 36L/s$

   参见《建筑给水排水设计规范》GB 50015—2003（2009 年版）4.4.5 条注，污水立管底部的最大设计秒流量为 3.37L/s。

   表 4.4.11 选择污水立管管径为 100mm（110mm）；同时考虑已经满足最小管径的要求。

2. 某医院住院部公共盥洗室内设有伸顶通气的铸铁排水立管，其横支管采用 45°斜三通连接卫生器具的排水，其上连接污水盆 2 个，洗手盆 8 个，则该立管的最大设计秒流量 q 和最小管径 DN 应为以下何值？（ ）

   A. $q=0.96L/s$，$DN50$ B. $q=0.96L/s$，$DN75$

   C. $q=0.63L/s$，$DN50$ D. $q=0.71L/s$，$DN75$

   【答案与解析】B。医院排水秒流量和最小管径。

   参见《建筑给水排水设计规范》GB 50015—2003（2009 年版）表 4.4.5 查医院的供给盥洗室的 $\alpha=2.0\sim2.5$ 之间，本题中取大值计算：

   $$q_p = 0.12\alpha\sqrt{N_P} + q_{max} = 0.12 \times 2.5 \times \sqrt{1 \times 2 + 0.3 \times 8} + 0.33 = 0.96L/s$$

   排水立管所有卫生器具排水流量累加值：$\Sigma q = (1 \times 2 + 0.3 \times 8) \times 0.33 = 1.452L/s$

   参见《建筑给水排水设计规范》GB 50015—2003（2009 年版）4.4.5 条注，排水立管底部的最大设计秒流量为 0.96L/s。

   再根据《建筑给水排水设计规范》GB 50015—2003（2009 年版）表 4.4.11 中 45°斜三通连接的情况下立管最大排水能力 $DN50$ 可以通过 1.0L/s 的流量。

   另根据《建筑给水排水设计规范》GB 50015—2003（2009 年版）4.4.15 条第 3 款，医院污物洗涤盆和污水盆的排水管管径，不得小于 75mm，所以立管不能小于 75mm。综上，排水立管管径为 75mm。

考生注意： 这个题目是一道涵盖较多知识点的题目。首先使用排水设计秒流量 $q_p = 0.12\alpha\sqrt{N_p} + q_{max}$ 公式关于 α 值确定，注意题目中的某医院住院部公共盥洗室选用的其他公共建筑盥洗室和厕所间的值。计算设计秒流量注意问题"计算值和累加值之间的关系"。表 4.4.11 生活排水立管最大设计排水能力选择。最小管径条件的使用。

3. 某企业生活间排水立管连接有高水箱大便器 8 个，自闭式冲洗阀小便器 8 个，洗手盆 4 个，求该立管的设计秒流量为哪一项？（　　）

   A. 1.66L/s　　　　　　B. 1.72L/s　　　　　C. 3.00L/s　　　　　D. 3.88L/s

   【答案与解析】 B。

   工业企业生活间排水立管的设计秒流量

   按题目的条件查规范得到数据如表 8-1 所示：

表 8-1

卫生器具	排水流量（L/s）	个数	排水百分数（%）
高水箱大便器	1.5	8	12
自闭式冲洗阀小便器	0.1	8	10
洗手盆	0.1	4	50

$q_p = \Sigma q_0 \cdot n_o \cdot b = 1.5 \times 8 \times 12\% + 0.1 \times 8 \times 10\% + 0.1 \times 4 \times 50\% = 1.72\text{L/s}$

一个大便器的排水量为 1.5L/s，所有卫生器具排水流量的累加和为 13.2L/s。

计算值比一个大便器的排水量大，小于所有卫生器具排水量的累加和。故计算值有效。

考生注意： 密集型建筑物排水设计秒流量的计算公式的 b 值的取值：卫生器具的同时排水百分数，按照《建筑给水排水设计规范》GB 50015—2003（2009 年版）3.6.6 条采用。冲洗水箱的同时排水百分数应按 12% 计算。

4. 某体育场运动员休息室的排水立管连接有洗涤盆及低位水箱冲落式大便器各 2 个，洗手盆 4 个，已知该立管的通水能力见下表 8-2。求该立管的最小管径为下面哪一项？（　　）

   A. 50mm　　　　　　B. 75mm　　　　　C. 100mm　　　　　D. 125mm

表 8-2

立管管径（mm）	50	75	100	125
排水能力（L/s）	1.0	1.7	4.0	5.2

   【答案与解析】 C。

   体育场馆的排水管道的设计秒流量按下表 8-3 计算：

表 8-3

卫生器具名称	体育场馆运动员休息室同时给水百分数（%）	排水流量（L/s）	个数
洗涤盆	15	0.33	2
洗手盆	50	0.10	4
低水箱冲落式大便器	12（20%）	1.50	2

$q_g = \Sigma q_0 \cdot n_0 \cdot b = 0.33 \times 2 \times 15\% + 0.10 \times 4 \times 50\% + 1.5 \times 2 \times 12\%$

$$= 0.1 + 0.2 + 0.36 = 0.66 \text{L/s}$$

此计算结果小于一个大便器排水流量，应按一个大便器的排水流量 1.5L/s 来计算。查题目所给的表 8-2，DN75 就能满足此流量。大便器排水管的最小管径为 100mm。因此，该立管的最小管径为 100mm。

5. 某 21 层办公楼，每层设有一个卫生间，其中男厕所卫生间器具配置如下：冲洗水箱坐便器 2 个、感应冲洗小便器 4 个、洗手盆 2 个、污水池 1 个。排水系统采用污、废分流制，分别设一根污水排水立管、一根废水排水立管，首层及二层单独排出。则其污水排水立管的设计秒流量应为下列哪项（α 取 2.5）？（   ）

    A. 4.18L/s   B. 5.68L/s   C. 5.78L/s   D. 6.11L/s

【答案与解析】B。

污水排水，污废分流，首层及二层单独排放，21 层办公楼，进入污水排水立管一共有 19 层。

污水立管接纳的排水：坐便器、感应冲洗小便器。

参见《建筑给水排水设计规范》GB50015—2003（2009 年版）4.4.5 条，

$$q_\mathrm{p} = 0.12\alpha\sqrt{N_\mathrm{P}} + q_{\max} = 0.12 \times 2.5 \times \sqrt{19 \times (4.5 \times 2 + 0.3 \times 4)} + 1.5 = 5.68 \text{L/s}$$

6. 某 8 层办公楼，每层设有一个卫生间，排水系统采用污、废分流制，排水管道采用 UP-VC 塑料排水管。经计算废水排水立管和污水排水立管的设计秒流量分别为 2.1L/s 和 5.7L/s，如废水、污水立管与横支管均采用 45°斜三通连接且设伸顶通气管，则其最经济的污水排水立管管径应为下列哪项？（   ）

    A. De100   B. De110   C. De150   D. De160

【答案与解析】D。

污水立管的确定，污水排水量为 5.7L/s，查《建筑给水排水设计规范》GB 50015—2003（2009 年版）表 4.4.11 选用 De160。

（1）水煤气输送钢管（镀锌或非镀锌）、铸铁管等管材，管径用公称直径 DN 表示。它不是管外径，也不是管内径，是外径与内径的平均值，我们称平均内径。

（2）无缝钢管、焊接钢管、铜管、不锈钢管等管材以外径 D×壁厚表示。

（3）钢筋混凝土管、陶土管、耐酸陶瓷管等管材以内径 d 表示。

（4）塑料管材，管径宜按产品标准的方法表示，有 DN 也有 De 表示的。De 主要是指管道外径。

考生注意：上述题目是关于排水设计秒流量的题目，经常性的考点，运用公式计算后，注意规范中需要"注意"的内容。同时这类题目经常会和管网水力计算联合在一起考查考生，例如生活排水立管最大设计排水能力、排水管最小管径的要求。这类题目考生非常熟悉，公式也是大家所熟悉的，但却有可能是考生失分的题目。

7. 某五层办公楼排水系统采用排水塑料管，系统图如图 8-1 所示，该图中清通设备设计不合理的有几处？（   ）

    A. 1 处   B. 2 处   C. 3 处   D. 4 处

【答案与解析】B。关于排水附件的设置问题。

《建筑给水排水设计规范》GB 50015—2003（2009 年版）4.5.12 条第 1 款：铸铁排水立管上检查口之间的距离不宜大于 10m，塑料排水立管宜每六层设置一个检查口；但在建筑物最低层和设有卫生器具的二层以上建筑的最高层，应设置检查口。题目中最低层设置了检查口，而最高层没有设置检查口。

4.5.12 条第 2 款：在连接 4 个及 4 个以上的大便器的塑料排水横管上宜设置清扫口。本题目中采用管堵代替清扫口。4.5.13 条在排水管道上设置清扫口，应符合下列规定，第 1 款：在排水横管上设清扫口，宜将清扫口设置在楼板或地坪上，且与地面相平。排水横管起点的清扫口与其端部相垂直的墙面的距离不得小于 0.2m；注：当排水横管悬吊在转换层或地下室顶板下设置清扫口有困难时，可用检查口替代清扫口。第 2 款：排水管起点设置堵头代替清扫口，堵头与墙面应有不小于 0.4m 的距离。注：可利用带清扫口弯头配件代替清扫口。题目中首层排水横管上所设置的清扫堵头不妥当。

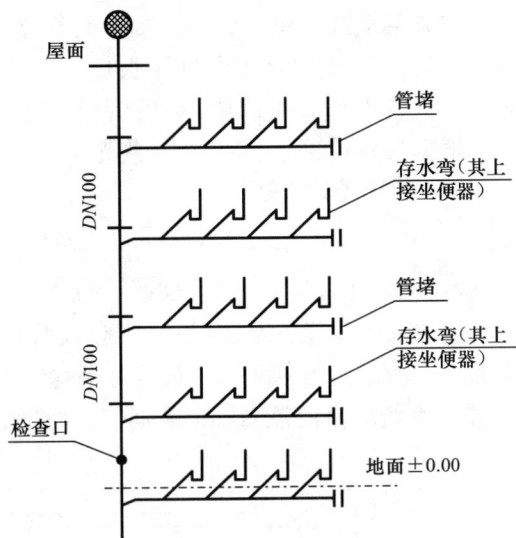

图 8-1

8. 北方某地区一座 6 层办公楼排水系统见下图 8-2。若该排水系统采用柔性接口机制排水铸铁管，排水立管管径均为 DN125，则通气立管 TL-3 以及通气管 AB、BC、CD 各段的管径为（　　　）。（注：管径单位为 mm，级别为 DN125、DN150、DN200、DN225）

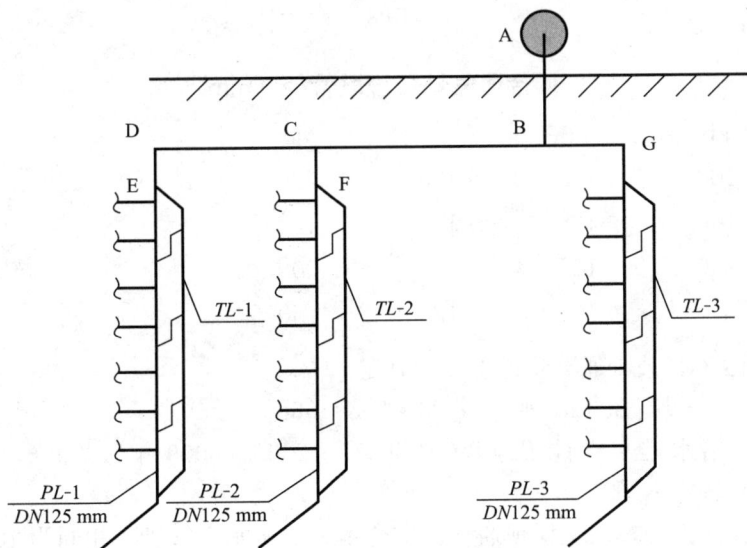

图 8-2

A. TL—3 DN100，AB　DN225，BC　DN150，CD　DN125

B. TL—3 DN100，AB　DN150，BC　DN125，CD　DN100

C. TL—3 DN100，AB　DN200，BC　DN150，CD　DN125

D. TL—3 DN125，AB　DN200，BC　DN150，CD　DN150

【答案与解析】C。关于通气管道管径的确定。

北方某地区一座 6 层办公楼，通气立管长度小于 50m。根据《建筑给水排水设计规范》GB 50015—2003（2009 年版）4.6.11 条，通气立管 TL-3 的管径为 100mm；4.6.15 条，通气管段 CD、CF 和 BG 的管径宜与排水立管相同，为 125mm。

根据《建筑给水排水设计规范》GB 50015—2003（2009 年版）4.6.16 条，通气管 AB、BC 的管径计算如下：

$$DN_{BC} \geqslant \sqrt{DN_{CD}^2 + 0.25DN_{CF}^2} = \sqrt{125^2 + 0.25 \times 125^2} = 140\text{mm}$$

$$DN_{AB} \geqslant \sqrt{DN_{CD}^2 + 0.25(DN_{CF}^2 + DN_{BG}^2)} = \sqrt{125^2 + 0.25 \times (125^2 + 125^2)} = 153\text{mm}$$

故取 AB 段管径为 200mm，BC 段管径为 150mm。

9. 图 8-3 所示为哈尔滨市（最冷月平均气温低于 −13℃）某幢 20 层、层高 3.3m 的办公楼排水系统。试问该系统汇合通气管段的合理管径为下列哪项？（   ）

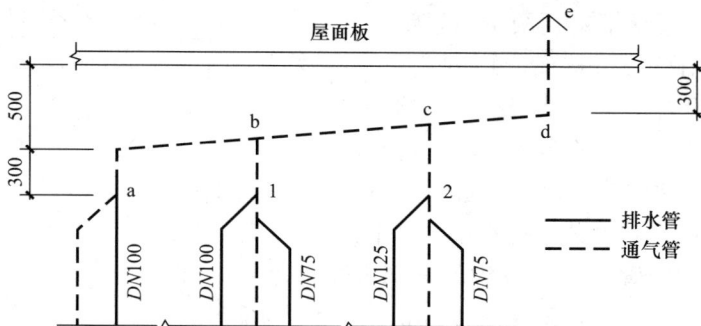

图 8-3

汇合通气管各管段管径（mm）

	ab	bc	cd	de
A.	100	125	175	200
B.	100	125	150	175
C.	100	125	150	200
D.	75	100	125	150

【答案与解析】C。关于通气管道管径的确定。

办公楼 20 层，层高 3.3m，则一共 20×3.3＝66m

参见《建筑给水排水设计规范》GB 50015—2003（2009 年版）4.6.12 条、4.6.15 条、4.6.16 条来解析本题。

ab 通气立管的管径，因是伸顶通气，结合本题与排水立管管径相同为 100mm；

b1 通气管，通气立管长度在 50m 以上时，其管径应与排水立管管径相同，则 b1 管段管径为 100；则 bc 管道连接的管道有 ab 和 b1，

$$DN_{bc} = \sqrt{d_{max}^2 + 0.25\Sigma d_i^2} = \sqrt{100^2 + 0.25 \times 100^2} = 111.8\text{mm},\text{管径取整为 125mm；}$$

c2 通气管，通气立管长度在 50m 以上时，其管径应与排水立管管径相同，则 c2 管段管径为 125；则 cd 管道连接的管道有 ab、b1 和 c2，

则 $DN_{cd} = \sqrt{d_{max}^2 + 0.25\Sigma d_i^2} = \sqrt{125^2 + 0.25 \times (100^2 + 100^2)} = 143.6\text{mm}$，管径取整为

150mm；

de 管道的管径：伸顶通气管管径应与排水立管管径相同。但在最冷月平均气温低于－13℃的地区，应在室内平顶或吊顶以下 0.3m 处将管径放大一级。de 需要把 cd 管径放大一级。

《全国勘察设计注册公用设备工程师给水排水专业执业资格考试教材》第 4 册《常用资料》中排水塑料管道和机制铸铁管道中没有 175mm 管径的管道，《建筑给水排水设计规范》GB 50015—2003（2009 年版）表 4.4.9、表 4.4.10 中也没有 175mm 的管径。

考生注意：本题目是一道非常好的关于排水通气管道计算的题目。涉及伸顶通气管管径的确定，以及在最冷月平均气温低于－13℃的地区，应在室内平顶或吊顶以下 0.3m 处将管径放大一级的要求。本题目中通气管道长度大于 50m 情况管径的确定。请考生注意并思考如果管长小于 50m 情况时通气管管径确定方法。还涉及两根或两根以上污水立管的通气管汇合连接时的计算方法的理解。

10. 某宾馆地下室设可供 80 名员工使用的男、女浴室各一间，最高日定额为 80L/（人·d），共有间隔淋浴器 10 个，洗脸盆 4 个，浴室废水流入集水池由自动控制的排水泵即时提升排出，则废水集水池最小有效容积应为下列哪项？（　　）

A. 0.27m³　　　　　B. 0.45m³　　　　　C. 0.55m³　　　　　D. 0.90m³

【答案与解析】B。

参见《建筑给水排水设计规范》GB 50015—2003（2009 年版）4.7.8 条第 1 款：集水池有效容积不宜小于最大一台污水泵 5min 的出水量，且污水泵每小时启动次数不宜超过 6 次。

4.7.7 条第 2 款：建筑物内的污水泵的流量应按生活排水设计秒流量选定；当有排水量调节时，可按生活排水最大小时流量选定。

本题目中排水设的是集水池，不是排水调节池，所以没有排水量调节时，因此应该按生活排水设计秒流量选定污水泵，即生活排水设计秒流量为：

$$q_p = \sum q_0 n_0 b = 0.15 \times 10 \times 60\% + 0.25 \times 4 \times 60\% = 1.5\text{L/s}$$

集水池有效容积不宜小于最大一台污水泵 5min 的出水量

$$V = 5\text{min} \times q_p = (5 \times 60)\text{s} \times 1.5\text{L/s} = 450\text{L} = 0.45\text{m}^3$$

11. 某全托托老所生活污水汇集到地下室污水调节池后，由污水泵提升排出。根据选泵要求确定污水泵的流量为 2.5m³/h，求污水调节池最大有效容积为下列何值？（　　）

A. 0.21m³　　　　　B. 2.5m³　　　　　C. 7.5m³　　　　　D. 15m³

【答案与解析】C。

根据《建筑给水排水设计规范》GB 50015—2003（2009 年版）4.7.9 条：调节池的有效容积不得大于 6h 生活排水平均小时流量。

《建筑给水排水设计规范》GB 50015—2003（2009 年版）4.7.7 条：污水水泵流量、扬程的选择应符合下列规定：2 建筑物内的污水水泵的流量应按生活排水设计秒流量选定；当有排水量调节时，可按生活排水最大小时流量选定；题目中污水泵的流量为 2.5m³/h，即为生活排水最大小时流量。

调节池的有效容积与生活排水平均小时流量有关，则需要求解出来生活排水平均小时流量。

$$Q_{\text{生活排水平均小时流量}} = Q_{\text{生活排水最大小时流量}} / K_h$$

《建筑给水排水设计规范》GB 50015—2003（2009 年版）表 3.1.10 中第 10 项 $K_h =$ 2.5～2.0，本题需要求污水调节池最大有效容积，则 K_h 取最小值 2.0，

$$Q_{\text{生活排水平均小时流量}} = Q_{\text{生活排水最大小时流量}}/K_h = 2.5/2 = 1.25 \text{m}^3/\text{h}$$

$$V_{\text{调节池最大有效容积}} = 1.25 \text{m}^3/\text{h} \times 6\text{h} = 7.5 \text{m}^3$$

12. 某高层住宅楼的地下室设有消防水池、快餐店和商场；消防水池进水管上设有液位双阀串联控制，消防水池的溢流管、泄空管排水和快餐店及商场的污水均排入污水调节池中，由污水泵提升排至室外，地下室各部位的排水量见下表 8-4。则污水泵机组的设计流量不应小于下列哪项？（　　）

表 8-4

排水单位	最大小时排水量（m³/h）	排水设计秒流量（L/s）
快餐店	50	20
商场	30	15
消防水池的溢流量为 100m³/h；泄流量为 54m³/h		

A. 126m³/h　　　　　B. 80m³/h　　　　　C. 134m³/h　　　　　D. 180m³/h

【答案与解析】 B。

按《建筑给水排水设计规范》GB 50015—2003（2009 年版）4.7.7 条第 2 款、第 3 款及其条文说明的内容。

有污水调节池，水泵的设计流量应按排水的最大时流量考虑。

溢流和泄水肯定不会发生在同一个时间。

对于溢流，此题消防水池溢流量为 100m³/h，消防水池双阀串联控制，则溢流量为 0。

对于泄水，消防水池泄流量为 54m³/h，规范宣贯中排水泵的流量确定时，消防水池的泄流量不考虑；因此就只有快餐店及商场排水量。

污水泵机组的设计流量 50+30＝80m³/h。

考生注意： 上述三个题目分别是关于污水泵的流量、集水池和生活排水调节池的计算，这三个题目可以帮助大家理解规范对此部分内容的描述。

13. 某隔油池有效容积 8m³，过水断面积 1.44m³，则该池的最大宽度为何值？（　　）

A. 2.05m　　　　　B. 2.40m　　　　　C. 2.88m　　　　　D. 5.56m

【答案与解析】 B。排水系统的局部处理构筑物中隔油池的计算问题

$$V = Q_{\max} \times t \times 60$$
$$A = Q_{\max}/v$$
$$L = V/A$$
$$b = A/h$$

式中　V——有效容积（m³）；

　　　A——过水断面积（m²）；

　　　L——隔油池池长（m）；

　　　h——有效水深（m），最小不得小于 0.6m。

本题考点为 $b = A/h = 1.44/0.6 = 2.4\text{m}$。

14. 某建筑由常压热水锅炉直接供应 70℃生活热水，锅炉排污水时一次排放的废水质量为

134

800kg，可以蒸发50kg的水蒸气，允许排放水温为40℃。若废水蒸发安全系数取0.8，冷热水混合不均匀系数取1.5，则锅炉的排污降温池需要存放冷却水的容积应为下列何值？（冷却水温度10℃、热水密度978kg/m³）（   ）

A．0.61m³   B．0.82m³   C．1.17m³   D．1.23m³

【答案与解析】C。排水系统的局部处理构筑物中降温池的计算问题

题目需要求解的量是存放冷却水的容积V_2。

$$V_1 = \frac{Q - k_1 q}{\rho}$$

式中　V_1——存放废水的容积（m³）；

Q——一次排放的废水质量（kg）；

q——蒸发带走的废水质量（kg）；

k_1——安全系数，取0.8；

ρ——锅炉工作压力下水的密度（kg/m³）。

$$V_1 = \frac{Q - k_1 q}{\rho} = \frac{800 - 0.8 \times 50}{978} = 0.77710 \text{m}^3$$

$$V_2 = \frac{t_2 - t_y}{t_y - t_l} K V_1$$

式中　V_2——存放冷却水所需容积（m³）；

t_y——允许排放的水温（℃），一般取40℃；

t_l——冷却水温度，取该地最冷月平均水温（℃）；

K——混合不均匀系数，取1.5。

$$V_2 = \frac{t_2 - t_y}{t_y - t_l} K V_1 = \frac{70 - 40}{40 - 10} \times 1.5 \times 0.77710 = 1.166 \text{m}^3 \approx 1.17 \text{m}^3$$

15．某集体宿舍共有200人居住，在计算化粪池时，使用化粪池的人数应按（   ）人计。

A．100   B．140   C．200   D．240

【答案与解析】B。

根据《建筑给水排水设计规范》GB 50015—2003（2009年版）4.8.6条的规定，集体宿舍化粪池使用人数百分数为70%，所以B为正确答案。

16．某住宅楼采用合流制排水系统，经计算化粪池有效容积为40m³，采用三格化粪池，则每格的有效容积应该为（   ）。

A．24m³，8m³，8m³   B．13.4m³，13.3m³，13.3m³

C．30m³，5m³，5m³   D．20m³，10m³，10m³

【答案与解析】A。

根据《建筑给水排水设计规范》GB 50015—2003（2009年版）4.8.7条第2款的规定：三格化粪池第一格的容量宜为总容量的60%（24m³），第二格和第三格各宜为总容量的20%（8m³）。

考生注意：小型生活污水处理设施的隔油池、降温池、化粪池等计算题经常性考查。题目本身非常简单，只要能找到公式，理解各项参数，代入计算即可。

17．图8-4所示为屋面重力流雨水排水系统，若悬吊管两端管内的压力差为0.5mH₂O，则其水力坡度I值为下列何值？（   ）

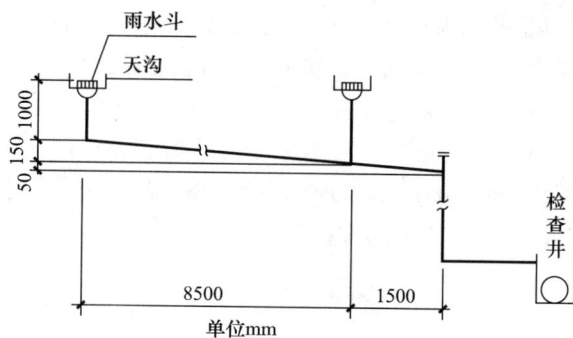

图 8-4

A. 0.02　　　　　　B. 0.07　　　　　　C. 0.12　　　　　　D. 0.17

【答案与解析】 D。

参见《建筑给水排水设计手册》第二版（上册）公式（3.2-3），重力流雨水排水系统，悬吊管的水力坡度：

$$I=\frac{h+\Delta h}{L}=\frac{0.5+(1+0.15+0.05)}{8.5+1.5}=0.17$$

式中　h——横管两端管内的压力差（mH_2O）；悬吊管按其末端（立管与悬吊管连接处）的最大负压值计算，取 0.5m，埋地横干管按起端（立管与横干管连接处）的最大正压值计算，取 1.0m；

Δh——位置水头（mH_2O）；悬吊管是指雨水斗顶面至悬吊管末端的几何高差（m），埋地横干管是指其两端的几何高差；

L——横管的长度（m）。

考生注意：在《建筑给水排水工程》（第六版）也有此公式，具体内容的描述"I的确定分为重力流和重力半有压流两种情况。I—水力坡度，重力流的水力坡度按照管道敷坡度计算，金属管不小于0.01，塑料管不小于0.005；重力半有压流的水力坡度与横管两端管内的压力差有关，按下式计算。"显然这样的描述和本题给定的条件"屋面重力流雨水排水系统"与所给出的答案就不相符。原因在于《建筑给水排水工程》（第六版）中将雨水系统按照流态分为三类：重力流、重力半有压流、压力流；而《建筑给水排水设计规范》GB 50015—2003（2009年版）2.1.72条和2.1.73条。重力流雨水排水系统按重力流设计的屋面雨水排水系统；满管压力流雨水排水系统按满管压力流原理设计管道内雨水流量、压力等可得到有效控制和平衡的屋面雨水排水系统。规范中没有论述重力半有压流的内容，因此相应的计算问题也就变成两种。因此本题的解法即按照规范来做选D。

看到这里考生可能会发现，建筑给水排水工程引用了大量的参考资料，我们很不容易找到一本书可以把建筑给水排水工程写完全，每一本资料中可能或多或少有这样或者那样不适用的内容。此时请考生虚怀若谷，容得参考资料中不妥之处；应该看到我们用那么多的参考资料，丰富和提高的自身的知识水平，进行着我们人生中、工作中的一次奋斗。

18. 某一般建筑采用重力流雨水排水系统，屋面汇水面积为 600m²，降雨量重现期 P 取 2 年。该建筑所在城市 2～12 年降雨历时为 5min 的降雨强度 q_i 见下表 8-5。该屋面雨水溢流设施的最小设计流量为以下哪一项？（　　　）

A. 4.32L/s   B. 5.94L/s   C. 10.26L/s   D. 16.20L/s

表 8-5

P（年）	2	5	8	10	12
q_i [L/(s·hm²)]	110	157	178	190	201

【答案与解析】 A。关于溢流设施的计算。

（1）雨水排水系统的排水量按雨水设计流量计算：

根据《建筑给水排水设计规范》GB 50015—2003（2009 年版）表 4.9.5 各种汇水区域的设计重现期量，可知一般建筑为 2～5 年，题目给定降雨量重现期 P 取 2 年。

$$Q = \frac{\Psi F q_5}{10000} = \frac{0.9 \times 600 \times 110}{10000} = 5.94 \text{L/s}$$

（2）10 年重现期的屋面雨水排水工程与溢流设施的总排水能力为：

《建筑给水排水设计规范》GB 50015—2003（2009 年版）4.9.9 条：一般建筑的重力流屋面雨水排水工程与溢流设施的总排水能力不应小于 10 年重现期的雨水量。重要公共建筑、高层建筑的屋面雨水排水工程与溢流设施的总排水能力不应小于 50 年重现期的雨水量。本题目是一般建筑。

$$Q = \frac{\Psi F q_5}{10000} = \frac{0.9 \times 600 \times 190}{10000} = 10.26 \text{L/s}$$

（3）溢流设施的计算

该屋面雨水溢流设施的最小设计流量＝总排水能力（10 年重现期的雨水量）－雨水排水系统的排水量（2 年重现期的雨水量），即 10.26－5.94＝4.32L/s

19. 某厂房设计降雨强度 $q=478$L/(s·hm²)，屋面径流系数 $\Psi=0.9$，拟用屋面结构形成的矩形凹槽作排水天沟，其宽 $B=0.6$m，高 $H=0.3$m，设计水深 h 取 0.15m，天沟水流速度 $v=0.6$m/s，则天沟的最大允许汇水面积应为以下何值？（　　）

A. 125.52m²   B. 251.05m²

C. 1255.23m²   D. 2510.46m²

【答案与解析】 C。关于天沟雨水的排除。

首先求解天沟的排水能力

（1）天沟的断面积 ω

已知：天沟槽的宽度为 0.6m，天沟的深度为 0.30m；设计积水深度为 0.15m

$$\omega = BH = 0.6 \times 0.15 = 0.09 \text{m}^2$$

（2）天沟的水流速度　$v=0.6$m/s

（3）天沟的排水能力

$$Q_1 = \omega v = 0.09 \times 0.6 = 0.054 (\text{m}^3/\text{s}) = 54 \text{L/s}$$

设计雨水量公式　$q_y = \dfrac{q_j \Psi F_w}{10000}$

题目中暴雨强度为 $q_j = 478$L/(s·hm²)

径流系数为 0.9

求汇水面积 $F_w = \dfrac{q_y 10000}{q_j \Psi} = \dfrac{54 \times 10000}{478 \times 0.9} = 1255.23 \text{m}^2$

20. 图 8-5 所示为一栋建筑的屋面平面图，标高为 19.50m 处的屋面的汇水面积是（ ）。

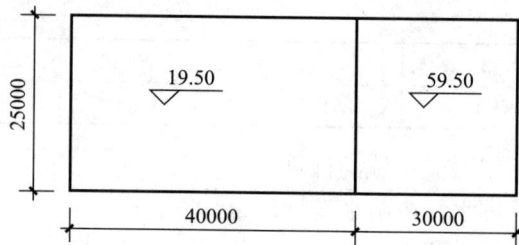

图 8-5

    A. 1000m²   B. 1500m²   C. 1750m²   D. 2000m²

【答案与解析】 B。

根据《建筑给水排水设计规范》GB 50015—2003（2009 年版）4.9.7 条的规定，其汇水面积应为：

$$F = 25 \times 40 + 0.5 \times 25 \times (59.5 - 19.5) = 1500m²$$

21. 图 8-6 所示为某高层商住楼屋面，设计暴雨强度 $q_j = 210L/(s \cdot hm²)$，屋面径流系数为 0.9，则裙房屋面设计雨水流量为下列哪项？（ ）

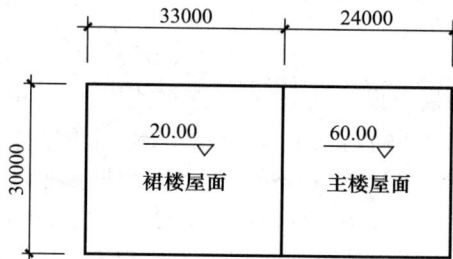

图 8-6

    A. 30.05L/s   B. 41.39L/s   C. 18.71L/s   D. 32.32L/s

【答案与解析】 A。

则裙房设计雨水量 $Q = \dfrac{q_j \psi F_w}{10000}$

依据题意只要确定裙房的汇水面积 F_w 即可，根据《建筑给水排水设计规范》GB 50015—2003（2009 年版）4.9.7 条的规定，其汇水面积应为：高出裙楼的毗邻侧墙，应附加其面积最大受雨面正投影的一半作为有效汇水面积。则

$$F_w = 30 \times 33 + 30 \times (60 - 20) \times 50\% = 1590m²$$

$$Q = \frac{q_j \psi F_w}{10000} = \frac{210 \times 0.9 \times 1590}{10000} = 30.05L/s$$

22. 有一片地面，其中：混凝土路面面积 4800m²（$\Psi = 0.9$），绿地面积 14400m²（$\Psi = 0.15$），块石路面面积 2400m²（$\Psi = 0.6$），非铺路面面积 2400m²（$\Psi = 0.3$），则这片地面的综合径流系数是（ ）。

    A. 0.15   B. 0.36   C. 0.49   D. 0.90

【答案与解析】B。根据《建筑给水排水设计规范》GB 50015—2003（2009 年版）4.9.6 条进行计算：各种汇水面积的综合径流系数应加权平均计算。

题中这片地的总面积为 24000m², 其综合径流系数为：

$$\Psi = (4800 \times 0.9 + 14400 \times 0.15 + 2400 \times 0.6 + 2400 \times 0.3) \div 24000 = 0.36$$

23. 居住小区雨水干管的某一设计断面，地面集水时间为 8min，管道内雨水流行时间为 4min，则设计降雨历时为（　　）。

    A. 8min   B. 12min;   C. 16min   D. 20min

【答案与解析】C。

根据《建筑给水排水设计规范》GB 50015—2003 中 4.9.4 条的规定，设计降雨历时为：$t = t_1 + Mt_2 = 8 + 2 \times 4 = 16min$

4　建筑热水及饮水供应

1. 某居民楼共 100 户，共 400 人，每户有两个卫生间，每个卫生间内有大便器、洗脸盆、带淋浴器的沐浴盆各 1 个，均由该楼集中热水供应系统定时供水 4h，则该系统最大设计小时的耗热量应为下列何项？（冷水温度 10℃，热水密度以 1kg/L 计）（　　）

　　A. 283880kJ/h　　　B. 3768300kJ/h　　　C. 6282000kJ/h　　　D. 7538400kJ/h

【答案与解析】 B。参见《建筑给水排水设计规范》GB 50015—2003（2009 年版）公式（5.3.1-2）。注意公式中的 b 值即卫生器具的同时使用百分数的解释。住宅卫生间内浴盆或淋浴器可按 70%～100% 计，其他器具不计，但定时连续供水时间应大于等于 2h。住宅一户设有多个卫生间时，可按一个卫生间计算。

$$Q_h = \Sigma q_h(t_r - t_l)\rho_r N_0 bC = 300 \times (40-10) \times 1 \times 100 \times 100\% \times 4.187 = 3768300\text{kJ/h}$$

考生注意： 这是关于定时供应热水建筑的设计小时耗热量计算问题。此问题的主要解题思路是代入公式即可，有两点需要注意：一是计算公式中 t_r 热水温度，这个温度是卫生器具用水点热水的使用水温，因此使用《建筑给水排水设计规范》GB 50015—2003（2009年版）表 5.1.1-2 中的温度；二是计算公式中的 b 值，卫生器具的同时使用百分数，住宅、旅馆、医院、疗养院病房，卫生间内浴盆或淋浴器可按 70%～100% 计，其他器具不计，但定时连续供水时间应大于等于 2h。工业企业生活间、公共浴室、学校、剧院、体育馆（场）等的浴室内的淋浴器和洗脸盆均按 100% 计。住宅一户设有多个卫生间时，可按一个卫生间计算。掌握这两点的取值方法，其他的计算参数的取值就很容易获得。

2. 某宾馆共有床位 140 个，热水用水定额为 120L/（床·d），设有供客房用水的全日制集中热水供应系统，其加热设备的出口热水温度为 65℃。则该系统最小设计小时耗热量为以下何项？（冷水温度为 10℃，热水密度以 0.98kg/L 计）（　　）

　　A. 85485kJ/h　　　B. 639425kJ/h　　　C. 526059kJ/h　　　D. 478235kJ/h

【答案与解析】 D。参见《建筑给水排水设计规范》GB 50015—2003（2009 年版）5.3.1 条第 2 款的内容。K_h 值参见表 5.3.1 注 1，K_h 应根据热水用水定额高低、使用人（床）数多少取值，当热水用水定额高，使用使用人（床）数多时取低值，反之取高值，使用人（床）数小于等于下限值及大于等于上限值的，K_h 就取下限值及上限值，中间值可内插。因此本题目中宾馆共有床位 140 个，小于等于下限值，因此 K_h 就取下限值3.33。

$$Q_h = K_h \frac{mq_r C(t_r - t_l)\rho_r}{T} = 3.33 \frac{140 \times 120 \times 4.187 \times (60-10) \times 0.98}{24} = 478235\text{kJ/h}$$

本题的注意事项：全日制计算时的热水温度为规范表 5.1.1-1，即 60℃。小时变化系数内插与定额有关、与使用人数有关。具体方法见 5.3.1 条及其条文说明。

考生注意： 这是关于全日供应热水建筑的设计小时耗热量计算问题。此问题的主要解题方法代入公式即可，有三点需要注意：一是计算公式中 t_r 热水温度，这个温度是 60℃。参见《建筑给水排水设计规范》GB 50015—2003（2009 年版）表 5.1.1-1 热水用水定额。表注 1：热水温度按 60℃ 计。表明表 5.1.1-1 中的定额是按照热水温度为 60℃ 的标准确定的，如果热水温度高些，需要的热水量相对会少些。二是计算公式中的 K_h 值，它的选取采用参照表 5.3.1 热水小时变化系数 K_h 值、表注及其条文说明的内容。三是公式中热水密度的 ρ_r 的取值，温度越高水的密度越小是常识性知识，本题目直接给出了热水密度以 0.98kg/L 计，在注册考试时题目经常提示热水密度以 1.0kg/L 计，所以考生不需要考虑过多，直接以 1.0kg/L 进行计算。

3. 某居住小区设有集中热水供应系统，热水供应对象及设计参数见下表 9-1。则该小区设计小时耗热量应为以下何项？（　　）

表 9-1

	设计小时耗热量（kJ/h）	最高日 24h 各时段用水量（m³/h）							小时变化系数
		1:00～6:00	6:00～8:00	8:00～10:00	10:00～13:00	13:00～17:00	17:00～20:00	20:00～24:00	
住宅	1442000	5.6	33.0	22.5	40.5	22.5	45.5	11.25	3.2
招待所	245000	1.5	3.6	7.2	14.4	7.2	15.0	7.2	3.42
培训中心	166000	0.2	2.4	7.4	8.0	1.6	4.8	12.0	3.84

A. 1853000kJ/h
B. 1730230kJ/h
C. 1556867kJ/h
D. 1442000kJ/h

【答案与解析】B。参见《建筑给水排水设计规范》GB 50015—2003（2009 年版）5.3.1 第 1 款规定：①当居住小区内配套公共设施的最大用水时段与住宅的最大用水时段一致时，应按两者的设计小时耗热量叠加计算；②当居住小区内配套公共设施的最大用水时段与住宅的最大用水时段不一致时，应按住宅的设计小时耗热量加配套公共设施的平均小时耗热量叠加计算。

本题的最大用水时段为 17:00～20:00，则该小区的设计小时耗热量为

$$Q_h = Q_{hmax住宅} + Q_{hmax招待所} + Q_{hp培训中心} = 1442000 + 245000 + 166000/3.84 = 1730230kJ/h$$

考生注意：这是关于小区集中热水供应的设计小时耗热量计算问题。同时请大家关注设计小时耗热量、平均小时耗热量和热水小时变化系数之间的关系。

4. 某宾馆设全日制集中热水供应系统，该系统供水部位及各部位高峰用水时段等参数见表 9-2，则该系统设计小时耗热量应为下列哪项？（　　）

表 9-2

用水部位名称	高峰用水时段	小时变化系数	设计小时耗热量（kJ/h）
客房 A 区	20:30～22:30	2.7	640800
客房 B 区	20:30～22:30	2.7	540000
职工浴室	16:00～18:30	1.5	252000
洗衣房	14:30～16:30	1.2	172800

A. 1605600kJ/h
B. 1576800kJ/h
C. 1521600kJ/h
D. 1492800kJ/h

【答案与解析】 D。参见《建筑给水排水设计规范》GB 50015—2003（2009 年版）5.3.14 条第 4 款：具有多个不同使用热水部门的单一建筑或具有多种使用功能的综合性建筑，当其热水由同一热水供应系统供应时，设计小时耗热量，可按同一时间内出现用水高峰的主要用水部门的设计小时耗热量加其他部门的平均小时耗热量计算。

系统设计小时耗热量＝客房 A 区设计小时耗热量＋客房 B 区设计小时耗热量＋职工浴室平均小时耗热量＋洗衣房平均小时耗热量＝640800＋54000＋252000/1.5＋172800/1.2＝1492800kJ/h

考生注意：这是关于具有多种不同使用部门的单一建筑或具有多种使用功能的综合性建筑的设计小时耗热量计算问题。

5. 某居住小区设置集中热水供应系统，该小区各类建筑生活用水最大时用水量及最大用水时段（时段指一天中 0：00～24：00）、最大小时和平均小时耗热量见表 9-3。求该小区设计小时耗热量应为以下何值？（　　）

表 9-3

	住宅	食堂	浴池	健身中心
最大时用水量（m³）	1000	210	250	80
最大用水时段	18：00～24：00	6：00～12：00	18：00～24：00	0：00～6：00
最大小时耗热量（kJ/h）	2500000	840000	400000	120000
平均小时耗热量（kJ/h）	1000000	220000	200000	30000

A. 1450000kJ/h　　B. 2950000kJ/h　　C. 3150000kJ/h　　D. 3860000kJ/h

【答案与解析】 C。参见《建筑给水排水设计规范》GB 50015—2003（2009 年版）5.3.1 条第 1 款。由题意可知，小区内的住宅和浴池的最大用水时段是一致的，而食堂、健身中心和住宅的最大用水时段是错开的，因此，住宅和浴池取最大用水时段的设计小时耗热量，食堂、健身中心取平均小时耗热量值。

$$Q_h＝Q_h^1＋Q_h^2＝（2500000＋400000）＋（220000＋30000）$$
$$＝2900000＋250000＝3150000kJ/h$$

6. 某宾馆客房有 150 个床位，热水当量总数 $N_g＝145$，有集中热水供应，全天供应热水，热水用水定额取平均值，设导流型容积式水加热器，热媒为蒸汽。加热器出水温度为 70℃，密度为 0.978kg/L；冷水温度为 10℃，密度为 1kg/L；设计小时耗热量的持续时间取 3h，试计算设计小时耗热量；设计小时热水量（热水温度为 60℃，密度为 0.983kg/L）。（　　）

A. 599624kJ/h，2441L/h　　　　B. 719549kJ/h，2928L/h

C. 599624kJ/h，2928L/h　　　　D. 719549kJ/h，3514L/h

【答案与解析】 A。参见《建筑给水排水设计规范》GB 50015—2003（2009 年版）5.3.1 条第 2 款。

（1）设计小时耗热量计算热水用水定额，依据题意客房热水用水定额的平均值

$$q_r＝\frac{120＋160}{2}＝140L/（床·d）$$

宾馆客房有 150 个床位，查表 5.3.1，时变化系数为 3.33；

$$Q_h = K_h \frac{mq_rC(t_r - t_1)\rho_r}{T} = 3.33 \frac{150 \times 140 \times 4.187 \times (60 - 10) \times 0.983}{24} = 599624\text{kJ/h}$$

（2）计算设计小时热水量。参见《建筑给水排水设计规范》GB 50015—2003（2009年版）5.3.2条。

$$q_{xh} = \frac{Q_h}{C(t_r - t_1)\rho_r} = \frac{599624}{4.187 \times (70 - 10) \times 0.978} = 2441\text{L/h}$$

考生注意：这是关于全日供应热水建筑的设计小时耗热量、设计小时热水量的计算问题。注意设计小时耗热量的 t_r 热水温度为 60℃、而设计小时热水量计算公式中 $q_{xh} = \frac{Q_h}{C(t_r - t_1)\rho_r}$ t_r 热水温度为加热器出水温度为 70℃，代入进行计算。类似方法参见《建筑给水排水工程》（第六版）8.2节耗热量、热水量和热媒耗量的计算中的例题。

7. 某建筑设集中热水供应系统，加热设备出口热水温度为 65℃、冷水温度为 10℃。该系统需供 50℃洗衣用水 2.5m³/d，40℃洗浴用水 6m³/d，则加热设备每天供应热水量为以下何值？（　　）
   A. 5.1m³/d   B. 7.0m³/d   C. 8.5m³/d   D. 14.4m³/d

【答案与解析】 A。参见《全国勘察设计注册公用设备工程师给水排水专业执业资格考试教材》第3册公式（4-19）。

混合水量为 100%，则热水量占混合水量的百分数：

$$K_r = \frac{t_h - t_1}{t_r - t_1}$$

式中　K_r——热水混合系数；

　　　　t_h——混合水水温（℃）；

　　　　t_r——热水水温（℃）；

　　　　t_1——冷水水温（℃）。

洗衣水：$K_{r洗衣} = \frac{t_h - t_1}{t_r - t_1} = \frac{50 - 10}{65 - 10} = \frac{8}{11}$

洗浴用水：$K_{r洗浴} = \frac{t_h - t_1}{t_r - t_1} = \frac{40 - 10}{65 - 10} = \frac{6}{11}$

需要的热水量为：$\frac{8}{11} \times 2.5 + \frac{6}{11} \times 6 = 5.10\text{m}^3/\text{d}$

考生注意：这个题目是考查热水量的问题，如果使用热水混合系数进行计算，会使计算更加简便。

8. 某住宅共 60 户，每户两个卫生间，每个卫生间内均设有供应热水的浴盆（无淋浴器）和洗脸盆各一个，若采用定时热水供应系统，则该热水供应系统设计小时热水量最小应不小于下述哪项？（热水温度以 60℃，冷水温度以 10℃计）（　　）
   A. 12600L/h   B. 10500L/h   C. 6930L/h   D. 6300L/h

【答案与解析】 D。

参见《建筑给水排水设计规范》GB 50015—2003（2009年版）5.3.1条第3款，住宅每户 2 个卫生间只计 1 个，卫生间内只计浴盆；洗脸盆不计。

最大小时耗热量　$Q_h = \Sigma q_h(t_h - t_1)\rho_r N_0 bC$

设计小时热水量为 5.3.2 条

$$q_{xh} = \frac{Q_h}{(t_r - t_1)C\rho_r}$$

本题中 $q_{xh} = \dfrac{q_h \ (t_h - t_1) \ \rho_r N_0 bC}{(t_h - t_1) \ C\rho_r} = \dfrac{q_h \ (t_h - t_1) \ N_0 b}{(t_r - t_1)}$

$$= \frac{250 \times (40 - 10) \times 60 \times 70\%}{(60 - 10)} = 6300 \text{L/h}$$

9. 某居住区集中热水供应系统设有 4 台容积式热水器，已知该系统设计小时耗热量 $Q_h =$ 1000000kJ/h，加热器的已经贮备的热量为 750000kJ/h，若设计小时耗热量的持续时间为 3h，则其总的设计小时供热量为（　　）。

A. 1000000kJ/h B. 250000kJ/h

C. 750000kJ/h D. 625000kJ/h

【答案与解析】 C。参见《建筑给水排水设计规范》GB 50015—2003（2009 年版）5.3.3 条第 1 款及其条文说明，关于容积式水加热器的设计小时供热量计算。

$$Q_g = Q_h - \frac{\eta V_r}{T}(t_r - t_1)C\rho_r = 1000000 - \frac{750000}{3} = 750000 \text{kJ/h}$$

考生注意：本题关于加热器设计小时供热量计算，要理解带有相当量贮热容积的水加热设备供热时，提供系统的设计小时耗热量由两部分组成：一部分是设计小时耗热量时间段内热媒的供热量 Q_g；一部分是供给设计小时耗热量前水加热设备内已贮存好的热量 $\frac{\eta V_r}{T}(t_r - t_1)C\rho_r$，同时要注意当 Q_g 计算值小于平均小时耗热量时，Q_g 按平均小时耗热量取值。还要注意《建筑给水排水设计规范》GB 50015—2003（2009 年版）5.3.3 条的第 2 款和第 3 款的内容。

10. 某机械循环全日制集中热水供应系统，采用半容积式水加热器供应热水，配水管道起点水温 65℃，终点水温 60℃，回水终点水温 55℃，热水温度均以 1kg/L 计。该系统配水管道热损失 108000kJ/h，回水管道热损失 36000kJ/h，则系统的热水循环流量应为何项值？（　　）

A. 6897L/h B. 5159L/h C. 3439L/h D. 25780L/h

【答案与解析】 B。参见《建筑给水排水设计规范》GB 50015—2003（2009 年版）公式（5.5.5）。机械循环全日制管网的循环流量

$$q_x = \frac{Q_s}{C_\rho \Delta t} = \frac{108000}{4.187 \times 1 \times (65 - 60)} = 5159 \text{L/h}$$

式中 q_x——全日供应热水的循环流量（L/h）；

Q_s——配水管道的热损失（kJ/h）；

Δt——配水管道的热水温度差（℃）。

考生注意：全日制管网的循环流量计算中的热损失指的是所有配水管网的热损失。

11. 某建筑设集中热水供应，采用开式上行下给全循环下置供水方式，设膨胀水箱。系统设 2 台导流型容积式加热器，每台加热器的容积 2m³，换热面积 7m²，管道内热水总容积 1.15m³。水加热器底部至生活饮用水水箱水面的垂直高度为 36m，冷水计算温度

为 10℃，密度为 0.9997kg/L，加热器出水温度为 60℃，密度为 0.9832kg/L；热水回水温度为 45℃，密度为 0.9903kg/L。计算膨胀水箱的容积？（　　）

A. 0.12m³　　　　　B. 0.0345m³　　　　　C. 0.1545m³　　　　　D. 0.1675m³

【答案与解析】 C。参见《建筑给水排水设计规范》GB 50015—2003（2009 年版）5.4.19 条第 2 款。

$$V_p = 0.0006 \Delta t \, V_s$$

式中　V_p——膨胀水箱有效容积（m³）；

　　　　Δt——系统内水的最大温度差（℃）；

　　　　V_s——系统内的水容量（m³）。

系统内热水总容积包括管道内和两个加热器内热水容积之和：$V_s = 2 \times 2 + 1.15 = 5.15 \text{m}^3$

膨胀水箱的容积 $V_p = 0.0006 \Delta t \, V_s = 0.0006(60-10) \times 5.15 = 0.1545 \text{m}^3$

考生注意： 这个题目希望考生掌握膨胀水箱计算公式中"V_s 系统内的水容量"这一参数的含义，即为管道的水容积＋n 个加热器的水容积。

12. 某培训中心采用定时热水供应系统，其设计数据如下：学员 600 人，60℃热水，定额为 100L/（人·d），热媒为高温热水，经一台贮水容积为 5.0m³ 的半容积式水加热器供给热水，热水供水管网容积为 1.2m³，回水管网容积为 0.3m³，膨胀罐处管网工作压力为 0.3MPa，冷水供水温度 10℃，回水温度 50℃，水温为 10℃、50℃、60℃时水的密度为：0.999kg/L，0.988kg/L，0.983kg/L，则循环泵流量 q_x 和膨胀罐总容积 V_e 为（　　）。

A. $q_x = 3 \sim 6\text{m}^3/\text{h}$, $V_e = 1.16\text{m}^3$　　　　B. $q_x = 3 \sim 6\text{m}^3/\text{h}$, $V_e = 0.27\text{m}^3$；

C. $q_x = 13 \sim 26\text{m}^3/\text{h}$, $V_e = 1.16\text{m}^3$　　D. $q_x = 3 \sim 6\text{m}^3/\text{h}$, $V_e = 2.22\text{m}^3$。

【答案与解析】 A。参见《建筑给水排水设计规范》GB 50015—2003（2009 年版）5.5.6 条、5.4.21 条。

(1) 定时热水供应系统循环泵流量 q_x

循环管网的水容积＝1.2＋0.3＝1.5m³

根据 5.5.6 条，循环泵流量＝1.5m³/次×(2~4)次/h＝3~6m³/h

(2) 膨胀罐总容积 V_e

$$V_e = \frac{(\rho_f - \rho_r) P_2}{(P_2 - P_1) \rho_r} V_s$$

$$= \frac{(0.999 - 0.983) \times 1.10 P_1}{(1.10 P_1 - P_1) \times 0.983} \times (5 + 1.2 + 0.3) = 1.16 \text{m}^3$$

考生注意： 这个题目非常好，帮助理解两个问题：一是定时热水系统循环管网中的水容积含义；另一个是理解膨胀水罐公式中系统内热水总容积。

13. 某热水供应系统采用容积式水加热器供应热水，其设计参数如下：热水温度 60℃，冷水 10℃，设计小时供热量为 2160000kJ/h，热媒为压力 0.07MPa 的饱和蒸汽，冷凝回水温度为 80℃，传热效率系数 0.8，热损失系数 1.1，传热系数 2340kJ/(m²·℃·h)，要求加热器出水温度为 70℃，则水加热器的加热面积应为下列何项？（　　）

A. 63.46m²　　　　B. 25.38m²　　　　　C. 23.08m²　　　　　D. 19.63m²

【答案与解析】 B。参见《建筑给水排水设计规范》GB 50015—2003（2009 年版）

5.4.6 条、5.4.7 条和 5.4.8 条。

（1）求设计小时耗热量

设计小时供热量为 2160000kJ/h。

（2）求换热面积

$$F_{jr} = \frac{C_r Q_g}{\varepsilon K \Delta t_j}$$

式中　F_{jr}——表面式水加热器的加热面积（m^2）；

$\quad C_r$——热水供应系统的热损失系数，采用 $1.1 \sim 1.15$；

$\quad Q_g$——设计小时供热量（kJ/h）；

$\quad \varepsilon$——由于水垢和热媒分布不均匀影响传热效率的系数，一般采用 $0.6 \sim 0.8$；

$\quad K$——传热系数 $[kJ/(m^2 \cdot \text{℃} \cdot h)]$；

$\quad \Delta t_j$——热媒与被加热水的计算温度差（℃）。

容积式水加热器、半容积式水加热器算术平均温度差：应按下式计算：

$$\Delta t_j = \frac{t_{mc} + t_{mz}}{2} - \frac{t_c + t_z}{2}$$

式中　t_{mc}、t_{mz}——热媒的初温和终温（℃）；

$\quad t_c$、t_z——被加热水的初温和终温（℃）。

热媒为压力 0.07MPa 的饱和蒸汽，热媒为压力小于及等于 70kPa 时，其计算温度应按 100℃计算。

$$\Delta t_j = \frac{t_{mc} + t_{mz}}{2} - \frac{t_c + t_z}{2} = \frac{100 + 80}{2} - \frac{70 + 10}{2} = 50\text{℃}$$

（3）求换热面积为

$$F_{jr} = \frac{C_r Q_g}{\varepsilon K \Delta t_j} = \frac{1.1 \times 2160000}{0.8 \times 2340 \times 50} = 25.38 m^2$$

考生注意：水加热器传热面积计算中注意公式中的参数 Q_g、Δt_j，其中计算温度差 Δt_j 在使用不同的水加热器情况下分以下两种。一种是容积式水加热器、导流型容积式水加热器、半容积式水加热器的算术平均温度差：$\Delta t_j = \frac{t_{mc} + t_{mz}}{2} - \frac{t_c + t_z}{2}$。另一种是快速式水加热器、半即热式水加热器的对数平均温度差：$\Delta t_j = \frac{\Delta t_{max} + \Delta t_{min}}{\ln \frac{\Delta t_{max}}{\Delta t_{min}}}$。同时还需要注意热媒计算温度，请参考 5.4.8 条及其条文说明。

14. 某建筑热水供应系统采用半容积式水加热器，热媒为蒸汽，其供热量为 13858306kJ/h，则该水加热器的最小有效贮水容积应为下列何项？（热水温度为 60℃、冷水温度为 10℃，热水密度以 1kg/L 计）（　　　）

A. 1655L　　　　　　　B. 1820L　　　　　　　C. 1903L　　　　　　　D. 2206L

【答案与解析】 A。参见《建筑给水排水设计规范》GB50015—2003（2009 年版）表 5.4.10。《全国勘察设计注册公用设备工程师给水排水专业执业资格考试教材》中第 3 册公式（4-43）。水加热器的最小有效贮水容积为：

$$V \geqslant \frac{Q_h \cdot T}{(t_r - t_l) \cdot C \cdot \rho_r} = \frac{1385830 \times 0.25}{(60 - 10) \times 4.187 \times 1} = 1655L$$

式中　V——计算贮热容积（L）；

　　　Q_h——设计小时耗热量（kJ/h）；

　　　ρ_r——热水密度（kg/L）；

　　　T——规定的时间（h）。

考生注意： 本题目考查的是该水加热器的最小有效贮水容积，直接使用公式即可，但需要注意如果要计算容积式水加热器或热水箱的容积时，要在有效容积的基础上考虑容积附加系数，参见《建筑给水排水设计规范》GB 50015—2003（2009 年版）5.4.9 条，当采用的半容积式水加热器或带有强制罐内水循环装置的容积式水加热器时，其计算容积可不附加。

15. 某热水系统如图 9-1 所示，加热器热媒蒸汽入口压力为 0.2MPa，蒸汽入口至疏水器进口管段的压力损失 $\Delta h_1 = 0.05$MPa，疏水器出口后的管段压力损失 $\Delta h_2 = 0.07$MPa，闭式凝结水箱内压力为 0.02MPa。请问疏水器的进出口压差值为下列何项？（　　）

　　A. 0.02MPa　　　　　B. 0.03MPa　　　　　C. 0.05MPa　　　　　D. 0.15MPa

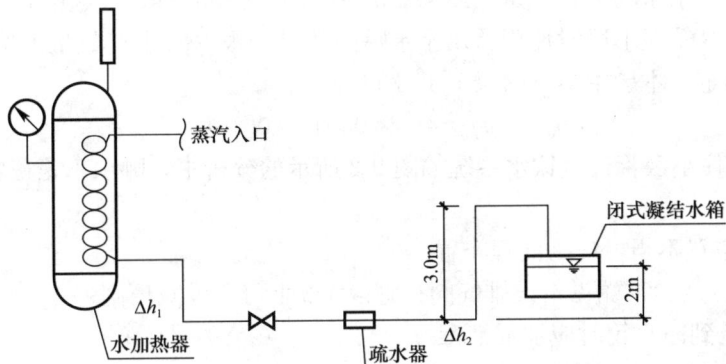

图 9-1

【答案与解析】 A。参见《全国勘察设计注册公用设备工程师给水排水专业执业资格考试教材》中第 3 册 4.3.1 节疏水器的相关内容。

　　疏水器进出口压差 ΔP，可按式计算：

$$\Delta P = P_1 - P_2$$

式中　ΔP——疏水器进出口压差（MPa）；

　　　P_1——疏水器前的压力（MPa），对于水加热器等换热设备，可取 $P_1 = 0.7P_z$（P_z 为进入设备的蒸汽压力）；

　　　P_2——疏水器后的压力（MPa），

　　当疏水器后，凝结水管不抬高 自流坡向开式水箱时 $P_2 = 0$；当疏水器后凝结水管道较长，需抬高接入闭式凝结水箱时，P_2 按下式计算：$P_2 = \Delta h + 0.01H + P_3$

式中　Δh——疏水器后至凝结水箱之间的管道压力损失（MPa）；

　　　H——疏水器后回水管抬高高度（m）；

　　　P_3——凝结水箱内压力（MPa）。

$$\Delta P = P_1 - P_2$$

式中　P_1——疏水器前的压力，$P_1=0.7P_z$（P_z 为进入设备的蒸汽压力）；$P_1=0.7P_z=$
　　　　　　$0.7\times0.2\text{MPa}=0.14\text{MPa}$；

　　　　P_2——需抬高接入闭式凝结水箱时，P_2 按下式 $P_2=\Delta h+0.01H+P_3=0.07\text{MPa}+$
　　　　　　$0.01\times3+0.02=0.12\text{MPa}$

$$\Delta P=P_1-P_2=0.14-0.12=0.02\text{MPa}$$

考生注意：本题目考查的是水加热器附件的计算。水加热器的附件有膨胀管、膨胀水箱、膨胀水罐、疏水器、减压阀等，请考生注意相应的计算步骤、方法。

16. 某办公楼全日循环管道直饮水系统的最高日直饮水量为 2500L，小时变化系数为 1.5，水嘴额定流量为 0.04L/s，共 12 个水嘴，采用变频调速泵供水，该系统的设计流量应为以下何值？（　　）

　　A. 0.48L/h　　　　　B. 0.24L/h　　　　　C. 0.17L/h　　　　　D. 0.16L/h

【答案与解析】D。参见《建筑给水排水设计规范》GB 50015—2003（2009 年版）5.7.3 条第 7 款管道直饮水系统配水管的设计秒流量为 $q_g=mq_0$

式中　q_g——计算管段的设计秒流量（L/s）；

　　　　q_0——饮用水水嘴额定流量（L/s），$q_0=0.04\sim0.06\text{L/s}$，本题中 $q_0=0.04\text{L/s}$；

　　　　m——计算管段上同时使用饮用水水嘴的数量，根据其水嘴数量可按本规范附录 F 确定，本题中参见附录 F.0.1 可知 $m=4$；

$$q_g=mq_0=4\times0.04=0.16\text{L/h}$$

17. 以下对某居住小区管道直饮水系统如图 9-2 所示的分析中，哪项不正确？并说明理由。
（　　）

　　A. 回水管布置不当，应为同程布置

　　B. 立管 L_1、L_3，顶端可不设排气阀；管段 1-2 上可不设减压阀

　　C. 回水回流到净水箱时应加强消毒

　　D. 从立管接至配水龙头的支管管段长度不宜大于 3m

【答案与解析】B。

　　A 选项正确，符合《建筑给水排水设计规范》GB 50015—2003（2009 年版）5.7.3 条第 6 款。

　　B 选项不正确，前半句不符合参见《全国勘察设计注册公用设备工程师给水排水专业执业资格考试教材》中第 3 册 261 页的（7）阀门等附件的相关内容；高区不减压，显然当高低区回到同一根回水干管，会使得低区不能回水，原理同《建筑给水排水设计规范》GB 50015—2003（2009 年版）5.2.13 条的条文说明。参照《管道直饮水系统技术规程》CJJ 110—2006 中 5.0.10 条和 5.0.8 条。

　　C 选项正确，参见《全国勘察设计注册公用设备工程师给水排水专业执业资格考试教材》中第 3 册 261 页的（6）管道布置的相关内容。符合《管道直饮水系统技术规程》CJJ 110—2006 中 5.0.11 条。

　　D 选项正确，符合《建筑给水排水设计规范》GB 50015—2003（2009 年版）5.7.3 条第 6 款。

考生注意：本题关于管道直饮水系统的设计题目。如果没有使用《管道直饮水系统技术规程》CJJ 110—2006 来解题，相对很难以确定。如果使用《管道直饮水系统技术规程》

CJJ 110—2006 就很容易。所以需要考生能够使用这本《管道直饮水系统技术规程》CJJ 110—2006 来解决题目。

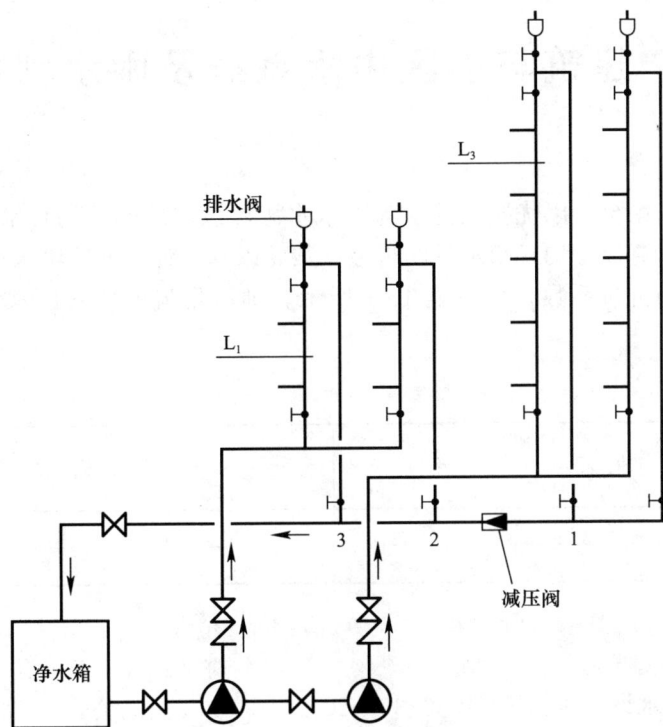

图 9-2

18. 某养老院（全托）共 70 床位，室内共有 30 个淋浴器和 30 个混合水嘴洗脸盆，由全日制集中热水供应系统供应热水。该院热水引入管（热水温度 60 ℃）的设计流量应为下列哪项？（　　）

A. 1.61L/s
B. 0.18L/s
C. 1.32L/s
D. 0.38L/s

【答案与解析】C。

这是一道看似热水的题目，其实质是给水的内容。参见《建筑给水排水设计规范》GB 50015—2003（2009 年版）3.6.5 条，养老院，淋浴器、洗脸盆均按照混合水嘴计算，

$$q_g = 0.2\alpha \sqrt{N_g} = 0.2 \times 1.2 \times \sqrt{0.5 \times 30 + 0.5 \times 30} = 1.32L/s$$

最大一个卫生器具的额定流量 0.1L/s，

所有器具额定流量的累加值 0.1×30+0.1×30＝6.0L/s

所以计算值是合理的。

考生注意：热水系统的设计秒流量题目也被考查，只需要注意此时定额的取值问题就可以，其他使用的均是给水系统的方法。

5 建筑与小区中水系统及雨水利用

1. 某住宅楼设中水系统，以优质杂排水为中水水源。该建筑的平均日给水量为 $100\text{m}^3/\text{d}$，最高日给水量折算成平均日给水量的折减系数 α 以 0.7 计，分项给水百分率 b 及按给水量计算排水量的折减系数 β 见下表 10-1 所示。则可集流的中水原水量应为下列何项？（　　）

表 10-1

项目 系数	冲　厕	厨　房	淋　浴	盥　洗	洗　衣
b（%）	21	20	31	6	22
β	1.0	0.8	0.9	0.9	0.85

A. $36.4\text{m}^3/\text{d}$　　　　B. $89.0\text{m}^3/\text{d}$　　　　C. $33.3\text{m}^3/\text{d}$　　　　D. $52.0\text{m}^3/\text{d}$

【答案与解析】 D。

参见《建筑中水设计规范》GB 50336—2002 中 3.1.4 条的公式 3.1.4。

中水以优质杂排水为中水水源，给了平均日给水量 $100\text{m}^3/\text{d}$，即已知 $\alpha \cdot Q = 100\text{m}^3/\text{d}$。

可集流的中水原水量　$Q_y = \sum \alpha \cdot \beta \cdot Q \cdot b$

题目中的优质杂排水包括沐浴、盥洗、洗衣三项内容：

$$Q_y = \sum \alpha \cdot \beta \cdot Q \cdot b$$
$$= 0.9 \times 100\text{m}^3/\text{d} \times 31\% + 0.9 \times 100\text{m}^3/\text{d} \times 6\% + 0.85 \times 100\text{m}^3/\text{d} \times 22\%$$
$$= 52.0\text{m}^3/\text{d}$$

考生注意： 这是一道关于建筑可集流的中水原水量的题目，题目内容清晰，直接使用公式即可，需要注意的是理解公式的实质：建筑物中可集流的中水原水量是建筑物内分项排水（冲厕、厨房、沐浴、盥洗、洗衣）的平均日排水量之和。

2. 某小区设有中水系统，其中自来水供水量为：住宅 $80\text{m}^3/\text{d}$，公建 $60\text{m}^3/\text{d}$，服务设施 $160\text{m}^3/\text{d}$；中水供冲厕及绿化，用水量为 $213\text{m}^3/\text{d}$。若原水收集率 75%，中水站内自耗水量为 10%，则自来水补水量为（　　）。

A. 0　　　　B. $10.5\text{m}^3/\text{d}$　　　　C. $51\text{m}^3/\text{d}$　　　　D. $118.5\text{m}^3/\text{d}$

【答案与解析】 B。

中水收集的原水对象为：住宅、公建和服务设施，因此中水收集水量 $= (80 + 60 + 160) \times 75\% = 225\text{m}^3/\text{d}$

中水产水量，考虑使用中水站内自耗水量为 10%，则中水产水量 $= 225 - 225 \times 10\% = 202.5\text{m}^3/\text{d}$

自来水补水量 = 中水用水量 − 中水产水量 $= 213 - 202.5 = 10.5\text{m}^3/\text{d}$

考生注意： 这个题目很简单很经典，解答也是正确的。同时请考生参见《全国勘察设计注册公用设备工程师给水排水专业执业资格考试教材》中第 3 册 6.1.3 节水量与水量平衡的内容中关于中水日处理水量的公式：

$$Q_2 = (1+n)Q_3$$

式中　Q_2——中水日处理水量（m^3/d）；

　　　n——中水处理设施自耗水系数，可取 $10\% \sim 15\%$；

　　　Q_3——中水用水量（m^3/d）。

教材中的公式是正确的。但是二者对于问题自耗水系数理解的对象不同，如果中水处理后的产水量不足，自耗水系数取中水可集流的原水水量的 $10\% \sim 15\%$；如果中水处理后的产水量充足，自耗水系数取中水用水量的 $10\% \sim 15\%$。

3. 下列四项建筑工程的设计参数如下：

（1）公寓——可回收的排水项目的平均日给水量为 $110m^3/d$；

（2）集中建筑区——可回收的排水项目的平均日给水量为 $170m^3/d$；

（3）宾馆——可回收的排水项目的平均日给水量为 $330m^3/d$；

（4）居住小区综合污水量 $700m^3/d$。

其中各项用水量占日用给水量的百分数见表 10-2，日用中水量见表 10-3。处理装置自耗水量按 10% 计，中水供水采用调速泵。

各项用水量占日用给水量的百分数（%）　　　　　表 10-2

食　堂	淋　浴	盥　洗	洗　衣
16	53	14	17

折减系数 B 均为 0.85

日用中水量（m^3/d）　　　　　表 10-3

洗　车	冲　厕	绿　化
84	83	62

则适宜配套设置中水设施的是（　　　）。

A. 公寓　　　　　B. 集中建筑区　　　　　C. 宾馆　　　　　D. 居住小区

【答案与解析】 C。

（1）日用中水量为＝$84+83+62=229m^3/d$

（2）中水日处理水量为＝$(84+83+62) \times 1.1 = 251.9m^3/d$

（3）可集流的原水水量

1）公寓的原水量＝$110m^3/d \times 0.85 = 93.5m^3/d$

集中建筑区的回收水量＝$170m^3/d \times 0.85 = 144.5m^3/d$

公寓和集中建筑区的原水量不能满足中水用水量的要求，故不宜选用。

2）宾馆的回收水量＝$330m^3/d \times 0.85 = 280.5m^3/d$

宾馆设置中水经济性较好。

3）居住小区的综合污水量＝$700m^3/d \times 0.85 = 595m^3/d$

居住小区的综合污水量满足中水用水量的要求，但中水用水量远小于综合污水量，设置中水系统不够经济；且综合污水水质较差，处理费用较高，故不宜设置。

4. 某建筑采用中水作为绿化和冲厕用水，中水原水为淋浴、盥洗和洗衣用水，厨房废水不回用。其中收集淋浴、盥洗和洗衣用水分别为149m³/d、45m³/d、63m³/d，厨房废水为44m³/d。排水量系数为90%，冲厕需回用废水为49m³/d，绿化需回用废水为83m³/d。中水处理设备自用水量取中水用水量的15%。则中水系统溢流水量为（　　）。

 A. 79.5m³/d   B. 125.0m³/d   C. 149.2m³/d   D. 169.0m³/d

【答案与解析】 A。

 可集流的中水原水量＝(149＋45＋63)×0.9＝231.3m³/d

 中水用水量＝83＋49＝132m³/d

 中水处理水量＝(83＋49)×1.15＝151.8m³/d

 系统溢流水量＝231.3－151.8＝79.5m³/d

5. 某建筑采用中水做为绿化和冲厕用水，中水原水为淋浴、盥洗和洗衣用水，厨房废水不回用。其中收集淋浴、盥洗和洗用水分别为149m³/d、45m³/d、63m³/d，厨房废水为44m³/d。排水量系数为90%，冲厕需回用废水为49m³/d，绿化需回用废水为83m³/d。中水处理设备自用水量取中水用水量的15%。本建筑污水排放量为（　　）。

 A. 149.3m³/d   B. 163.2m³/d   C. 193.3m³/d   D. 213.1m³/d

【答案与解析】 B。

 根据上题计算结果，中水系统溢流量为79.5m³/d，故：系统污水排放量＝(44＋49)×0.9＋79.5＝163.2m³/d

 考生注意： 上述几个题目，希望考生可以准确理解中水可集流的原水水量、中水用水量、中水处理水量、中水溢流水量、中水系统自来水补充水量、污水排放量的含义。只有真正理解了这几个数量之间的关系，就已经掌握了水量平衡的实质内容。

6. 某公寓设置中水供水系统用于冲厕，中水总用水量为12m³/d，中水处理设备设计运行时间为8h/d，请计算该系统的中水贮水池最小有效容积为下列何值？（　　）

 A. 1.44m³   B. 9.2m³   C. 11.04m³   D. 11.81m³

【答案与解析】 C。

 参见《建筑中水设计规范》GB 50336—2002中5.3.3条第2款及其条文说明。

 间歇运行时，中水贮水池计算为 $W_2＝1.2 \cdot t_2 \cdot (Q_{2h}－Q_{3h})$

式中 W_2——中水池有效容积（m³）；

  t_2——处理设备设计运行时间（h）；

  Q_{2h}——设施处理能力（m³/h）；$Q_2＝(1＋n)Q_3$

  Q_2——中水日处理能力（m³/d）；

  n——中水处理设施自耗水系数，一般取10%～15%；

  Q_3——中水总用水量（m³/d）；

  Q_{3h}——中水平均小时用水量（m³/h）。

 题目中 $t_2＝8h$

$$Q_{3h}＝12m^3/d＝0.5m^3/h$$

$$Q_{2h}＝12/8×(1.10～1.15)＝1.65～1.725m^3/h$$

 则 $W_2＝1.2 \cdot t_2 \cdot (Q_{2h}－Q_{3h})＝1.2×8×(1.65－0.5)＝11.04m^3$

考生注意：这是关于中水水量平衡中的调节构筑物的计算。仔细对中水系统所使用的调节构筑物分类有：

① 连续运行的中水原水水量调节池：35%～50%日处理水量；

② 间歇运行的中水原水水量调节池：$W_1 = 1.5 \cdot Q_{y1}(24 - t_1)$；

③ 连续运行的中水贮存池（箱）：25%～35%中水系统日用水水量；

④ 间歇运行的中水贮存池（箱）：$W_2 = 1.2 \cdot t_2 \cdot (Q_{2h} - Q_{3h})$；

⑤ 中水供水系统的供水箱：不得小于中水最大小时用水量的50%。

这几种构筑物的调节容积计算，考生要掌握。

7. 某住宅小区设计居住人口12000人，拟收集生活优质杂排水作为中水水源，中水供水系统供应冲厕，小区绿化和洗车用水。该小区可收集的中水原水量 Q_y 和设计中水供水量 Q_g 应为下列哪项？（　　）

　　已知数据如下：住宅小区最高日生活用水量350L/（人·d），平均日给水折减系数取0.8，排水折减系数取0.9，分项给水百分率：冲厕21%，厨房20%，洗浴36%，洗衣23%，中水处理设施自耗水量为10%，小区绿化和洗车用水量之和为700m³/d。

A. $Q_y = 2230.20 \text{m}^3/\text{d}$，$Q_g = 705.60 \text{m}^3/\text{d}$

B. $Q_y = 2388.96 \text{m}^3/\text{d}$，$Q_g = 1605.60 \text{m}^3/\text{d}$

C. $Q_y = 1784.16 \text{m}^3/\text{d}$，$Q_g = 1582.00 \text{m}^3/\text{d}$

D. $Q_y = 3024.00 \text{m}^3/\text{d}$，$Q_g = 1872.00 \text{m}^3/\text{d}$

【答案与解析】C

（1）中水原水水量

优质杂排水本题目中指的是洗浴、洗衣排水。

$$Q_y = \Sigma \alpha \cdot \beta \cdot Q \cdot b = 0.8 \times 0.9 \times (350 \times 12000)/1000 \times (36\% + 23\%) = 1784.16 \text{m}^3/\text{d}$$

（2）中水供水量

指的是中水的用水量为多少

冲厕用水量 = [350L/（人·d）× 12000人] × 21% = 882m³/d

中水用水量包括冲厕、绿化和洗车

$$Q_g = 882 + 700 = 1582 \text{m}^3/\text{d}$$

考生注意：参见《全国勘察设计注册公用设备工程师给水排水专业执业资格考试教材》中第3册例6-1内容的关于中水用水量的求解方法，可能会求解不出答案。原因在于中水用水量或者说供水量是应该按平均日给水量计算还是最高日给水量计算。请参见《建筑中水设计规范》GB 50336—2002中5.4.2条：中水系统供水量按照《建筑给水排水设计规范》中的用水定额及本规范表3.1.4中规定的百分率计算确定。

8. 某住宅小区，总占地面积为120000m²，其中混凝土道路占地面积为3600m²，绿地面积为24000m²、其余为住宅的占地。若住宅屋面均采用硬顶，则小区的雨水流量径流系数应为下列哪项？（　　）

A. 0.750　　　　B. 0.847　　　　C. 0.857　　　　D. 0.925

【答案与解析】B。

雨水利用平均流量径流系数的计算，参见《建筑与小区雨水利用工程技术规范》GB 50400—2006中表4.2.2，

$$\psi = \frac{\Sigma \psi_i F_i}{\Sigma F_i} = \frac{3600 \times 0.9 + 24000 \times 0.25 + (120000 - 3600 - 24000) \times 1}{120000} = 0.847$$

考生注意： 这个题目非常简单。但是当年考试时许多知识掌握非常好的考生没有做出来这个题目，大家也知道使用汇水面积内的平均径流系数应按加权平均法计算。仔细查找原因是考生不知道在《建筑与小区雨水利用工程技术规范》GB 50400—2006 中表 4.2.2 径流系数中给出了流量径流系数和雨量径流系数，而是使用《建筑给水排水设计规范》GB 50015—2003（2009 年版）中的径流系数或者是使用《室外排水设计规范》，均不能计算出正确答案。所以，注册考试的题目需要考生能够准确定位题目的考点是落在哪个知识内容上，这样就需要考生要十分清楚各部分知识有何差异。

第三部分 模拟试题

［第一套模拟试题］

一、单项选择题（每题 1 分，每题的备选项中只有一个符合题意）

1. 下列关于给水管道布置的设置要求中，哪项不正确？（　　）
  A. 小区给水管道与污水管道交叉时应敷设在污水管道上方，否则应设钢套管且套管两端用防水材料封闭
  B. 小区生活给水管道的覆土深度不得小于冰冻线以下 0.15m，否则应作保温处理
  C. 居住小区的室外给水管网宜布置成环状
  D. 居住小区的室内外给水管网均宜布置成环状

2. 以下哪一项不能作为计算居住小区给水设计用水量的依据？（　　）
  A. 居住小区给水设计最高日用水量不应包括消防用水量
  B. 小区管网漏失水量和未预见水量的计算不适用于单项建筑的给水系统计算
  C. 小区管网漏失水量和未预见水量的计算适用于小区热水管网的给水系统计算
  D. 居住小区内重大公用设施的用水量应由其管理部门提出

3. 某宾馆高区给水系统采用调速泵加压供水，最高日用水量为 140m³/d，水泵设计流量为 20m³/h，泵前设吸水池，其市政供水补水管的补水量为 25m³/h，则吸水池最小有效容积 V 为下列哪一项？（　　）
  A. $V=1$m³
  B. $V=10$m³
  C. $V=28$m³
  D. $V=35$m³

4. 下述建筑给水管道上止回阀的选择和安装要求中，哪项是不正确的？（　　）
  A. 某住宅建筑采用贮水容积为 180L 的密闭水加热器，应设置止回阀
  B. 进、出水管合用一条管道的高位水箱；其出水管段上应设置止回阀
  C. 为削弱停泵水锤，在大口径水泵出水管上选用安装阻尼缓闭止回阀
  D. 水流方向自上而下的立管，不应安装止回阀

5. 某单元式住宅，底层有 2.2m 高的单元式贮藏间，2 至 8 层为单元式住宅。以下哪一项消火栓的设置方案，更符合现行国家规范的精神？（　　）
  A. 设置 $SN25$ 的消火栓
  B. 设置 $SN50$ 的消火栓
  C. 设置干式消火栓立管
  D. 可以不设室内消火栓

6. 高层民用建筑临时高压消防给水系统有几种供水工况？（　　　）

    A. 4 种   B. 3 种   C. 2 种   D. 1 种

7. 关于自动喷水灭火系统湿式和干式二种报警阀功能的叙述中，何项是错误的？（　　　）

    A. 均具有喷头动作后报警水流驱动水力警铃和压力开关报警的功能

    B. 均具有防止系统水流倒流至水源的止回功能

    C. 均具有接通或关断报警水流的功能

    D. 均具有延迟误报警的功能

8. 闪点为 55℃ 的 B 类火灾可选用下列何种自动灭火设施进行灭火？（　　　）

    A. 水喷雾灭火系统   B. 雨淋灭火系统

    C. 泡沫灭火系统   D. 自动喷水灭火系统

9. 一柴油发电机房，柴油发电机采用 2 号柴油，设计采用七氟丙烷灭火系统，请根据表 11-1（七氟丙烷灭火浓度表）确定理论设计灭火浓度为以下何值？（　　　）

表 11-1

可燃物	灭火浓度	可燃物	灭火浓度	可燃物	灭火浓度	可燃物	灭火浓度
甲烷	6.2%	庚烷	5.8%	甲乙酮	6.7%	乙基醋酸酯	5.6%
乙烷	7.5%	异丙醇	7.3%	甲基异丙酮	6.6%	丁基醋酸酯	6.6%
丙烷	6.3%	丁醇	7.1%	2号汽油	6.7%	航空燃料汽油	6.7%

    A. 6.7%   B. 8.71%   C. 9.0%   D. 10.0%

10. 以下列出了五项加热器的选用条件：

    Ⅰ、热源供应能满足设计秒流量所需耗热量

    Ⅱ、热源供应能满足设计小时耗热量

    Ⅲ、用水量变化大，供水可靠性要求高

    Ⅳ、用水较均匀的供水系统

    Ⅴ、设备机房较小

    下列哪一项符合半即热式水加热器的选用条件？（　　　）

    A. Ⅰ、Ⅲ、Ⅴ   B. Ⅱ、Ⅳ、Ⅴ

    C. Ⅰ、Ⅳ、Ⅴ   D. Ⅱ、Ⅲ、Ⅴ

11. 下列关于热源选择遵循的原则错误的是哪一项？（　　　）

    A. 太阳能热水供应系统中空气源热泵为其辅助热源的首先

    B. 最冷月平均气温不小于 10℃ 的地区采用空气源热泵热水供应系统，可不设辅助热源

    C. 可采用污废水作为水源热泵热水供应系统的热源

    D. 电源供应充沛的地区可采用电热水器

12. 下述有关热水供应系统的选择及设置要求中，哪项是不正确的？（　　　）

    A. 汽-水混合加热设备宜用于闭式热水供应系统

    B. 设置淋浴的供给浴室宜采用开式热水供应系统

    C. 公共浴池的热水供应系统应设置循环水处理和消毒设备

    D. 单管热水供应系统应设置水温稳定的技术措施

13. 根据下图 11-1 所示，试述住宅 A 及所在小区的排水体制应为以下何项？（　　　）

编号	住宅A	小区
A	合流制	分流制
B	分流制	分流制
C	合流制	合流制
D	分流制	合流制

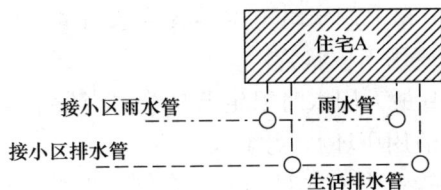

图 11-1

14. 以下有关建筑排水系统组成的要求中，哪项是不合理的？（　　）

    A. 系统中均应设置清通设备

    B. 与生活污水管进相连的各类卫生器具的排水口下均须设置存水弯

    C. 建筑标准要求高的高层建筑的生活污水立管应设置专用通气立管

    D. 生活污水不符合直接排入市政管网要求时，系统中应设局部处理构筑物

15. 某饮料用水贮水箱的泄水由 $DN50$ 泄水管经排水漏斗入排水管，则排水漏斗与泄水管排水口间的最小空气间隙应为以下何项？（　　）

    A. 50mm   B. 100mm   C. 125mm   D. 150mm

16. 以下有关建筑中水的叙述中哪一项是不正确的？（　　）

    A. 建筑中水处理系统由预处理、主处理、后处理三部分组成

    B. 中水系统包括原水系统、处理系统、供水系统三部分

    C. 中水系统分为合流集水系统和分流集水系统两类

    D. 中水原水收集系统是指收集、输送中水原水到中水处理设施的管道系统和一些附属构筑物

二、多项选择题（每题 2 分。每题的备选项中只有两个或两个以上符合题意，错选、少选、多选均不得分）

1. 下述水泵机组的隔振措施哪几项不符合要求？（　　）

    A. 水泵机组管道的弹性支架具有固定架设管道和减振双重作用

    B. 隔振元件应设置在水泵机组惰性块上面

    C. 与水泵隔振配套安装在水泵进出水管上的可曲挠橡胶接头，应满足隔振和位移补偿两方面的要求

    D. 选择水泵运行的扰动频率与隔振元件固有频率比值<2 的隔振元件，可提高隔振效率

2. 如图 11-2 所示，下列哪几项叙述是正确的？（　　）

    A. 水泵吸水喇叭口应朝下设置

    B. 吸水喇叭口距最低水位 250mm，太小

    C. 溢流喇叭口下的垂直管段 300mm，太短

    D. 溢水管管径 $DN125$，太小

3. 某住宅生活给水管网中立管 1、2、3 最大用水时卫生器具给水当量平均出流概率分别为 U_{01}、U_{02}、U_{03}，如图 11-3 所示，关于管段 a-b 的秒流量计算，下列说法中正确的是（　　）。

    A. 三个立管最大用水时发生在同一时段，管段 a-b 最大用水时卫生器具给水当量平均出流概率为 U_{01}、U_{02}、U_{03} 的加权平均值

B. 管段 a-b 最大用水时卫生器具给水当量平均出流概率为 U_{01}、U_{02}、U_{03} 的加权平均计算方法适用于枝状管网

C. 管段 a-b 最大用水时卫生器具给水当量平均出流概率为 U_{01}、U_{02}、U_{03} 的加权平均计算方法适用于环状管网

D. 三个立管最大用水时不发生在同一时段，管段 a-b 秒流量为设计秒流量小的支管的平均用水时的平均秒流量与设计秒流量大的支管的设计秒流量叠加

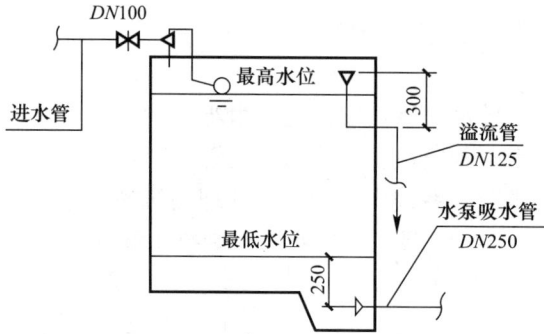

图 11-2

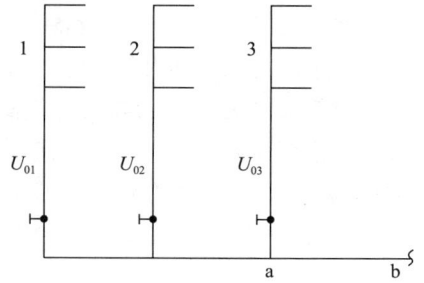

图 11-3

4. 以下不同建筑物高位消防水箱的有效容积的确定哪几项是正确的？（　　　）

　　A. 建筑高度为 78m 的高级旅馆，其高位水箱有效容积不应小于 $18m^3$

　　B. 建筑高度为 50m 的普通科研楼，其高位水箱有效容积不应小于 $12m^3$

　　C. 建筑层数为 12 层的普通住宅楼，其高位水箱有效容积不应小于 $12m^3$

　　D. 建筑高度为 49m 的高级旅馆，其高位水箱有效容积不应小于 $12m^3$

5. 下列开式自动喷水灭火系统中，哪几项不是起直接灭火作用的？（　　　）

　　A. 雨淋喷水系统

　　B. 水幕喷水系统

　　C. 水喷雾系统

　　D. 固定在贮油罐中、顶部周边的开式喷水系统

6. 请判断油浸电力变压器设置水喷雾灭火系统时，下述各项设计技术要求中哪几项是错误的？（　　　）

　　A. 系统应采用撞击型水雾喷头，其工作压力应不小于 0.35MPa

　　B. 水雾喷头应布置在变压器的周围和顶部

　　C. 系统应设置自动控制、手动控制和应急操作三种控制方式

　　D. 系统应采用雨淋阀，阀前管道应设置过滤器

7. 以下有关热水供水系统管网水力计算要求的叙述中，哪几项是不正确的？（　　　）

　　A. 热水循环供应系统的热水回水管管径，应按管路剩余回流量经水力计算确定

　　B. 定时循环热水供应系统在供应热水时，不考虑热水循环

　　C. 定时循环热水供应系统在供应热水时，应考虑热水循环

　　D. 居住小区设有集中热水供应系统的建筑，其热水引入管管径按该建筑物相应热水供应系统的总干管设计秒流量确定

8. 下列十层旅馆集中热水供应系统图 11-4 所示中，何项是正确的？（　　　）

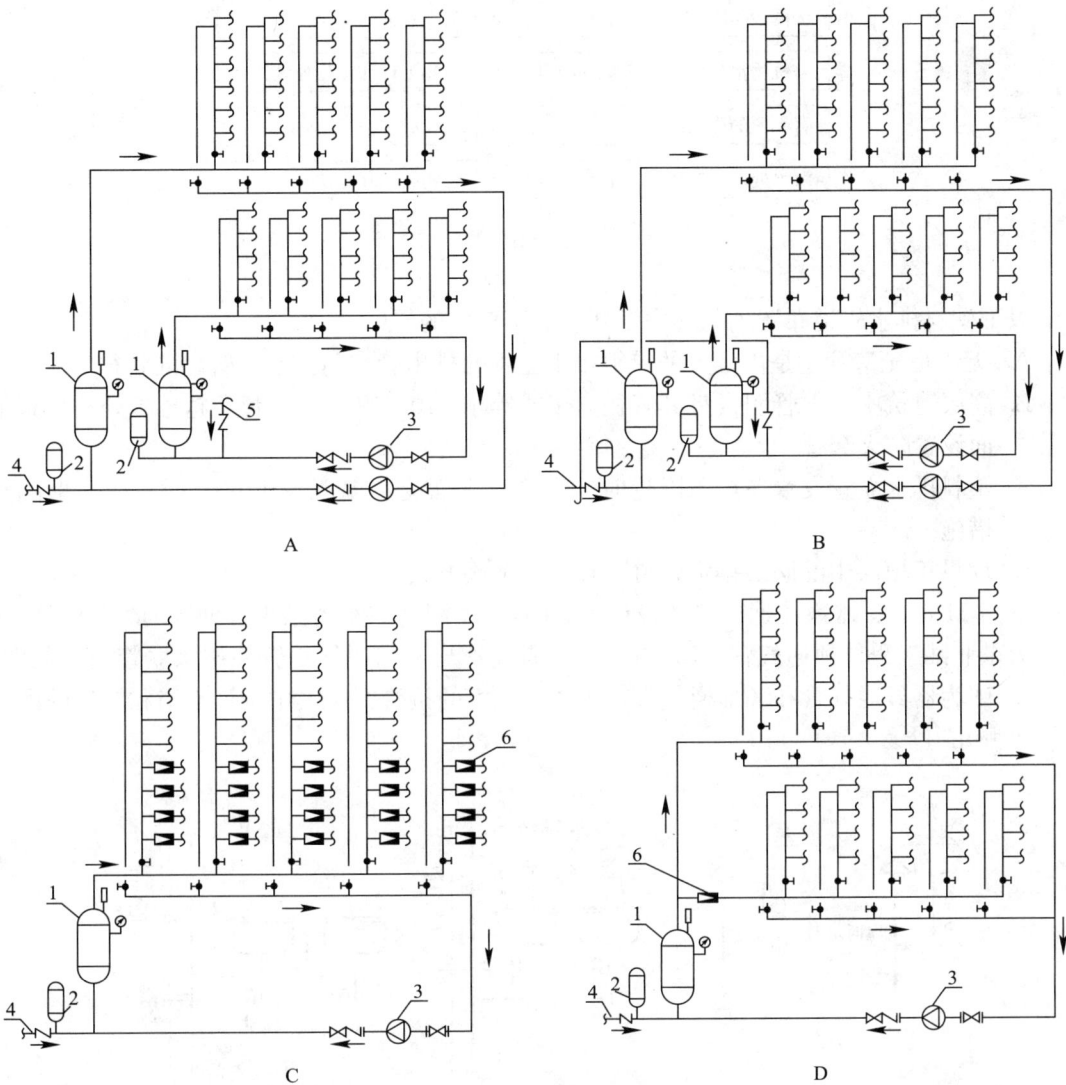

图中：1—水加热器；2—膨胀罐；3—循环泵；4—高区给水管；5—低区给水管；6—减压阀

图 11-4

9. 以下有关水加热设备选择的叙述中，哪几项是正确的？（　　　）

A. 容积式水加热设备被加热水侧的压力损失宜≤0.01MPa

B. 某 40 个床位的医院热水供应系统设置 2 台水加热设备时，为确保手术室热水供水安全，一台检修时，另一台的供热能力不得小于设计小时耗热量

C. 局部热水供应设备同时给多个卫生器具供热水时，因瞬时负荷不大，宜采用即热式加热设备

D. 热水用水较均匀，热媒供应能力充足，可选用半容积式水加热器

10. 下列图 11-5 中 4 种中水原水与其处理方案的组合中，哪几项是合理正确的？（　　　）

A. 3＋d   B. 2＋c   C. 1＋b   D. 4＋a

图 11-5

11. 以下塑料排水管道布置的叙述中哪几项是不正确的？（　　　）

A. 无论是光壁管还是内螺旋的单根排水立管的排出管宜与排水立管相同管径

B. 高层建筑中，立管明设且其管径大于或等于 110m 时，在立管穿越楼板处的楼板下面设置防火套管

C. 塑料排水立管设置在热源附近时，当管道表面受热温度大于 60℃时，应采取隔热措施

D. 埋设于填层中的同层排水管道不宜采用粘接方式

12. 下图 11-6 为排水系统通气管的设计示意图，A. 图为广东省某工程伸顶通气管；B. 图为东北某工程伸顶通气管；C. 图为结合通气管与专用通气立管和排水立管的连接图；D. 图为器具通气管和环形通气管、主通气立管的接管图。其中设计不当和错误的图示为哪几项？（　　　）

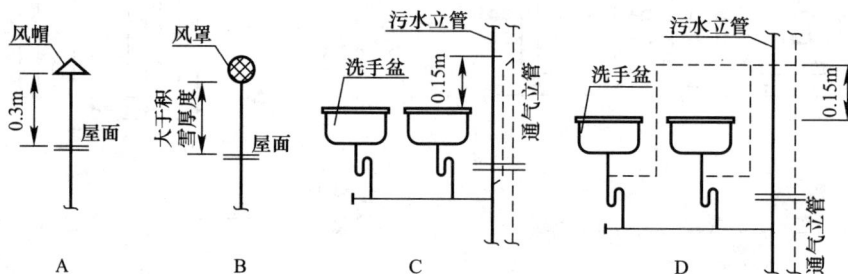

图 11-6

三、专业案例（每题 2 分）

1. 多层住宅采用市政管网直接供水，卫生间配水管如图 11-7 所示。管道配件内径与相应的管道内径一致，采用三通分水，自总水表①后至 5 层卫生间用水点②，③的管道沿程水头损失 ΔP 为①～②$\Delta P = 0.025$MPa，①～③$\Delta P = 0.028$MPa；煤气热水器打火启动动水压为 0.05MPa，则总水表①后的最低水压 P 应为以下何值？（图中①-总水表；②-淋浴器；③-洗脸盆；④-煤气热水器）

A. $P = 0.241$MPa

B. $P = 0.235$MPa

C. $P = 0.291$MPa

D. $P = 0.232$MPa

答案 〔　　　〕

主要解答过程：

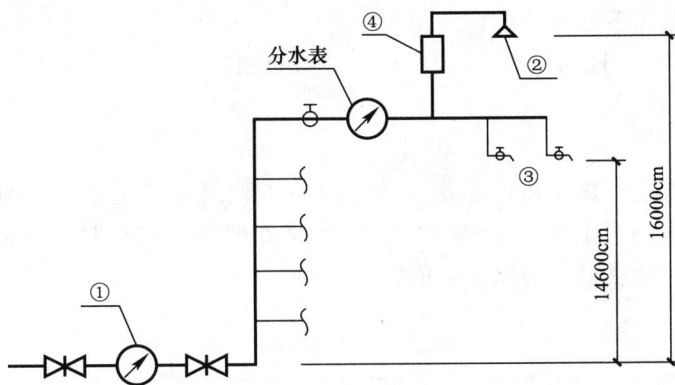

图 11-7

2. 某医院住院部共有 576 床位，全日制供水，用水定额 400L/（床·d），小时变化系数 K_h 为 2.5，卫生器具给水当量总数 $N=625$。其给水系统由市政管网直接供水，则安装在引入管上总水表，具体参数如下表 11-2（水表流量参数）中给出，口径应为何项？（　　）

(m³/h)　**表 11-2**

公称口径 DN（mm）	过载流量	常用流量	分界流量	最小流量
32	19.2	9.6	4.2	0.1
40	24.0	12.0	8.3	0.2
50	36.0	18.0	12.0	0.4
80	72.0	36.0	16.0	1.1

A. DN32　　　　B. DN40　　　　C. DN50　　　　D. DN80

答案〔　　〕

主要解答过程：

3. 一高度不超过 100m 的高层办公楼，层高为 3.5m，则所需的充实水柱长度为（　　）。

A. 3.5m（35kPa）　　　　　　B. 7.0m（70kPa）

C. 10m（100kPa）　　　　　　D. 13m（130kPa）

答案〔　　〕

主要解答过程：

4. 某机械厂锻造车间设有方形开口淬火油池，面积为 3.2m×3.2m。油的闪点为 80℃。设置水喷雾灭火系统，水喷雾系统的水雾喷头特性参数为：额定工作压力为 0.35MPa，流量系数为 42.8，雾化角 60°，水平有效射程 4m。水雾喷头布置在油池正上方，则喷头的喷口距油面的最大距离为下列何项？（　　）

A. 1.96m　　　　B. 2.62m　　　　C. 3.6m　　　　D. 4m

答案〔　　〕

主要解答过程：

5. 某Ⅰ类汽车库设有闭式自动喷水-泡沫联用灭火系统。160m² 作用面积内布置 16 个 K80 洒水喷头，工作压力均以 0.10MPa 计算，扑救一次火灾的氟蛋白泡沫混合比为 6%，泡沫混合液供给强度≥8L/（min·m²）。连续供给泡沫混合液的时间≥10min，则设计

最小泡沫液用量为下列何值？（　　　）

    A. 12800L   B. 4608L   C. 768L   D. 576L

答案 [　　]

主要解答过程：

6. 某居住小区设置集中热水供应系统，该小区各类建筑生活用水最大时用水量及最大用水时段（时段指一天中 0：00～24：00）、最大小时和平均小时耗热量见下表 11-3。求该小区设计小时耗热量应为以下何值？（　　　）

表 11-3

	住　宅	食　堂	浴　池	健身中心
最大时用水量（m³）	1000	210	250	80
最大用水时段	18：00～24：00	6：00～12：00	18：00～24：00	0：00～6：00
最大小时耗热量（kJ/h）	250000	84000	40000	12000
平均小时耗热量（kJ/h）	100000	22000	20000	3000

    A. 145000kJ/h   B. 295000kJ/h   C. 315000kJ/h   D. 386000kJ/h

答案 [　　]

主要解答过程：

7. 某办公楼全日循环管道直饮水系统的最高日直饮水量为 2500L，小时变化系数为 1.5，水嘴额定流量为 0.04L/s，共 12 个水嘴，采用变频调速泵供水，该系统的设计流量应为以下何值？（　　　）

    A. 0.48L/s   B. 0.24L/s   C. 0.17L/s   D. 0.16L/s

答案 [　　]

主要解答过程：

8. 一幢 25 层住宅，层高 3.3m，每个卫生间排水系统为污废合流，每个卫生间设淋浴器、洗脸盆、冲落式坐便器各一只。采用 45°斜三通伸顶通气方式，柔性接口机制铸铁排水管。则排水立管的管径应为何值？（　　　）

    A. $DN75$ B. $DN100$ C. $DN125$ D. $DN150$

答案 [　　]

主要解答过程：

9. 某全托托老所生活污水汇集到地下室污水调节池后，由污水泵提升排出。根据选泵要求确定污水泵的流量为 2.5m³/h，求污水调节池最大有效容积为下列何值？（　　　）

    A. 0.21m³   B. 2.5m³   C. 7.5m³   D. 15m³

答案 [　　]

主要解答过程：

10. 某住宅楼设中水系统，以杂排水为中水水源。该建筑的平均日给水量为 100m³/d，最高日给水量折算成平均日给水量的折减系数 α 以 0.7 计，分项给水百分率 b 及按给水量计算排水量的折减系数 β 见下表 11-4 所示。则可集流的中水原水量应为下列何项？（　　　）

表 11-4

系数 项目	冲 厕	厨 房	淋 浴	盥 洗	洗 衣
b（%）	21	20	31	6	22
β	1.0	0.8	0.9	0.9	0.85

A. 89.0m³/d   B. 68.0m³/d   C. 33.3m³/d   D. 52.0m³/d

答案〔   〕

主要解答过程：

[第二套模拟试题]

一、单项选择题（每题 1 分，每题的备选项中只有一个符合题意）

1. 泄压阀用于给水管网短期超压而泄水降压，泄压阀工作时（　　　）。

　　A. 连续排水　　　　B. 间断排水　　　　C. 定时排水　　　　D. 不排水

2. 下列节水措施中，哪项是正确合理的？（　　　）

　　A. 高位水箱供水系统的水箱出水管上设置计量水表

　　B. 综合楼分住宅与旅馆两部分，两者共用一总水表计量收费

　　C. 某小区设有中水和雨水合用系统时，在雨季应优先利用雨水，需要排放原水时应优先排放雨水。

　　D. 加压水泵的 Q-H 特性曲线应为随流量的增大，扬程逐渐增加的上升曲线

3. 以下有关游泳池臭氧全流量、分流量消毒系统的叙述中，哪一项是正确的？（　　　）

　　A. 全流量消毒系统是对全部循环水量进行消毒

　　B. 分流量消毒系统仅对 25% 的循环水量进行消毒

　　C. 因臭氧是有毒气体，故分流量、全流量臭氧消毒系统均应设置剩余臭氧吸附装置

　　D. 分流量消毒系统应辅以氯消毒，全流量消毒系统可不设长效辅助消毒设备

4. 下列灭火剂的作用不具有化学灭火的是（　　　）。

　　A. 水基灭火剂　　　B. 泡沫灭火剂　　　C. 气体灭火剂　　　D. 干粉灭火剂

5. 下列高层建筑消火栓系统竖管设置的技术要求中，哪一项是正确的？（　　　）

　　A. 消防竖管最小管径不应小于 100mm 是基于利用水泵接合器补充室内消防用水的需要

　　B. 消防竖管布置应保证同层两个消火栓水枪的充实水柱同时到达被保护范围内的任何部位

　　C. 消防竖管检修时应保证关闭停用的竖管不超过一根，当竖管超过 4 根时可关闭 2 根

　　D. 当设 2 根消防竖管困难时，可设 1 根竖管，但必须采用双阀双出口型消火栓

6. 一座单层摄影棚，净空高度为 7.8m，建筑面积 10400m²，其中自动喷水灭火湿式系统保护面积为 2600m²，布置闭式洒水喷头 300 个；雨淋系统保护面积为 7800m²，布置开式洒水喷头 890 个，则按规定应设置多少组雨淋阀？（　　　）

　　A. 2 组　　　　　　B. 3 组　　　　　　C. 30 组　　　　　　D. 40 组

7. 下述水喷雾灭火系统的组件和控制方式中，哪条是错误的？（　　　）

　　A. 水喷雾灭火系统应设有自动控制、手动控制和应急操作三种控制方式

　　B. 水喷雾灭火系统的分段保护皮带输送机时，要求能启动起火区段的雨淋阀，雨淋阀开启后，向起火区喷水即可

　　C. 水喷雾灭火系统的火灾探测器可采用缆式线型定温型、空气管式感温型或闭式喷头

　　D. 水喷雾灭火系统由水源、供水泵、管道、雨淋阀组、过滤器、水雾喷头组成

8. 以下对各类灭火器的适用范围的陈述哪项是错误的？（   ）

    A. 水型灭火器：适用于扑救 A 类火灾

    B. 二氧化碳型灭火器：适用于扑救 B 类、C 类火灾

    C. 碳酸氢钠干粉灭火器：适用于扑救 A 类、B 类，C 类火灾

    D. 机械泡沫灭火器：适用于扑救 A 类火灾、B 类的非极性溶剂和油品火灾

9. 有关建筑排水定额、小时变化系数和小时排水量的叙述中，错误的是何项？（   ）

    A. 居住小区内生活排水设计流量按住宅生活排水最大小时流量与公共建筑生活排水最大小时流量之和计算

    B. 建筑内部生活排水平均时和最大时排水量的计算方法与建筑给水相同

    C. 公共建筑生活排水定额和小时变化系数与公共建筑生活用水定额和小时变化系数相同

    D. 小区生活排水系统的排水定额和相应生活给水系统的给水定额不相同，采用塑料检查井取 85％

10. 下列关于建筑物内排水管道的布置原则哪项不符合规定？（   ）

    A. 排水管道不得布置在遇水会引起燃烧或爆炸的原料、产品和设备的上方

    B. 当受条件限制不能避免时，采取防护措施的排水管道可以布置在食堂、饮食业厨房的主副食操作烹调备餐的上方

    C. 当受条件限制不能避免时，排水管道可以穿越生活饮用水池部位的上方

    D. 住宅卫生间的卫生器具排水管不宜穿越楼板进入他户应设置同层排水方式

11. 下列有关建筑重力流排水系统的立管、横管通过不同流量管内流态变化的叙述中，哪一项是不正确的？（   ）

    A. 通过立管的流量小于该管的设计流量时，管内呈非满流状态

    B. 通过立管的流量等于该管的设计流量时，管内呈满流状态

    C. 通过横干管的流量小于该管的设计流量时，管内呈非满流状态

    D. 通过横干管的流量等于该管的设计流量时，管内仍呈非满流状态

12. 下列原水水质均符合要求的集中热水供应系统中，加热设备热水出水温度 t 的选择，哪项是不合理的？（   ）

    A. 浴室供沐浴用热水系统 $t=40℃$ B. 饭店专供洗涤用热水系统 $t=75℃$

    C. 住宅生活热水系统 $t=60℃$ D. 招待所供盥洗用热水系统 $t=55℃$

13. 某旅馆没有餐饮、桑拿等设施，采用集中热水供应系统，各用水部位的平均小时耗热量、设计小时耗热量及相应最大用热水量时段如下表 11-5 所示，该旅馆集中热水供应系统设计小时耗热量应为以下何值？（   ）

表 11-5

用热水部位	平均小时耗热量（kJ/h）	设计小时耗热量（kJ/h）	最大用热水量时段
客人	45000	300000	20：00～23：00
职工	10000	60000	17：00～19：00
餐厅	0	60000	17：00～20：00
桑拿间	0	30000	21：00～24：00

    A. 300000kJ/h   B. 450000kJ/h   C. 340000kJ/h   D. 330000kJ/h

14. 以下热水及直饮水供应系统管材选用的叙述中，哪一项是错误的？（   ）

A. 开水管道应选用许用工作温度大于 100℃的金属管材

B. 热水供应设备机房内的管道不应采用塑料热水管

C. 管道直饮水系统当选用铜管时，应限制管内流速在允许范围内

D. 管道直饮水系统应优先选用优质给水塑料管

15. 下述哪一项论述不符合饮用水的设计要求？（   ）

    A. 管道直饮水水嘴用软管连接且水嘴不固定时，应设置防回流阀

    B. 管道直饮水水嘴在满足要求的前提下，应选用额定流量小的专用水嘴

    C. 采用二氧化氯消毒时，产品水中二氧化氯残留浓度不应小于 $0.005mg/L$

    D. 管道直饮水系统每周均应检验细菌总数项目

16. 下列根据不同用途选择的雨水处理工艺流程中，不合理的是哪项？（   ）

    A. 屋面雨水→初期径流弃流→排放景观水体

    B. 屋面雨水→初期径流弃流→雨水蓄水池沉淀→消毒→雨水清水池→冲洗地面

    C. 屋面雨水→初期径流弃流→雨水蓄水池沉淀→过滤→消毒→雨水清水池→补充空调
循环冷却水

    D. 屋面雨水→初期径流弃流→雨水蓄水池沉淀→处理设备→中水清水池补水

二、多项选择题（每题 2 分。每题的备选项中只有两个或两个以上符合题意，错选、少
选、多选均不得分）

1. 某小区的城市自来水引入管上设置了倒流防止器，建筑内的下列给水设施中，哪种情
况不需要设置采取防回流污染措施？（   ）

    A. 不含化学药剂的喷头为自动升降式的绿地喷灌系统

    B. 气压给水系统中的水罐的进水管上

    C. 单独接出消防用水管道时，消防用水管的起端

    D. 建筑引入管上直接抽水的生活泵吸水管上

2. 下列计算居住小区室外给水管道设计流量时，正确的论述有哪几项？（   ）

    A. 小区的给水引入管的设计流量计算不考虑未预见水量和漏失水量

    B. 居住小区内配套的文体、商铺等设施均以其生活用水量按照相应方法计算节点流量

    C. 居住小区内配套的文教、医疗保健等设施均以其平均用水小时平均秒流量计算节点
流量

    D. 当建筑设有水箱（池）时，应以建筑引入管设计流量作为小区室外计算给水管道节
点流量

3. 下述有关游泳池水及泄水管安装的要求中，哪几项是正确的？（   ）

    A. 休闲游泳池初次充水时间可以超过 48h

    B. 游泳池初次加热池水时间不超过 48h

    C. 游泳池泄水口重力泄水时，泄水管不得与排水管道直接连接

    D. 游泳池水最小补充水量应以保证 15d 池水全部更新一次计算

4. 下列哪些叙述是正确的？（   ）

    A. 消防水泵应采用自灌式吸水，并应在吸水管上设置检修阀门

    B. 消防水泵房设置在地下层时，其疏散门应靠近人员密集的地方

C. 消防水泵与动力机械直接耦合，可以采用平皮带

D. 室外消防用水量为 30L/s、室内消火栓用水量为 10L/s 的多层工业建筑的室内消防给水系统的消防给水泵

5. 某单位一幢多层普通办公楼拟配置灭火器，下列哪几种灭火器适用于该建筑？（　　）

A. 二氧化碳灭火器

B. 泡沫灭火器

C. 碳酸氢钠干粉灭火器

D. 磷酸铵盐干粉灭火器

6. 某电子计算机房分成三个防护区，采用七氟丙烷气体组合分配灭火系统，下列该系统灭火剂贮存量的说明中，哪几项是正确的？（　　）

A. 按三个防护区中贮存量最大的一个防护区所需量计算

B. 最大的一个防护区是指灭火设计浓度最大

C. 灭火剂贮存量应为最大防护区的灭火剂设计用量、贮存器及管网内灭火剂剩余量之和

D. 灭火剂贮存量应按系统原贮存量的 100% 设备用量

7. 下列不同场所地漏的选用中，哪几项是正确合理的？（　　）

A. 手术室选用直通式地漏

B. 公共食堂选用网框式地漏

C. 安静要求高的场所选用多通道地漏

D. 卫生标准要求高的场所选用密闭式地漏

8. 以下有关建筑屋面雨水设施的叙述中，哪几项是错误的？（　　）

A. 屋面雨水排水工程应设置溢流设施

B. 生产废水均不能排入生产厂房的雨水排水系统

C. 高层建筑屋面雨水排水宜按压力流设计

D. 当屋面雨水管系按设计降雨重现期 P 对应的降雨强度为依据正确设计时，则 P 年内该雨水排水系统不会产生溢流现象

9. 下列关于医院污水处理设计的叙述中，错误的是哪几项？（　　）

A. 医院污水、医疗洗涤水均应排入化粪池内进行预处理

B. 化粪池作为医院污水消毒前的预处理，污水的停留时间可为 24~36h

C. 医院污水间接排入地表水体时应采用一级污水处理工艺

D. 采用氯消毒的医院污水，当直接排入地表水体时，余氯应不小于 0.5mg/L

10. 如图 11-8 所示汽—水换热的水加热器的配管及附件组合方案中，下列哪些表述正确的？（　　）

A. 疏水器前未加过滤器　　　　　　B. 自动温控阀未配温包

C. 凝结水回水管上的疏水器未加旁通管　D. 水加热器罐体上未配温度计

11. 在饮用净水系统中，下列哪几项措施可起到水质防护作用？（　　）

A. 各配水点采用额定流量为 0.04L/s 的专用水嘴

B. 采用变频给水机组直接供水

C. 饮水系统管道同程式布置

D. 控制饮水在管道内的停留时间不超过 5h

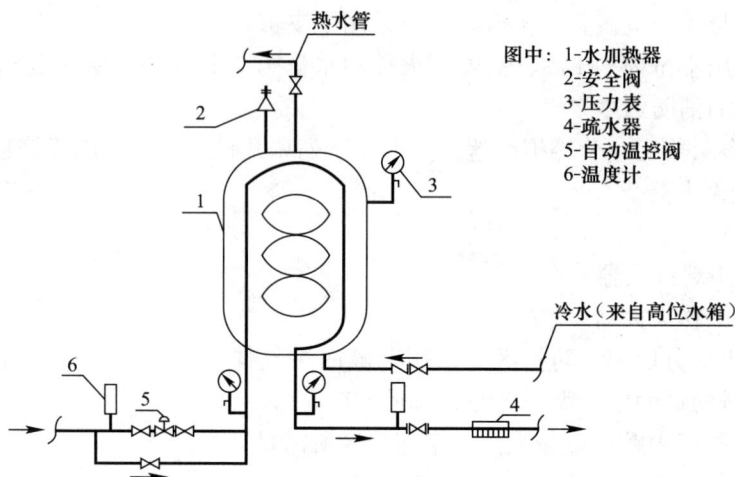

图中：1-水加热器
2-安全阀
3-压力表
4-疏水器
5-自动温控阀
6-温度计

图 11-8

12. 下列有关中水处理工艺中，哪几项是正确的？（　　　）

A. 通常生物处理为中水处理的主体工艺

B. 无论何种中水处理工艺，流程中均需设置消毒设施

C. 中水处理工艺可分为预处理和主处理两大部分

D. 当原水为杂排水时，设置调节池后，可不再设初次沉淀池

三、专业案例（每题 2 分）

1. 某 30 层集体宿舍 II 类如图 11-9 所示，用水定额 150L/(人·d)，小时变化系数 $K_h = 3.0$；每层 20 个房间，每间住 4 人并设一个卫生间，卫生间内有洗脸盆单水嘴 1 个、冲洗水箱浮球阀大便器 1 个，采用图示分区供水系统全天供水，每区服务 15 个楼层，低区采用恒速泵，高区采用变频水泵供水，则水泵流量 Q_1、Q_2 最小流量应为下列哪项？（　　　）

A. $Q_1 = 12.5L/s$、$Q_2 = 14.4L/s$

B. $Q_1 = 21.21L/s$、$Q_2 = 15.00L/s$

C. $Q_1 = 8.33L/s$、$Q_2 = 15.00L/s$

D. $Q_1 = 4.17L/s$、$Q_2 = 12.00L/s$

答案 [　　]

主要解答过程：

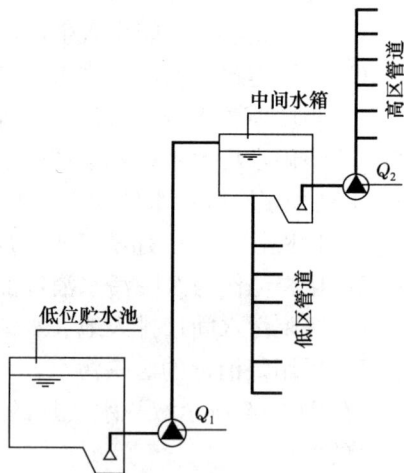

图 11-9

2. 有一居住小区给水管道服务 2 幢高层居民楼和 2 幢多层居民楼、小区有社区医院 1 所、小区超市 1 座、餐饮中心 1 所，如图 11-10 所示，共有居民 2800 人。已知高层居民楼是设有水池水泵和水箱的间接供水，引入管流量一幢是 5.0L/s，一幢是 3.0L/s。多层居民楼是室外给水管道直接供水，每幢当量数均为 $N = 160$，$U_0 = 3.5$。每户的平均当量为 7.5，用水定额为 280L/(人·d)，时变化系数为 2.5。求室外给水 7-8 管道的设计流量？

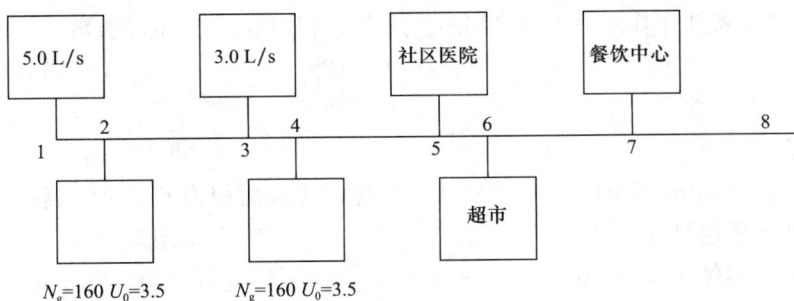

图 11-10

A. 19.42L/s   B. 19.02L/s   C. 19.64L/s   D. 20.02L/s

表 11-6

	最大时的秒流量（L/s）	平均时的秒流量（L/s）	设计秒流量（L/s）	同类型建筑的管段流量（L/s）
高层住宅 1	5.0	—		
高层住宅 2	3.0	—		

表 11-7

	最大时的秒流量（L/s）	平均时的秒流量（L/s）	设计秒流量（L/s）	同类型建筑的管段流量（L/s）
多层住宅 1	2.72	2.4	3.25	5.02
多层住宅 2	2.72	2.4	3.25	

表 11-8

	最大时的秒流量（L/s）	平均时的秒流量（L/s）	设计秒流量（L/s）	同类型建筑的管段流量（L/s）
社区医院	2.0	1.2	2.4	3.8
超市	1.8	1.6	2.2	

表 11-9

	最大时的秒流量（L/s）	平均时的秒流量（L/s）	设计秒流量（L/s）	同类型建筑的管段流量（L/s）
餐饮中心	2.4	1.4	2.6	

答案 [   ]

主要解答过程：

3. 某游泳池平面尺寸为 50m×25m，平均水深为 1.6m，采用石英砂过滤，滤速为 20m/h，循环周期 8h，选用 3 台过滤罐，其反冲洗强度为 15L/（m²·s），反冲洗时间 5min，则一次反冲洗至少需要多少水量？（   ）

A. 19.69m³   B. 59.06m³   C. 39.38m³   D. 11.72m³

答案 [   ]

主要解答过程：

4. 一栋 5 层旅馆设有空气调节系统，层高 3m，走道长度 42m，各楼层有服务员，楼梯间分别设于两端头，中间走道宽 B=2.4m，第 5 层走道吊顶标高 15m，仅在走廊设置闭式系统，设

置吊顶型喷头，喷头工作压力为 0.05MPa。计算设计作用面积内的喷头数。（　　）

    A. 6　　　　　　　　B. 11　　　　　　　　C. 12　　　　　　　　D. 16

答案〔　　〕

主要解答过程：

5. 某建筑在海拔 2500m 城市的一座大型计算机房，建筑面积为 600m²，高度为 6m。其中地面架空的电缆层高度为 1m，吊顶高度为 1.5m。常年空调温度为 20℃。空间非可燃固体物质的实际体积为 100m³。采用七氟丙烷灭火系统进行消防，在不考虑其他因素的情况下，七氟丙烷设计药剂量应取以下何值？（　　）

    A. 2916.30kg　　　B. 1629.6kg　　　　C. 1677.51kg　　　D. 3062.12kg

答案〔　　〕

主要解答过程：

6. 某五层办公楼排水系统采用排水塑料管，系统图如图 11-11 所示，该图中清通设备设计不合理的有几处？（　　）

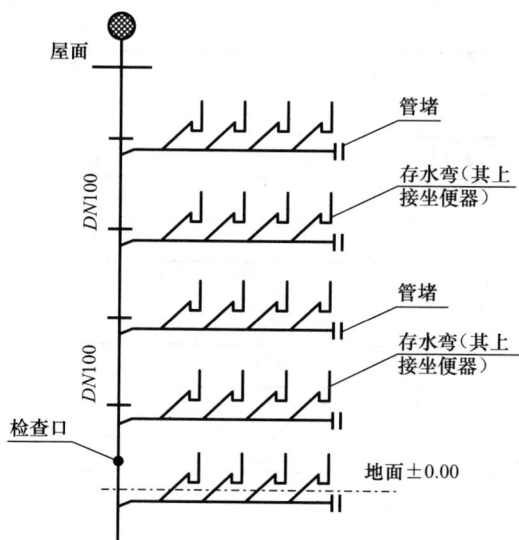

图 11-11

    A. 1 处　　　　　　B. 2 处　　　　　　C. 3 处　　　　　　D. 4 处

答案〔　　〕

主要解答过程：

7. 某厂房设计降雨强度 $q_5＝478L/(s \cdot hm^2)$，屋面径流系数 $\psi＝0.9$。拟用屋面结构形成的矩形凹槽做排水天沟，其宽 $D＝0.6m$，高 $H＝0.3m$，设计水深 h 取 0.15m，天沟水流速度 $v＝0.6m^3/s$，则天沟的最大允许汇水面积应为以下何项？（　　）

    A. 25.52m²　　　　B. 251.05m²　　　　C. 1255.23m²　　　D. 2510.46m²

答案〔　　〕

主要解答过程：

8. 某宾馆客房有 300 个床位，热水当量总数 $N_r＝289$，有集中热水供应，全天供应热水，热水用水定额取平均值，设半即热式水加热器，热媒为蒸汽。加热器出水温度为 60℃，密度为0.983kg/L；冷水温度为10℃，密度为1kg/L；设计小时耗热量持续时间取3h，试计算设计小时供热量（计算时，热水密度按1kg/L计）。（　　）

A. 17790000kJ/h

B. 2950400kJ/h

C. 6406110kJ/h

D. 7894550kJ/h

答案〔　　〕

主要解答过程：

9. 如右图 11-12 所示，热水锅炉出水温度为 80℃，密度为 0.9718kg/L，贮水器的回水温度为50℃，密度为 0.9881kg/L，锅炉中心与贮水器中心的标高差为10m，第一循环的自然压力值为（　　）Pa。

A. 1630

B. 163

C. 16.3

D. 1.63

答案〔　　〕

主要解答过程：

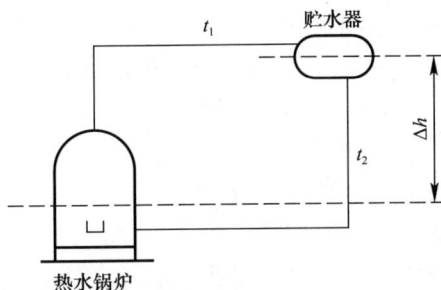

图 11-12

10. 北京某小区有1000m²（0.1hm²）的屋面雨水需要采用地下渗透，渗透设施为镂空塑料模块渗透渠，空隙率95%，土壤为粉土。在 160min 的降雨历时情况下，获得渗透渠的入渗量和进水量如下表 11-10 所示。试计算所需的渗透设施总容积的精确值。（　　）

表 11-10

降雨历时（min）	降雨强度[L/(s·hm²)]	渗渠的入渗量（m³）	渗渠的进水量（m³）
60	123.9	3.24	55.76
120	79.05	6.48	71.14
150	68.06	8.10	76.56
155	66.57	8.37	77.38
160	66.57	8.64	77.40

A. 69.01m³/d

B. 72.64m³/d

C. 77.38m³/d

D. 77.40m³/d

答案〔　　〕

主要解答过程：

［第一套模拟试题答案］

一、单项选择题

1. ［答案与解析］D。根据《建筑给水排水设计规范》GB 50015—2003（2009 年版）3.5.1 条、3.5.3 条和 3.5.6 条。

2. ［答案与解析］C。根据《建筑给水排水设计规范》GB 50015—2003（2009 年版）3.1.8 条和 3.6.1B 条。

3. ［答案与解析］A。水泵设计流量为 $20m^3/h$，即为该工程高区的设计秒流量，而市政供水补水管的补水量为 $25m^3/h$，大于水泵设计流量为 $20m^3/h$，则该建筑的泵前设吸水池无需调节能力。根据《建筑给水排水设计规范》GB 50015—2003（2009 年版）3.7.4 条：无调节要求的加压给水系统，可设置吸水井，吸水井的有效容积不应小于水泵 3min 的设计流量。即 $20m^3/h \times 3min = 1m^3$。

4. ［答案与解析］A。根据《建筑给水排水设计规范》GB 50015—2003（2009 年版）3.2.5D 条和 3.4.7 条。

5. ［答案与解析］C。参见《建筑设计防火规范》GB 50016—2006 中 8.3.1 条第 5 款及其条文说明。

6. ［答案与解析］C。参见《高层民用建筑设计防火规范》GB 50045—95（2005 年版）7.1.3 条及其条文说明。一种工况为管网内最不利点周围平时水压和流量不满足灭火的需要，在水泵房（站）内设有消防水泵，在火灾时启动消防水泵使管网内的压力和流量达到灭火时的要求；还有一种情况，管网内经常保持足够的压力，压力由稳压泵或气压给水设备等增压设施来保证。水泵房内设有消防水泵，在火灾时启动消防水泵，使管网的压力满足消防水压的要求。

7. ［答案与解析］D。参见《全国勘察设计注册公用设备工程师给水排水专业执业资格考试教材》第 3 册 2.3 节干式系统的内容，干式报警阀中没有延迟器。

8. ［答案与解析］C。参见《全国勘察设计注册公用设备工程师给水排水专业执业资格考试教材》第 3 册 2.1 节的内容。闪点为 55℃ 的 B 类火灾为可燃液体或可熔化固体物质火灾。题目中的选项 C 符合要求。

9. ［答案与解析］C。根据《气体灭火系统设计规范》GB 50370—2005 中 3.3.4 条：油浸变压器室、带油开关的配电室和自备发电机房等防护区，灭火设计浓度宜采用 9%。

10. ［答案与解析］C。参见《全国勘察设计注册公用设备工程师给水排水专业执业资格考试教材》第 3 册 4.2.1 节加热设备的相关内容。

11. ［答案与解析］A。参见《建筑给水排水设计规范》GB 50015—2003（2009 年版）5.4.2 条第 5 款、5.4.2A 条第 4 款、5.4.2B 条第 1 款和 5.4.2B 条第 2 款。

12. ［答案与解析］A。参见《建筑给水排水设计规范》GB 50015—2003（2009 年版）5.2.9 条、5.2.16 条第 1 款、第 5 款及其"注"。

13. [答案与解析] A。参见《全国勘察设计注册公用设备工程师给水排水专业执业资格考试教材》第 3 册 3.1 节的内容。

14. [答案与解析] B。参见《建筑给水排水设计规范》GB 50015—2003（2009 年版）4.2.6 条、4.6.2 条。《全国勘察设计注册公用设备工程师给水排水专业执业资格考试教材》第 3 册 3.2 节的内容。

15. [答案与解析] D。参见《建筑给水排水设计规范》GB 50015—2003（2009 年版）4.3.13 条、4.3.14 条和 4.3.15 条。本题是表 4.3.15 下面的"注"所提示的内容。

16. [答案与解析] C。参见《建筑中水设计规范》GB 50336—2002 中 5.1.1 条、5.1.2 条、5.1.3 条。同时参见《全国勘察设计注册公用设备工程师给水排水专业执业资格考试教材》第 3 册 6.1.1 节的内容。

二、多项选择题

1. [答案与解析] BD。参见《建筑给水排水工程》（第六版）2.5 节的内容及图 2-5。

2. [答案与解析] ABC。参见《建筑给水排水设计规范》GB 50015—2003（2009 年版）3.7.7 条第 5 款和 3.8.6。

3. [答案与解析] ABD。根据《建筑给水排水设计规范》GB 50015—2003（2009 年版）3.6.4 条第 4 款及其条文说明。

4. [答案与解析] AB。参见《高层民用建筑设计防火规范》GB 50045—95（2005 年版）3.0.1 条：78m 的高级旅馆为一类公共建筑、50m 的普通科研楼是属于建筑高度不超过 50m 的科研楼为二类公共建筑、12 层的普通住宅楼为二类居住建筑、建筑 49m 的高级旅馆为一类公共建筑；《高层民用建筑设计防火规范》GB 50045—95（2005 年版）7.4.7 条：高位消防水箱的消防贮水量，一类公共建筑不应小于 18m³；二类公共建筑和一类居住建筑不应小于 12m³；二类居住建筑不应小于 6.00m³。因此，C 选项应该是不应小于 6m³，D 选项应当是不应小于 18m³。

5. [答案与解析] BD。参见《全国勘察设计注册公用设备工程师给水排水专业执业资格考试教材》第 3 册 2.3.2 节对于自动喷水灭火系统的分类介绍；再参考《建筑设计防火规范》GB 50016—2006 中 8.2.4 条和 8.2.5 条关于消防冷却用水的介绍。

6. [答案与解析] AB。参见《水喷雾灭火系统设计规范》GB 50219—95 中 4.2.1 条、3.2.5 条、6.0.1 条、2.1.1 条。

7. [答案与解析] AC。参见《建筑给水排水设计规范》GB 50015—2003（2009 年版）5.5.1 条、5.5.9 条。

8. [答案与解析] AC。参见《建筑给水排水设计规范》GB 50015—2003（2009 年版）5.2.11 条、5.2.13 条及其条文说明。A 选项：高低区各区的进水有独立的进水管道，高低区分别设置各自独立的加热器，高低区的供水、回水系统各自独立，高低区之间相互没有影响。B 选项：B 图和 A 图的区别在于，B 图的高低区进水管相同的，因此低区的进水也是来自高区给水管，显然这是一种浪费能量的热水供水方式，同时对于低区配水点而言，冷热水的压力相差太大，用户用水舒适性会很差。C 选项：高低区共用同一集中热水供应系统，减压阀均设在分户分支管上，不影响立管和干管。D 选项：高低区共用同一加热供热系统，分区减压阀设在低区的热水供水立管上，这样高低区热水回水汇合到同一点。低区减压后压力低于高区，即低区管网中的热水就循环不了。

9. ［答案与解析］ABD。参见《建筑给水排水设计规范》GB 50015—2003（2009 年版）5.4.1 条第 2 款及其条文说明、5.4.3 条及其条文说明、5.4.4 条第 2 款、5.4.2 条第 3 款。

10. ［答案与解析］BD。参见《建筑中水设计规范》GB 50336—2002 中 6.1.2 条及其条文说明。

11. ［答案与解析］AD。参见《建筑给水排水设计规范》GB 50015—2003（2009 年版）4.3.12 条和 4.3.12A 条及其条文说明；4.3.3 条第 9 款和 4.6.8B 条第 4 款的条文说明。

12. ［答案与解析］BCD。参见《建筑给水排水设计规范》GB 50015—2003（2009 年版）4.6.10 条第 1 款 A 符合规范；B 选项考虑了积雪厚度没有和 0.3m 进行比较；C 选项不符合 4.6.9 条第 4 款结合通气管的下端在排水横支管以下与排水立管以斜三通连接；D 选项不符合 4.6.9 条第 1 款器具通气管应设在存水弯出口端。

三、专业案例

1. ［答案与解析］A。

　　淋浴器的最小工作压力为 0.05MPa；

　　洗脸盆的最小工作压力为 0.05MPa；

　　管件内径与管道内径一致，采用三通分水局部损失占沿程损失的百分数为 25%～30%，最低水压取下限值为 25%；

总水表后①～②的最低水压 $P \geqslant H_1 + H_2 + H_4 = 16 \times 0.01 + (0.025 + 0.025 \times 25\%) + 0.05 = 0.160 + 0.03125 + 0.05 = 0.241MPa$

总水表后①～③的最低水压 $P \geqslant H_1 + H_2 + H_4 = 14.6 \times 0.01 + (0.028 + 0.028 \times 25\%) + 0.05 = 0.146 + 0.03125 + 0.05 = 0.227MPa$

注意：煤气热水器打火启动水压为 0.05MPa，表示大于该值热水器才能使用，因为它不是①～②管路的最不利点，所以在计算管路的水头损失将其视为零。

2. ［答案与解析］C。确定水表的口径。

《建筑给水排水设计规范》GB 50015—2003（2009 年版）3.4.18 条：水表口径的确定应符合以下规定：2 用水量均匀的生活给水系统的水表应以给水设计流量选定水表的常用流量；3 用水量不均匀的生活给水系统的水表应以给水设计流量选定水表的过载流量。

　　医院建筑属于用水分散性的，用水时间不集中，用水不均匀，因此确定水表的口径以过载流量作为依据。

　　医院建筑的生活给水设计秒流量，应按下式计算：

$$q_g = 0.2\alpha \sqrt{N_g} = 0.2 \times 2.0 \times \sqrt{625} = 10\text{L/s} = 36\text{m}^3/\text{h}$$

答案是 C。

如果校核：若是旋翼式水表 50mm，则 $h_d = \dfrac{q_g^2}{k_b} = \dfrac{q_g^2}{\dfrac{Q_{max}^2}{100}} = \dfrac{36^2}{\dfrac{36^2}{100}} = 100\text{kPa} > 24.5\text{kPa}$，水表水头

损失过大，超过了允许值，需要放大口径，按照题目给定放大口径到 80mm。

若是螺翼式水表 50mm，$h_d = \dfrac{q_g^2}{k_b} = \dfrac{q_g^2}{\dfrac{Q_{max}^2}{10}} = \dfrac{36^2}{\dfrac{72^2}{10}} = 2.5\text{kPa} < 24.5\text{kPa}$，此水表选择可用。

若题目给出是螺翼式水表还是旋翼式水表，则需要校核。所以不校核的答案是C。

3. ［答案与解析］D。

《高层民用建筑设计防火规范》GB 50045—95（2005年版）7.4.6.2条消火栓的水枪的充实水柱通过水力计算确定，且建筑高度不超过100m的高层建筑不应小于10m；建筑高度超过100m的高层建筑不应小于13m。

但是《高层民用建筑设计防火规范》GB 50045—95（2005年版）表7.2.2规定，高层建筑每支水枪的最小流量为5L/s。参见《全国勘察设计注册公用设备工程师给水排水专业执业资格考试教材》中第3册表2-21可知，答案C。10m（100kPa）时，水枪的射流量不够。则充实水柱要放大到12m，水枪的射流量可以满足要求。

4. ［答案与解析］D。

（1）确定设计参数

由《水喷雾灭火系统设计规范》GB 50219—95表3.1.2查得：闪点为60～120℃的液体，喷雾强度为20L/(m²·min)，持续喷雾时间0.5h；由《水喷雾灭火系统设计规范》GB 50219—95中3.1.3条，水雾喷头的工作压力，灭火时不应小于0.35MPa；本题中给出水雾喷头的作压力为0.35MPa。

（2）水雾喷头的流量可按下式计算

$$q_0 = K\sqrt{10p} = 42.8\sqrt{10 \times 0.35} = 80.1\text{L/min}$$

（3）水雾喷头的计算数量

$$N = \frac{S \cdot W}{q} = \frac{(3.2 \times 3.2) \times 20}{80.1} = 2.56 \text{个} \approx 3 \text{个}$$

这一步骤有种做法是计算喷头的保护面积为 $A_S = \dfrac{q}{D} = \dfrac{80.1}{20} = 4\text{m}^2$，但是此时不清楚喷头的布置形式是单排一个的还是矩形的，或是菱形的，因此不能用 A_S 继续求解。这一点请参考《自动喷水灭火系统设计规范》GB 50084—2001（2005年版）5.0.2条的条文说明以及7.1.2条的条文说明。

（4）喷头一般布置成矩形或菱形。当按矩形布置时，水雾喷头之间的距离不应大于1.4倍水雾喷头的水雾锥底圆半径；当按菱形布置时，水雾喷头之间的距离不应大于1.7倍水雾喷头的水雾锥底圆半径。

所以本题的布置方式为菱形布置，水雾喷头之间的距离不应大于1.7R。

（5）喷头的水雾锥底圆半径

水雾锥底圆半径应按下式计算：

$$R = B \cdot \tan\frac{\theta}{2}$$

式中　R——水雾锥底圆半径（m）；

　　　B——水雾喷头的喷口与保护对象之间的距离（m）；

　　　θ——水雾喷头的雾化角（°）。

显然因为布置具体布置情况，没有办法求解 R 值，所以不能用这个公式来求解 B。

（6）水平有效射程4m：水喷雾喷头水平喷射时，水雾达到的最高点与喷口之间的距离。

（7）雾化角60°，则 $\tan\dfrac{\theta}{2} = \tan 30° = \dfrac{\sqrt{3}}{3}$

《水喷雾灭火系统设计规范》3.2.3 条规定水雾喷头与保护对象之间的距离不得大于水雾喷头的有效射程。则喷头的喷口距油面的最大距离为有效射程 4m。

5. ［答案与解析］C。

初算泡沫混合液流量 Q_L：I 类汽车库，题目给定的泡沫混合液的供给强度 $I = 8L/(min \cdot m^2)$；

$$S = 160m^2$$

$$Q_L = I \cdot S = 8 \times 160 = 1280L/min$$

题目给定布置 16 个泡沫喷头，设计混合液流量 $Q_{L设}$：

$$q_{L设} = K \sqrt{10P} = 80L/min$$

$$Q_{L设} = N \cdot q_{L设} = 16 \times 80(L/min) = 1280 (L/min)$$

泡沫混合液量 W_L 计算：$W_L = Q_{L设} t_L = 1280 \times 10 = 12800L$

泡沫液量 W_P 计算：$W_P = W_L b\% = 12800 \times 6\% = 768L$

6. ［答案与解析］C。

参见《建筑给水排水设计规范》GB 50015—2003（2009 年版）5.3.1 条第 1 款设有集中热水供应系统的居住小区的设计小时耗热量，一致时，二者的设计小时耗热量叠加；不一致时，住宅的设计小时耗热量与公建平均小时耗热量叠加计算。计算公式如下：

$$Q_h = Q_h^1 + Q_h^2$$

由题意可知，小区内的住宅和浴池的最大用水时段是一致的，而食堂、健身中心和住宅的最大用水时段是错开的，因此，住宅和浴池取最大用水时段的设计小时耗热量，食堂、健身中心取平均小时耗热量值。

$$Q_h = Q_h^1 + Q_h^2 = (250000 + 40000) + (22000 + 3000) = 290000 + 25000 = 315000kJ/h$$

7. ［答案与解析］选 D。

参见《建筑给水排水设计规范》GB 50015—2003（2009 年版）5.7.3 条第 7 款管道直饮水系统配水管的设计秒流量为 $q_g = mq_0$

式中　q_g——计算管段的设计秒流量（L/s）；

q_0——饮水水嘴额定流量（L/s），$q_0 = 0.04 \sim 0.06L/s$，本题中 $q_0 = 0.04L/s$；

m——计算管段上同时使用饮水水嘴的数量，根据其水嘴数量可按本规范附录 F 确定。本题中参见附录 F.0.1 可知 $m = 4$

$$q_g = mq_0 = 4 \times 0.04 = 0.16L/h$$

8. ［答案与解析］C。污废合流系统：

$$q_p = 0.12\alpha \sqrt{N_P} + q_{max} = 0.12 \times 1.5 \times \sqrt{0.45 \times 25 + 0.75 \times 25 + 4.5 \times 25} + 1.5 = 3.65L/s$$

参见《建筑给水排水设计规范》GB 50015—2003（2009 年版）表 4.4.11 选择污水立管管径为 100（110）；同时考虑已经满足最小管径的要求。但注意"注"层数在 15 层以上时宜乘 0.9 系数，则需要 100mm 的管径不足，放大为 125mm 更为适合。

9. ［答案与解析］C。

根据《建筑给水排水设计规范》GB 50015—2003（2009 年版）4.7.9 条：调节池的有效容积不得大于 6h 生活排水平均小时流量。

《建筑给水排水设计规范》GB 50015—2003（2009 年版）4.7.7 条：污水水泵流量、扬程的选择应符合下列规定：2 建筑物内的污水水泵的流量应按生活排水设计秒流量选定；当有排水量调节时，可按生活排水最大小时流量选定；题目中污水泵的流量为$2.5m^3/h$，即为生活排水最大小时流量。

调节池的有效容积与生活排水平均小时流量有关，则需要求解出来生活排水平均小时流量。

$$Q_{生活排水平均小时流量} = Q_{生活排水最大小时流量}/K_h$$

《建筑给水排水设计规范》GB 50015—2003（2009年版）表3.1.10中第10项K_h=2.5～2.0，本题需要求污水调节池最大有效容积，则K_h取最小值2.0，

$$Q_{生活排水平均小时流量} = Q_{生活排水最大小时流量}/K_h = 2.5/2 = 1.25m^3/h$$

$$V_{调节池最大有效容积} = 1.25m^3/h \times 6h = 7.5m^3$$

10. ［答案与解析］B。

参见《建筑中水设计规范》GB 50336—2002中3.1.4条的公式3.1.4。

中水以杂排水为中水水源，给了平均日给水量$100m^3/d$，即已知$\alpha \cdot Q = 100m^3/d$。

可集流的中水原水量 $Q_y = \Sigma \alpha \cdot \beta \cdot Q \cdot b$

题目中的优质杂排水包括沐浴、盥洗、洗衣和厨房用水三项内容：

$$\begin{aligned} Q_y &= \Sigma \alpha \cdot \beta \cdot Q \cdot b = \Sigma \cdot \beta \cdot Q \cdot b \\ &= 0.9 \times 100m^3/d \times 31\% + 0.9 \times 100m^3/d \times 6\% \\ &\quad + 0.85 \times 100m^3/d \times 22\% + 0.8 \times 100m^3/d \times 20\% = 68.0m^3/d \end{aligned}$$

［第二套模拟试题答案］

一、单项选择题

1. ［答案与解析］A。参见《建筑给水排水设计规范》GB 50015—2003（2009 年版）3.4.11 条及其条文说明的内容。

2. ［答案与解析］A。根据《民用建筑节水设计标准》GB 50555—2010 中 6.1.9 条、5.1.16 条及其条文说明和 6.2.1 条。

3. ［答案与解析］A。根据《建筑给水排水工程》（第六版）12.1.4 节的内容。

4. ［答案与解析］A。参见《建筑设计防火规范》GB 50016—2006 中 8.3.2 条第 5 款及其条文说明。

5. ［答案与解析］A。参见《建筑设计防火规范》GB 50016—2006 中 8.4.2 条和 8.4.3 条的相关内容。

6. ［答案与解析］C。参见《自动喷水灭火系统设计规范》GB 50084—2001（2005 年版）附录 A 摄影棚属于严重危险 Ⅱ 级的场所，参见表 5.0.1，可知严重危险等级作用面积为 $260m^2$。题目中给出雨淋系统保护面积为 $7800m^2$，7800/260＝30，所以这个摄影棚共有 30 个作用面积，所以设置 30 组雨淋阀。

7. ［答案与解析］B。参见《水喷雾灭火系统设计规范》GB 50219—95 中 2.1.1 条和 6 章。

8. ［答案与解析］C。参见《建筑灭火器配置设计规范》GB 50140—2005 中 4.2 条文说明和《全国勘察设计注册公用设备工程师给水排水专业执业资格考试教材》第 3 册 2.1.1 节灭火机理的相关内容。

9. ［答案与解析］D。参见《建筑给水排水设计规范》GB 50015—2003（2009 年版）4.4.1 条、4.4.2 条和 4.4.3 条。

10. ［答案与解析］C。参见《建筑给水排水设计规范》GB 50015—2003（2009 年版）4.3.4 条～4.3.8 条。

11. ［答案与解析］B。参见《全国勘察设计注册公用设备工程师给水排水专业执业资格考试教材》第 3 册 3.3 节的内容。

12. ［答案与解析］A。参见《建筑给水排水设计规范》GB 50015—2003（2009 年版）5.1.5 条及其条文说明。

13. ［答案与解析］C。参见《建筑给水排水设计规范》GB 50015—2003（2009 年版）5.3.1 条第 4 款：按同一时间内出现用水高峰的主要用水部门的设计小时耗热量加其他用水部门的平均小时耗热量计算。

14. ［答案与解析］D。参见《建筑给水排水设计规范》GB 50015—2003（2009 年版）5.7.6 条和条文说明。

15. ［答案与解析］C。参见《建筑给水排水工程》（第六版）9.3.5 节的相关内容、《管道直饮水系统技术规程》CJJ 110—2006 中 4.0.7 条和 8.0.1 条。

16. [答案与解析] C。参见《建筑与小区雨水利用工程技术规范》GB 50400—2006 中 8.1.3 条及其条文说明、8.1.4 条。空调循环冷却水补水属于用户对水质有较高的要求时，应增加相应的深度处理措施。

二、多项选择题

1. [答案与解析] BD。根据《建筑给水排水设计规范》GB 50015—2003（2009 年版）3.2 节的内容。

2. [答案与解析] BCD。参见《建筑给水排水设计规范》GB 50015—2003（2009 年版）3.6.1 条、3.6.1A 条和 3.6.1B 条

3. [答案与解析] ABC。ABC 参见《游泳池给水排水工程技术规程》CJJ 122—2008 3.4.1 条、7.1.5 条和 11.3.2 条。D 参见《建筑给水排水设计规范》GB 50015—2003（2009 年版）表 3.9.18 注：游泳池和水上游乐池的最小补充水量应以保证一个月内池水全部更新一次。

4. [答案与解析] AD。参见《建筑设计防火规范》GB 50016—2006 中 8.6.4 条、8.6.6 条、8.6.8 条、8.6.9 条。

5. [答案与解析] BD。参见《建筑灭火器配置设计规范》GB 50140—2005 中 4.2.1 条及其条文文说明。

6. [答案与解析] AC。参见《气体灭火系统设计规范》GB 50370—2005 中 3.1.5 条及其条文说明、3.1.6 条、3.1.7 条和 3.3.14 条。

7. [答案与解析] BD。参见《全国民用建筑工程设计技术措施（给水排水）》（2009 年版）4.12.7 节。

8. [答案与解析] BCD。参见《建筑给水排水设计规范》GB 50015—2003（2009 年版）4.9.8 条、4.9.9 条及其条文说明、4.9.10 条；2.1.67 条对于重现期的解释。参见《建筑给水排水工程》（第六版）6.1 节的内容建筑雨水排水系统的分类，敞开式的雨水排水系统可以接纳生产废水。

9. [答案与解析] ACD。参见《建筑给水排水设计规范》GB 50015—2003（2009 年版）4.8.13 条及其条文说明、4.8.9 条和 4.8.14A 条。

10. [答案与解析] ABD。参见《建筑给水排水设计规范》GB 50015—2003（2009 年版）5.6.9 条及其条文说明、5.6.10 条、5.6.18 条。同时参见《全国勘察设计注册公用设备工程师给水排水专业执业资格考试教材》第 3 册图 4-26 和图 4-32、4.3.1 节的内容。参见《建筑给水排水工程》(第六版) 7.3 节热水供应系统的管材和附件的内容。

11. [答案与解析] BCD。参见《建筑给水排水设计规范》GB 50015—2003（2009 年版）5.7.3 条。A 选项是避免浪费水量的措施。

12. [答案与解析] ABD。参见《全国勘察设计注册公用设备工程师给水排水专业执业资格考试教材》第 3 册 6.1.5 节的内容和《建筑给水排水工程》(第六版) 的 11.3.1 节的相关内容。

三、专业案例

1. [答案与解析] C。

（1）高区。《建筑给水排水设计规范》GB 50015—2003（2009 年版）3.8.4 条：生活给水

系统采用调速泵组供水时,应按系统最大设计流量选泵,调速泵在额定转速时的工作点,应位于水泵高效区的末端。

Q_2 = 高区系统的最大设计流量,即设计秒流量

$$Q_2 = q_g = 0.2\alpha\sqrt{N_g} = 0.2 \times 2.5 \times \sqrt{3 \times 20 \times 15} = 15\text{L/s}$$

(2) 低区。《建筑给水排水设计规范》GB 50015—2003(2009 年版)3.8.3 条:建筑物内采用高位水箱调节的生活给水系统时,水泵的最大出水量不应小于最大小时用水量。

Q_1 = 服务对象为这个建筑的人群。

最大小时用水量 $Q_1 = K_h\dfrac{q_L \cdot m}{T} = 3.0 \times \dfrac{200 \times (20 \times 2 \times 30)}{24} = 30000\text{L/h} = 8.33\text{L/s}$。

2.[答案与解析] B。参见《建筑给水排水设计规范》GB 50015—2003(2009 年版)3.6.1 条~3.6.6 条的内容对本题进行解析。

题目的背景是一个居住小区。因此总体思路是①先使用 3.6.1A 条,可以直接计算设有水箱(池)时(高层建筑物),应以引入管的流量作为室外给水管道的节点流量。②如果是居住小区的室外直供给水管道,按照相应内容请使用 3.6.1 条第 1 款、第 2 款和第 3 款的内容。

共有居民 2800 人。每户的平均当量为 7.5,用水定额为 280L/(人·d),时变化系数为 2.5。则每户 $N_g = 7.5$,$q_L K_h = 700$,查《建筑给水排水设计规范》GB 50015—2003(2009 年版)表 3.6.1 内插可知,该居住小区室外给水管道设计流量计算人数为 4875 人,题目给出是 2800 人,小于表 3.6.1 的人数,因此按照规范 3.6.1 条第 1 款的方法进行计算。

1-2 管道是一幢高层住宅楼的引入管,则 $q_{1-2} = 5.0\text{L/s}$

2-3 管道承担一幢高层住宅楼的引入管和一幢多层居民楼是室外给水管道直接供水,则 $q_{2-3} = 5.0\text{L/s} + (N = 160,U_0 = 3.5$ 查附录 E)$3.25\text{L/s} = 8.25\text{L/s}$

3-4 管道承担两幢高层住宅楼的引入管和一幢多层居民楼是室外给水管道直接供水,则 $q_{3-4} = 5.0\text{L/s} + (N = 160,U_0 = 3.5$ 查附录 E)$3.25\text{L/s} + 3.0\text{L/s} = 11.25\text{L/s}$

4-5 管道承担两幢高层住宅楼的引入管和两幢多层居民楼是室外给水管道直接供水,则 $q_{4-5} = 5.0\text{L/s} + 3.0\text{L/s} + (N = 320 = 160 + 160,U_0 = 3.5$ 查附录 E)5.02L/s(题目的已知条件已经给出,需做出正确选择)$= 13.02\text{L/s}$

5-6 管道承担两幢高层住宅楼的引入管和两幢多层居民楼是室外给水管道直接供水,还承担了社区医院的给水管道。此时,社区医院的给水管道按照规范 3.6.1 条第 2 款进行计算,以平均时用水量计算节点流量。则 $q_{5-6} = 13.02\text{L/s} + 1.2\text{L/s}$(题目的已知条件已经给出,需做出正确选择)$= 14.22\text{L/s}$

6-7 管道承担两幢高层住宅楼的引入管和两幢多层居民楼是室外给水管道直接供水,还承担了社区医院的给水管道、还有一个超市的给水管道。此时,超市的给水管道按照规范 3.6.1 条第 1 款进行计算,按照 3.6.5 条规定计算节点流量。$q_{6-7} = 13.02\text{L/s} + 1.2\text{L/s} + 2.2\text{L/s}$(题目的已知条件已经给出,需做出正确选择)$= 16.42\text{L/s}$

7-8 管道承担两幢高层住宅楼的引入管和两幢多层居民楼是室外给水管道直接供水,还承担了社区医院的给水管道、还有一个超市的给水管道和一个餐饮中心的给水管道。此时,餐饮中心的给水管道按照规范 3.6.1 条第 1 款进行计算,按照 3.6.6 条规定计算节点

流量。q_{7-8}＝13.02L/s＋1.2L/s＋2.2L/s＋2.6L/s（题目的已知条件已经给出，需做出正确选择）＝19.02L/s

3.［答案与解析］A。

$$q_c = \frac{X_{ad} \cdot V_p}{T_p} = \frac{1.05 \times (50 \times 25 \times 1.6)}{8} = 262.5 m^3/h$$

过滤器运行的要求：每座游泳池不宜少于2台或2台以上同时运行（套），过滤器宜按24h连续运行设计。

过滤器反冲洗的要求：应逐一单台进行反冲洗，不得2台或者2台以上过滤器同时反冲洗。

所需的过滤面积 $A = \dfrac{q_c}{v} = \dfrac{262.5}{20} = 13.125 m^2$

共有3台过滤罐，则单台的过滤面积为 $A_单 = \dfrac{13.125}{3} = 4.375 m^2$

一次反冲洗至少水量＝反冲洗强度为 15L/(m^2·s)×反冲洗时间 5min×过滤面积 $A_单 = 15 \times (5 \times 60) \times 4.375 m^2 = 19.69 m^3$

4.［答案与解析］A。

（1）确定建筑类型

1）旅馆属民用建筑；

2）建筑高度

h＝3×5＝15m，小于24m，属多层民用建筑。

3）层高

已知层高3m，净空高度小于8m，不是高大净空场所。

（2）确定设计参数

1）危险等级　查《自动喷水灭火系统设计规范》GB 50084—2001（2005年版）附录A建筑高度24m以下的旅馆，属于轻危险等级。

2）喷水强度

查《自动喷水灭火系统设计规范》GB 50084—2001（2005年版）表5.0.1，喷水强度取D＝4L/(min·m^2)。

3）喷头的工作压力

题中已给：0.05MPa。

4）作用面积

《自动喷水灭火系统设计规范》GB 50084—2001（2005年版）5.0.2条仅在走道设置单排喷头的闭式系统，其作用面积应按最大疏散距离所对应的走道面积确定。

因为楼梯间分别设于建筑物的两端头，最大疏散距离为走道长度42m的一半。则作用面积为：

$$F = 21 \times 2.4 = 50.4 m^2$$

（3）计算确定喷头的间距

1）每个喷头的流量

采用标准喷头，其流量系数为80，每个喷头的流量为

$$q_0 = K\sqrt{10p} = 80\sqrt{10 \times 0.05} = 56.57 \text{L/min}$$

2）每个喷头的保护面积

每个喷头的流量为 56.57L/min

喷水强度为 $D = 4\text{L/(min} \cdot \text{m}^2)$；

每个喷头的保护面积为

$$A_S = \frac{q}{D} = \frac{56.57}{4} = 14.14\text{m}^2$$

3）每个喷头的保护半径

$$R = \sqrt{\frac{14.14}{\pi}} = 2.121\text{m}$$

4）喷头间距

$$S = 2\sqrt{R^2 - \left(\frac{B}{2}\right)^2} = 2\sqrt{2.121^2 - \left(\frac{2.4}{2}\right)^2} = 3.5\text{m}$$

（4）喷头数

作用面积内的喷头数 $\quad n = \frac{21}{3.5} = 6$ 个

5. ［答案与解析］B。

（1）分析防护区

1）首先对被保护区域的密封性、完整性进行确定。确认该防护区与其他相邻防护区被完全隔离开来，吊顶内及地板下的相通处因使用防火阻燃材料封填。如果无法完全隔断，则须要通过计算增加药剂量。以弥补开口所流失的灭火药剂。

2）确认该防护区中的或经过该防护区的通风及空调等设备的管路在进出保护区时有快速关断的装置。

3）设置两层气体灭火喷头进行保护。被保护对象为电子数据处理设备及数据电缆等，设计浓度不低于 8%。

（2）计算出防护区内净体积，可以减去永久占用体积，如梁柱的体积，但不可减去家具及设备、容器的体积。

吊顶内容积 $V_1 = 600 \times 1.5 = 900\text{m}^3$

吊顶下容积 $V_2 = 600 \times (6.0 - 1.5) = 2700\text{m}^3$

保护区总体积 $V_总 = V_1 + V_2 = 900 + 2700 = 3600\text{m}^3$

保护区净体积 $V = V_总 = 3600\text{m}^3$

（3）计算灭火剂用量

以最低环境温度状态为基准，计算药剂用量。因环境温度越低，灭火剂气体体积越小。最低环境温度为 $T = 20℃$。

K——防护区海拔高度修正系数，按例表 11-11（七氟丙烷灭火系统防护区海拔高度修正表）选用。

表 11-11

海拔高度（m）	压力（cmHg）	修正系数	海拔高度（m）	压力（cmHg）	修正系数
-920	84.0	1.110	-300	78.7	1.040
-610	81.2	1.070	0	76.0	1.000

海拔高度（m）	压力（cmHg）	修正系数	海拔高度（m）	压力（cmHg）	修正系数
300	73.3	0.960	1830	59.6	0.780
610	70.5	0.930	2130	57.0	0.750
920	67.8	0.890	2440	55.0	0.720
1210	65.0	0.860	2740	52.8	0.690
1520	62.2	0.820	3050	50.5	0.660

经过内插，计算出海拔 2500m 时，$K=0.714$

灭火剂该温度、常压下的蒸汽比容为 $S_v=0.1269+0.000513T=0.13716\text{m}^3/\text{kg}$

灭火剂用量计算方法一：

$$W=K\frac{V}{S_v}\left[\frac{C}{100-C}\right]=0.714\frac{3600}{0.13716}\left[\frac{8}{100-8}\right]=1629.6\text{kg}$$

6. ［答案与解析］B。关于排水附件的设置问题。

《建筑给水排水设计规范》GB 50015—2003（2009 年版）4.5.12 条第 1 款：铸铁排水立管上检查口之间的距离不宜大于 10m，塑料排水立管宜每六层设置一个检查口；但在建筑物最低层和设有卫生器具的二层以上建筑的最高层，应设置检查口。题目中最低层设置了检查口，而最高层没有设置检查口。

4.5.12 条第 2 款：在连接 4 个及 4 个以上的大便器的塑料排水横管上宜设置清扫口。本题目中应用的管堵代替清扫口。4.5.13 条在排水管道上设置清扫口，应符合下列规定，第 1 款：在排水横管上设清扫口，宜将清扫口设置在楼板或地坪上，且与地面相平。排水横管起点的清扫口与其端部相垂直的墙面的距离不得小于 0.2m；注：当排水横管悬吊在转换层或地下室顶板下设置清扫口有困难时，可用检查口替代清扫口。第 2 款：排水管起点设置堵头代替清扫口，堵头与墙面应有不小于 0.4m 的距离。注：可利用带清扫口弯头配件代替清扫口。题目中首层排水横管上所设置的清扫堵头不妥当。

7. ［答案与解析］C。

天沟的流量公式为：$Q=vw$

依据题目式中 v——流速（m/s），$v=0.6\text{m/s}$；

$\qquad\qquad w$——天沟过水断面积（m^2），$w=0.6\times0.15=0.09\text{m}^2$。

$$Q=vw=0.6\text{m/s}\times0.09\text{m}^2=0.054\text{m}^3/\text{s}=54\text{L/s}$$

雨水量公式为：$Q=\dfrac{\Psi Fq_5}{10000}$

式中　Q——雨水设计流量（L/s）；

$\qquad q_5$——降雨历时为 5min 时的暴雨强度[$\text{L}/(\text{s}\cdot\text{hm}^2)$]；

$\qquad \Psi$——径流系数，建筑屋面可采用 $\Psi=0.9$；

$\qquad F$——汇水面积（m^2）。

$$Q=\frac{\Psi Fq_5}{10000}$$

$$F=\frac{Q\cdot10000}{\Psi q_5}=\frac{54\times10000}{0.9\times478}=1255.23\text{m}^2$$

8. ［答案与解析］C。

（1）根据《建筑给水排水设计规范》GB 50015—2003（2009 年版）5.3.3 条第 3 款：半即热式、快速式水加热器及其他无贮热容积的水加热器设备的供热量按热水设计秒流量计算；

1）热水供应系统设计秒流量计算方法与生活给水相同；

2）宾馆属公共建筑，按平方根法计算设计秒流量；

3）查《建筑给水排水设计规范》GB 50015—2003（2009 年版）表 3.6.5，系数 α 取 2.5，设计秒流量为：

$$q_g = 0.2\alpha \sqrt{N_g} = 0.2 \times 2.5 \sqrt{289} = 8.5 \text{L/s}$$

（2）按《建筑给水排水设计规范》GB 50015—2003（2009 年版）5.3.3 条第 3 款计算设计小时供热量

$$Q_g = 3600 \cdot q_g \cdot (t_r - t_1) \cdot C \cdot \rho_r$$

式中　Q_g——半即热式　快速式水加热器的供热量（kJ/h）；

　　　　q_g——热水设计秒流量（L/s）；

　　　　t_r——设计热水温度（℃）；

　　　　t_1——设计冷水温度（℃）；

　　　　C——水的比热[kJ/（kg·℃）]；

　　　　ρ_r——热水密度（kg/L）。

$Q_g = 3600 \cdot q_g(t_r - t_1) \cdot C \cdot \rho_r = 3600 \times 8.5 \times (60 - 10) \times 4.187 \times 1 = 6406110 \text{kJ/h}$

9.［答案与解析］A。

根据《建筑给水排水设计规范》GB 50015—2003（2009 年版）5.5.12 条，

$$H_{xr} = 10 \cdot \Delta h(\rho_h - \rho_r)$$

式中　H_{xr}——第一循环管的自然压力值（Pa）；

　　　　Δh——锅炉或水加热器中心与贮水器中心的标高差（m）；

　　　　ρ_h——贮水器回水的密度（kg/m³）；

　　　　ρ_r——锅炉或水加热器出水的热水密度（kg/m³）。

$H_{xr} = 10 \cdot \Delta h(\rho_h - \rho_r) = 10 \times 10 \times (0.9881 - 0.9718) \times 10^3 = 1630 \text{Pa}$

10.［答案与解析］B。

　　这是一道关于雨水入渗的题目，这个题目还是有一定难度的。题目中已经给出了渗透渠入渗量和渗渠的进水量，这就省去了计算中的很多时间。请考生参照查阅《建筑与小区雨水利用工程技术规范》GB 50400—2006 中 6.3 节渗透设施计算。

渗透设施的渗透量：$W_s = \alpha K J A_s t_s$，题目已给。

渗透设施进水量：$W_c = 1.25 \left[60 \times \dfrac{q_c}{1000} \times (F_y \Psi_m + F_0) \right] t_c$，题目已给。

渗透设施产流历时内的蓄积雨水量：$W_p = \max (W_c - W_s)$，需要计算。

因此，本题对渗渠贮水量进行计算，如表 11-12 所示。

表 11-12

降雨历时 （min）	降雨强度 [L/（s·hm²）]	渗渠的入渗量 （m³）	渗渠的进水量 （m³）	渠中积水量（m³） （$W_c - W_s$）
60	123.9	3.24	55.76	52.52
120	79.05	6.48	71.14	64.66

降雨历时 （min）	降雨强度 [L/(s·hm²)]	渗渠的入渗量 （m³）	渗渠的进水量 （m³）	渠中积水量（m³） （$W_c - W_s$）
150	68.06	8.10	76.56	68.46
155	66.57	8.37	77.38	69.01
160	66.57	8.64	77.40	68.76

计算各个降雨历时下，渠中积水量见表 11-12，即为渗透设施中累积起来的待渗雨水量，为进水量与入渗量之差。随着降雨历时的增加，累积水量不断增加，在 155min 达到最大，为 69.01m³。由于贮存空间的空隙率为 95%，需贮存容积为

$$V_s \geqslant \frac{W_P}{n_k} = 69.01/0.95 = 72.64\text{m}^3$$

附　　录

附录1　考试大纲

1　建筑给水

　　了解给水系统分类、组成及给水方式

　　掌握给水设计流量计算与给水系统设计

　　掌握给水系统升压、贮水设备选择计算

　　掌握节水和防水质污染措施

　　熟悉给水管道布置、敷设及管材、附件选用

　　熟悉游泳池水给水系统设计

　　熟悉游泳池水循环水净化处理工艺设计

　　了解室内游泳池的一般规定和水处理工艺

2　建筑消防

　　了解灭火设施设置场所火灾危险等级及灭火系统选择

　　掌握消防用水量计算

　　掌握消火栓系统设计

　　掌握自动喷水灭火系统设计

　　熟悉水喷雾灭火系统设计

　　了解建筑灭火器及其他非水消防系统设计

3　建筑排水

　　了解排水系统分类、组成及排水体制选择

　　掌握污水排水管道设计流量计算与系统设计

　　掌握屋面雨水排水工程设计流量计算与系统设计

　　了解排水管道系统中水气流动规律

　　熟悉污水、废水局部处理设施选择计算

　　熟悉排水管道布置、敷设及管材、附件选用

4　建筑热水

　　掌握热水供应系统的分类、组成及供水方式

　　掌握热水用量、耗热量和热媒耗量计算

　　掌握热水加热、贮热设备及安全设施的选择计算

　　掌握热水供应系统管网水力计算

　　熟悉饮水制备方法及饮水系统设置要求

　　了解热水、饮水管道布置、敷设及管材、附件选用

5　建筑中水和雨水利用

掌握中水的水质要求、水量平衡及处理工艺设计

熟悉雨水收集、贮存及水质处理技术

附录 2　相关规范

1.《建筑给水排水设计规范》GB 50015—2003（2009 年版）

2.《民用建筑节水设计标准》GB 50555—2010

3.《节水型生活用水器具》CJ 164—2002

4.《游泳池给水排水工程技术规程》CJJ 122—2008

5.《建筑与小区雨水利用工程技术规范》GB 50400—2006

6.《建筑中水设计规范》GB 50336—2002

7.《建筑设计防火规范》GB 50016—2006

8.《高层民用建筑设计防火规范》GB 50045—95（2005 年版）

9.《自动喷水灭火系统设计规范》GB 50084—2001（2005 年版）

10.《水喷雾灭火系统设计规范》GB 50219—95

11.《建筑灭火器配置设计规范》GB 50140—2005

12.《泡沫灭火系统设计规范》GB 50151—2010

13.《气体灭火系统设计规范》GB 50370—2005

14.《管道直饮水系统技术规程》CJJ 110—2006

主要参考文献

[1] 全国勘察设计注册工程师公用设备专业管理委员会秘书处组织编写. 岳秀萍主编. 全国勘察设计注册公用设备工程师给水排水专业执业资格考试教材第 3 册建筑给水排水工程［M］. 北京：中国建筑工业出版社，2011.

[2] 王增长. 建筑给水排水工程（第六版）［M］. 北京：中国建筑工业出版社，2010.

[3] 住房和城乡建设部工程质量安全监管司. 中国建筑标准设计研究院. 全国民用建筑工程设计技术措施（给水排水）（2009 年版）［M］. 北京：中国建筑工业出版社，2009.

[4] 中国建筑设计研究院主编. 建筑给水排水设计手册第二版（上册）［M］. 北京：中国建筑工业出版社，2008.

[5] 刘德明. 建筑给水排水工程习题集［M］. 北京：中国建筑工业出版社，2008.

[6] 高羽飞，高峰. 注册公用设备工程师执业手册建筑给水排水工程［M］. 北京：中国建筑工业出版社，2006.